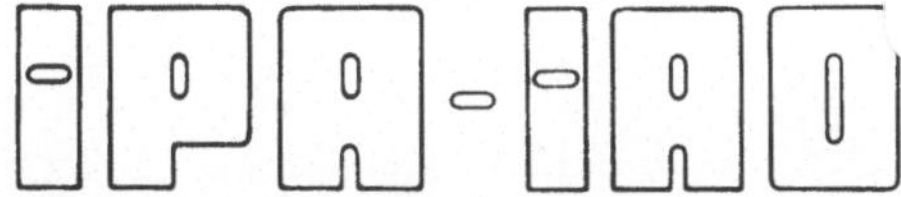

IPA-IAO
Forschung und Praxis

Band 166

Berichte aus dem
Fraunhofer-Institut für Produktionstechnik
und Automatisierung (IPA), Stuttgart,
Fraunhofer-Institut für Arbeitswirtschaft
und Organisation (IAO), Stuttgart,
Institut für Industrielle Fertigung und
Fabrikbetrieb der Universität Stuttgart und
Institut für Arbeitswissenschaft und
Technologiemanagement, Universität Stuttgart

Herausgeber: H. J. Warnecke und H.- J. Bullinger

Raimund Menges

Synthese und Simulation dreidimensionaler Hand-Arm-Bewegungen an manuellen Montagearbeitsplätzen

Mit 70 Abbildungen und 2 Tabellen

Springer-Verlag
Berlin Heidelberg GmbH 1992

Dipl.-Ing. Raimund Menges

Fraunhofer-Institut für Arbeitswirtschaft und Organisation (IAO), Stuttgart

Prof. Dr.-Ing. Dr. h. c. Dr.-Ing. E. h. H. J. Warnecke

o. Professor an der Universität Stuttgart
Fraunhofer-Institut für Produktionstechnik und Automatisierung (IPA), Stuttgart

Prof. Dr.-Ing. habil. Dr. h. c. H.-J. Bullinger

o. Professor an der Universität Stuttgart
Fraunhofer-Institut für Arbeitswirtschaft und Organisation (IAO), Stuttgart

D 93

ISBN 978-3-540-55752-4   ISBN 978-3-662-10188-9 (eBook)
DOI 10.1007/978-3-662-10188-9

<u>Geleitwort der Herausgeber</u>

Futuristische Bilder werden heute entworfen:

o Roboter bauen Roboter,

o Breitbandinformationssysteme transferieren riesige Datenmengen in
  Sekunden um die ganze Welt.

Von der "menschenleeren Fabrik" wird da gesprochen und vom "papierlo-
sen Büro". Wörtlich genommen muß man beides als Utopie bezeichnen,
aber der Entwicklungstrend geht sicher zur "automatischen Fertigung"
und zum "rechnerunterstützten Büro". Forschung bedarf der Perspektive,
Forschung benötigt aber auch die Rückkopplung zur Praxis – insbesondere im Bereich der Produktionstechnik und der Arbeitswissenschaft.

Für eine Industriegesellschaft hat die Produktionstechnik eine Schlüs-
selstellung. Mechanisierung und Automatisierung haben es uns in den
letzten Jahren erlaubt, die Produktivität unserer Wirtschaft ständig
zu verbessern. In der Vergangenheit stand dabei die Leistungssteigerung
einzelner Maschinen und Verfahren im Vordergrund. Heute wissen wir, daß
wir das Zusammenspiel der verschiedenen Unternehmensbereiche stärker
beachten müssen. In der Fertigung selbst konzipieren wir flexible Fertigungssysteme, die viele verkettete Einzelmaschinen beinhalten. Dort,
wo es Produkt und Produktionsprogramm zulassen, denken wir intensiv
über die Verknüpfung von Konstruktion, Arbeitsvorbereitung, Fertigung
und Qualitätskontrolle nach. Rechnerunterstützte Informationssysteme
helfen dabei und sollen zum CIM (Computer Integrated Manufacturing)
führen und CAD (Computer Aided Design) und CAM (Computer Aided Manufacturing) vereinen. Auch die Büroarbeit wird neu durchdacht und mit
Hilfe vernetzter Computersysteme teilweise automatisiert und mit den
anderen Unternehmensfunktionen verbunden. Information ist zu einem
Produktionsfaktor geworden, und die Art und Weise, wie man damit umgeht,
wird mit über den Unternehmenserfolg entscheiden.

Der Erfolg in unseren Unternehmen hängt auch in der Zukunft entscheidend von den dort arbeitenden Menschen ab. Rationalisierung und Automatisierung müssen deshalb im Zusammenhang mit Fragen der Arbeitsgestaltung betrieben werden, unter Berücksichtigung der Bedürfnisse der Mitarbeiter und unter Beachtung der erforderlichen Qualifikationen. Investitionen in Maschinen und Anlagen müssen deshalb in der Produktion wie
im Büro durch Investitionen in die Qualifikation der Mitarbeiter be-
gleitet werden. Bereits im Planungsstadium müssen Technik, Organisation
und Soziales integrativ betrachtet und mit gleichrangigen Gestaltungs-
zielen belegt werden.

Von wissenschaftlicher Seite muß dieses Bemühen durch die Entwicklung
von Methoden und Vorgehensweisen zur systematischen Analyse und Verbesserung des Systems Produktionsbetrieb einschließlich der erforderlichen Dienstleistungsfunktionen unterstützt werden. Die Ingenieure
sind hier gefordert, in enger Zusammenarbeit mit anderen Disziplinen,
z. B. der Informatik, der Wirtschaftswissenschaften und der Arbeitswissenschaft, Lösungen zu erarbeiten, die den veränderten Randbedingungen
Rechnung tragen.

Beispielhaft sei hier an den großen Bereich der Informationsverarbei-
tung im Betrieb erinnert, der von der Angebotserstellung über Konstruktion und Arbeitsvorbereitung, bis hin zur Fertigungssteuerung und Qualitätskontrolle reicht. Beim Materialfluß geht es um die richtige Aus-

wahl und den Einsatz von Fördermitteln sowie Anordnung und Ausstattung
von Lagern. Große Aufmerksamkeit wird in nächster Zukunft auch der
weiteren Automatisierung der Handhabung von Werkstücken und Werkzeugen sowie der Montage von Produkten geschenkt werden.

Von der Forschung muß in diesem Zusammenhang ein Beitrag zum Einsatz
fortschrittlicher intelligenter Computersysteme erfolgen. Planungs-
prozesse müssen durch Softwaresysteme unterstützt und Arbeitsbedingun-
gen wissenschaftlich analysiert und neu gestaltet werden.

Die von den Herausgebern geleiteten Institute, das

- Institut für Industrielle Fertigung und Fabrikbetrieb der Universität
  Stuttgart (IFF),

- Fraunhofer-Institut für Produktionstechnik und Automatisierung (IPA),

- Fraunhofer-Institut für Arbeitswirtschaft und Organisation (IAO)

arbeiten in grundlegender und angewandter Forschung intensiv an den
oben aufgezeigten Entwicklungen mit. Die Ausstattung der Labors und
die Qualifikation der Mitarbeiter haben bereits in der Vergangenheit
zu Forschungsergebnissen geführt, die für die Praxis von großem
Wert waren. Zur Umsetzung gewonnener Erkenntnisse wird die Schriftenreihe "IPA-IAO - Forschung und Praxis" herausgegeben. Der vorliegende
Band setzt diese Reihe fort. Eine Übersicht über bisher erschienene
Titel wird am Schluß dieses Buches gegeben.

Dem Verfasser sei für die geleistete Arbeit gedankt, dem Springer-
Verlag für die Aufnahme dieser Schriftenreihe in seine Angebotspa-
lette und der Druckerei für saubere und zügige Ausführung. Möge das
Buch von der Fachwelt gut aufgenommen werden.

                              H. J. Warnecke · H.-J. Bullinger

<u>Vorwort:</u>

Die vorliegende Arbeit entstand während meiner Tätigkeit als wissenschaftlicher Mitarbeiter der Abteilung "Computergestützte Ingenieursysteme" am Fraunhofer-Institut für Arbeitswirtschaft und Organisation (IAO) in Stuttgart.

Herrn Prof. Dr.-Ing. habil. H.-J. Bullinger, Leiter des Instituts für Arbeitswissenschaft und Technologiemanagement (IAT) der Universität Stuttgart und des Fraunhofer-Instituts für Arbeitswirtschaft und Organisation (IAO), danke ich für seine wohlwollende Unterstützung und großzügige Förderung der Arbeit.

Mein Dank gilt ferner Herrn Prof. Dr.-Ing. W. O. Schiehlen, Direktor des Instituts B für Mechanik der Universität Stuttgart für die eingehende Durchsicht der Arbeit und die sich daraus ergebenden Hinweise.

Allen Mitarbeitern des Instituts, die mir durch kritische Anregungen und die stete Diskussionsbereitschaft bei der Erarbeitung dieser Dissertation sehr geholfen haben, danke ich ebenfalls. Dieser Dank gilt insbesondere den Herren Dr.-Ing. K. Lay, Dipl.-Ing. T. Fischer, Dipl.-Inform. D. Proß, B. Wolfer und U. Eigenmann sowie Frau W. Grünbauer für die Übernahme der umfangreichen Schreib- und Korrekturarbeiten.

Stuttgart, April 1992   Raimund Menges

Inhalt   Seite

0   Verzeichnis von Abkürzungen und verwendeten Größen   12

1   **Einleitung**   16
    1.1 Begriffsdefinitionen   17
    1.2 Ziel und Inhalt der Arbeit   19
    1.3 Übersicht zum Stand der biomechanischen Modelle zur
        Bewegungssynthese   21

2   **Das biomechanische Modell des Hand-Arm-Systems**   30
    2.1 Kinematische Modellierung des Hand-Arm-Systems   30
        2.1.1   Das Hand-Arm-System als offene kinematische Kette   34
        2.1.2   Idealisierungen im kinematischen Modell   37
            2.1.2.1 Gelenkmodelle   39
            2.1.2.2 Muskelmodelle   44
        2.1.3   Das inverse kinematische Problem   47
    2.2 Kinetische Modellierung des Hand-Arm-Systems   49
        2.2.1   Koordinatensysteme der Körper und Gelenke   51
        2.2.2   Relative und absolute Kinematik
                (Lage, Geschwindigkeit, Beschleunigung)   51
        2.2.3   Bewegungsgleichungen   53
    2.3 Geometrische Gestalt   55
        2.3.1   Anthropometrische Daten   56
        2.3.2   Automatische Generierung der Modellgeometrie   58
    2.4 Graphische Darstellung des Modells und seiner Bewegungen   60

3   **Synthese und Simulation von Bewegungen des Hand-Arm-Systems**   63
    3.1 Einfacher Lösungsansatz - Lokale Bewegungsstrategien   64
        3.1.1   Minimale Quadratsumme der Winkelinkremente   69
        3.1.2   Minimale Potentielle Energie   70
        3.1.3   Einhaltung der Bewegungsraumgrenzen und Annäherungen   71
            3.1.3.1 Freiheitsgrade mit ungekoppelten Bewegungsraumgrenzen   72
            3.1.3.2 Freiheitsgrade mit gekoppelten Bewegungsraumgrenzen   76
    3.2 Erweiterter Lösungsansatz - globale Bewegungsstrategien   78
    3.3 Manuelle Steuerung von Hand-Arm-Bewegungen   82

4   Validierung des Simulationsmodells   86

4.1 Untersuchungsziel und Versuchsaufgabe   86

4.2 Versuchsaufbau   90

    4.2.1   Bewegungsmeßeinrichtung VIOCN   90

    4.2.2   Konstruktion und Funktionsprinzip des Experimentalaufbaus
"Bewegungsmeßstand"   92

4.3 Versuchsdurchführung   97

4.4 Versuchsauswertung   103

    4.4.1   Vergleich der Meßdaten mit synthetisierten Bewegungen des Modells
und Ermittlung optimaler Parametersätze für das Simulationsmodell   103

    4.4.2   Darstellung, Bewertung und statistische Betrachtung der Ergebnisse   104

    4.4.3   Fehlerbetrachtung   126

5   Zusammenfassung und Ausblick   130

6   Literatur   134

Anhang

A   Homogene Koordinaten und Koordinatensysteme   148

B   Gleichungen und Quellenangaben zur Dimensionierung
des Gesamtmodells   153

C   Gemessene Körpermaße des Probandenkollektivs   167

D   Berechnung der Greifkugelpositionen am Experimentalaufbau   168

E   Anbringen der Marker auf der Haut der Probanden und Ermittlung von
Lage und Orientierung der Gelenke aus den gemessenen Markerpositionen   172

F   Hard- und Softwarevoraussetzungen   185

G   Matrixschaltungen zur Auswertung der Tastsensorsignale von den Greifkugel
am Experimentalaufbau   187

H   Aufbereitung der in den Experimenten gewonnenen Meßdaten   188

I   Ebenen und Richtungen im Raum im Bereich des Körpers   193

J   Hinweise bezüglich der Implementierung des entwickelten Programmsystems
GRIBS (Graphisch interaktive Bewegungssynthese des Hand-Arm-Systems)   195

0 Verzeichnis von Abkürzungen und verwendeten Größen

Abkürzungen

AMASS	ADTECH Motion Analysis Software System
FG	Freiheitsgrad
IAO	Institut für Arbeitswirtschaft und Organisation
LED	Light Emitting Diod
LGS	Lineares Gleichungssystem
M	Marker (M1 = Marker 1, usw.)
MB	Megabyte
VMS	Virtual Memory System

Verwendete Größen

Große Lateinische Buchstaben

$\underline{0}$, $\underline{\underline{0}}$ oder 0	Nullvektor, Nullmatrix
$\underline{\underline{A}}$, $\underline{\underline{A}}^*$	Jacobi-Matrix, linearisierte Abbildungsfunktion des linearen Vektorraumes von $\underline{\phi}$ auf den linearen Vektorraum von $\underline{x}$, bzw. erweiterte Jacobi-Matrix
AAS	Abstand zwischen dem Akromium und dem Mittelpunkt des Schultergelenks
AL	Armlänge der Probanden
B_{EB}	Ellenbogenbreite
$\underline{B}_m$	Gemessene Position des Brustbeins
DUDV	Dicke des Unterarms am Handgelenk (dorsal - volar)
$\underline{\underline{E}}$	Einheitsmatrix
$\underline{E}$	Position des Ellenbogengelenks
$F(\phi_{oi})$	Funktion der Veränderlichen ϕ_{oi}
$\underline{E}_i$	Vektor der eingeprägten Kräfte am Körperglied i
G	Stark nichtlineare Abbildungsfunktion
$G(\phi_{oi})$, $G^*(\phi_{oi})$	Funktionen der Veränderlichen ϕ_{oi}
$\underline{H}$	Position des Handgelenks
${}^{j'}\underline{\underline{T}}_j$	Transformation vom Koordinatensystem j in das System j'
L_{OA}	Oberarmlänge
L_{SB}	Schlüsselbeinlänge

L_{UA}	Unterarmlänge
$\underline{\underline{M}}$	Verallgemeinerte Massenmatrix
Mi	Gemessene Position des Markers i (i = 1 - 10)
P	Wert eines Kostenfunktionals (Zielfunktion)
P_{AL}	Aus der Armlänge berechnetes Perzentil
$\underline{Q}$	Vektor der verallgemeinerten eingeprägten Kräfte
$\underline{\underline{R}}$	Rotationsmatrix
$\underline{S}$	Position des Schultergelenks
SB	Schulterbreite
SHT	Schulterhöhe über der Tischkante
SK_{AL}	Faktor zur Skalierung der Armlänge
$\underline{\underline{T}}$	Abbildungsfunktion (Transformationsmatrix)
$^{I}\underline{\underline{T}}_i$	Transformation vom lokalen körperfesten Koordinatensystem i in das Inertialsystem I
$\underline{T}_i$	Vektor der eingeprägten Momente am Körperglied i
$^{i}\underline{\underline{T}}_j$	Transformation vom Koordinatensystem j in das System i
$\underline{V}_S, \underline{V}_B$	Verschiebungsvektoren
$\underline{\underline{W}}, \underline{\underline{W}}^*$	Positiv definite quadratische Matrizen zur Gewichtung der einzelnen Freiheitsgrade innerhalb der Zielfunktionen
$\underline{Z}$	Vektor der quadratisch approximierten Vertikalkoordinaten der Schwerpunkte der Körperglieder

<u>Kleine lateinische Buchstaben</u>

a_i	Vorfaktor zur Gewichtung einzelner Zielfunktionen gegeneinander
a_i, b_i	Halbachsen der Ellipse, die den zulässigen Bewegungsbereich am Gelenk i beschreibt (zwei Freiheitsgrade mit gekoppelten Bewegungsraumgrenzen)
$\underline{b}$	Vektor der verallgemeinerten Kreiselkräfte
d	Abstand der Schulter von der Tischkante
$d_{j,k'}, c_{j,k'}, s_{j,k'}$	Komponenten des Verschiebungsvektors $^{j}\underline{r}_{j,k'}$
$\underline{e}_i$	Einheitsvektor in Längsrichtung des i-ten Körpergliedes
g	Erdbeschleunigung
$\underline{o}$	Lagevektor des Oberarms
$\underline{p}_i$	Ortsvektor im Koordinatensystem i
$\underline{p}_j$	Ortsvektor im Koordinatensystem j

$\underline{q}$	Verallgemeinerte Koordinaten (Vektor der aktuellen Werte der Winkel in den Freiheitsgraden des Hand-Arm-Systems)
r_j	j-te Halbachse eines Ellipsoids im linearen Vektorraum der $\underline{\phi}$
$^{j}\underline{r}_{j,k'}$	Verschiebungsvektor zwischen zwei benachbarten Drehgelenken
m_i	Masse von Körperglied i
$\underline{s}$	Lagevektor des Schlüsselbeins
$\underline{s}_i$	Position des Schwerpunktes vom Körperglied i
$\widetilde{\underline{s}}_i^{(j)}$	Pseudo-Geschwindigkeit (Geschwindigkeit des Körpergliedes i, wenn am Gelenk j "Einheitsgeschwindigkeit" vorliegt, alle anderen Freiheitsgrade aber in Ruhe sind)
$^{j'}\underline{\ddot{s}}_{j,k'}$	Relative Beschleunigung des Koordinatensystems k' bezüglich dem System j, ausgedrückt im System j'
$^{j'}\underline{\dot{s}}_{j,k'}$	Relative Geschwindigkeit des Koordinatensystems k' bezüglich dem System j, ausgedrückt im System j'
$\underline{u}$	Lagevektor des Unterarms
$\underline{v}$	Verschiebungsvektor
$\underline{w}, \underline{w}^{*}$	Vektoren zur Gewichtung der Freiheitsgrade innerhalb der Zielfunktionen
$\underline{x}$	Vektor der bei der Optimierung abhängigen Größen

Griechische Buchstaben

$\alpha_{j,k'}$	Verschränkungswinkel zwischen zwei benachbarten Gelenkachsen z_j und $z_{k'}$
$\Delta\underline{\phi}$	Vektor der Änderungen der Gelenkwinkel an den Freiheitsgraden
$\Delta\underline{x}$	Vektor der Änderungen der bei der Optimierung abhängigen Größen
$\Delta\underline{\psi}$	Zusammengesetzter Vektor aus $\Delta\underline{\phi}$ und $\Delta\underline{x}$
$\delta\underline{s}_i, \delta\underline{\phi}_i$	Virtuelle Verschiebungen des Schwerpunktes bzw. eines Gelenkwinkels von Körperglied i
$\underline{\underline{\theta}}s_i$	Trägheitstensor von Körperglied i, bezogen auf den Schwerpunkt
$\underline{\lambda}$	Vektor der Lagrange-Multiplikatoren
φ_j	Drehwinkel eines Drehgelenks
$\underline{\phi}$	Vektor aller Gelenkwinkel
ϕ_i	Gelenkwinkel eines Freiheitsgrades
$\phi_{i,x}, \phi_{i,y}, \phi_{i,z}$	Gelenkwinkel eines Freiheitsgrades, um die x-, y- bzw. z-Achse eines lokalen körperfesten Koordinatensystems drehend

$\underline{\tilde{\omega}}_i^{(j)}$ Pseudo-Winkelgeschwindigkeit (Winkelgeschwindigkeit des Körpergliedes i, wenn am Gelenk j "Einheitswinkelgeschwindigkeit" vorliegt, alle anderen Freiheitsgrade aber in Ruhe sind)

${}^{j'}\underline{\omega}_{j',j}$ relative Winkelgeschwindigkeit des Koordinatensystems j bezüglich dem System j', ausgedrückt im System j'

${}^{j'}\underline{\dot{\omega}}_{j',j}$ relative Winkelbeschleunigung

∇ Nabla-Operator

1 Einleitung

Steigende Anforderungen an die Wirtschaftlichkeit, Flexibilität und Qualität nicht nur der Produktion sondern auch der Planung und Gestaltung der Produktionssysteme führten zu umfangreichen Bemühungen den Planungsprozess selbst zu optimieren und zu rationalisieren /1/. Daher entstand auch im Bereich der Planung flexibler Montagesysteme nach Bullinger /18/ zunehmend der Wunsch nach rechnergestützten Planungsmitteln, mit denen die Planungsdauer verkürzt und die Planungsqualität erhöht werden kann.

Ein besonders sensibler und komplexer Faktor bei der Planung von Arbeitssystemen und Arbeitsplätzen ist der Mensch. Er kann bei einer schlechten oder fehlerhaft ausgeführten Gestaltung seines Arbeitsplatzes und seiner Arbeitsinhalte physisch und psychisch überfordert werden, was über die negativen wirtschaftlichen Folgen hinaus vor allem seine persönliche Zufriedenheit, sein Wohlbefinden und seine Gesundheit nachhaltig beeinträchtigen kann /99/, /100/, /121/, /97/, /91/.

Der Ergonomie, d. h. der Untersuchung und Optimierung der Wirkbeziehungen zwischen Mensch und Arbeit, bzw. zwischen Mensch und Maschine, wird deshalb gemäß Kirchner und Baum /82/ in den letzten Jahren immer mehr Bedeutung beigemessen. Ein Ziel ergonomischer Forschung ist die Gestaltung menschengerechter Arbeitsplätze unter Berücksichtigung von Körperformen und -funktionen sowie der Eigenschaften und Fähigkeiten des Menschen /15/, /57/, /70/, /117/, /124/, /125/, /111/.

Für die Arbeitsplatzgestalter wurden dazu Instrumente und Hilfsmittel entwickelt, mit deren Hilfe die Gestaltung und Bewertung von Arbeitsplätzen unter ergonomischen Gesichtspunkten möglich ist /44/. Neben häufig eingesetzten Schablonen /108/, /40/ kommt die Video-Somatographie /20/, /21/ mehr und mehr zur Anwendung. Verschiedene biomechanische Modelle /26/, /28/, /92/, /131/, /81/ und Simulationsprogramme, z. B. für Greifraumkontrollen und allgemeine Geometrieuntersuchungen /13/, /45/, 54/, /101/, /95/, /19/ wurden zur Bewältigung dieser Aufgabe in neuerer Zeit entwickelt .

Keine dieser Methoden und Modelle weist jedoch alle Eigenschaften auf, die nach Hickey und Pierrynowsky /71/ an ein in der betrieblichen Praxis einsetzbares Modell gestellt werden müssen:

- o   geringer Handhabungsaufwand,
- o   preiswerte Hardwareplattform,
- o   Darstellung räumlicher Bewegungen und
- o   Abbildung dynamischer Prozesse unter Einhaltung realitätsnaher Bewegungsabläufe.

Vor allem die Forderung nach der Simulation dynamischer Prozesse spielt eine entscheidene Rolle, wenn aussagefähige Ergebnisse von einem Modell zur Untersuchung und Bewertung von Bewegungsabläufen an manuellen Arbeitsplätzen erwartet werden.

In der vorliegenden Arbeit wird ein Modell mit entsprechenden Eigenschaften entwickelt, das in der Lage ist, genau solche Bewegungen der kinematischen Kette "Hand-Arm-System" zu simulieren (synthetisieren), die den realen Bewegungen des Menschen bei gleichen Randbedingungen sehr ähnlich sind. Ein Optimierungsverfahren minimiert dabei eine Kombination von Zielfunktionen und berücksichtigt zusätzlich die für die einzelnen Gelenke bestehenden Bewegungsgrenzen. Mit diesem Modell soll ein Beitrag zur Überwindung des Forschungsdefizits im Bereich der Synthese menschlicher Bewegungen der oberen Extremitäten geleistet werden.

1.1 Begriffsdefinitionen

Die nachfolgenden Begriffsdefinitionen dienen als Erläuterung der Verwendungsweise einiger wichtiger Begriffe in der vorliegenden Arbeit.

Biomechanisches Modell: Grundlage für die Simulation von Bewegungen und den sie verursachenden Kräften und Momenten bei biologischen Strukturen. Basiert auf den bekannten physikalischen, mechanischen und biologischen Gesetzen und Erkenntnissen und wird nach ingenieurwissenschaftlichen Methoden entwickelt.

Hand-Arm-System: Offene kinematische Gelenkkette vom Brustbein bis zur Hand, bestehend aus den Gliedern Schlüsselbein, Schulterblatt, Oberarm, Unterarm und Hand.

Simulation: Modellhafte Nachbildung des Hand-Arm-Systems in einem mechanischen (kinematischen und kinetischen) Modell zur Untersuchung und Bewertung von Hand-Arm-Bewegungen unter gegebenen Randbedingungen.

Synthese: Generierung von Bewegungsabläufen durch Optimierung (Minimierung) eines aus einzelnen Zielfunktionen additiv zusammengesetzten Kostenfunktionals.

Direktes Problem der Kinematik und Kinetik:	Bestimmung von zeitlichem Verlauf und Form der Bewegungsbahn der Hand bei vorgegebenen Gelenkkoordinaten und Kräften bzw. Momenten in den Freiheitsgraden des Hand-Arm-Systems.

Direktes Problem der Kinematik und Kinetik:
Bestimmung von zeitlichem Verlauf und Form der Bewegungsbahn der Hand bei vorgegebenen Gelenkkoordinaten und Kräften bzw. Momenten in den Freiheitsgraden des Hand-Arm-Systems.

Indirektes (Inverses) Problem der Kinematik und Kinetik:
Bestimmung der Gelenkkoordinaten und der notwendigen Kräfte bzw. Momente in den einzelnen Freiheitsgraden des Hand-Arm-Systems für eine zeitliche Folge vorgegebener Positionen (und Orientierungen) der Hand.

Verallgemeinerte: Koordinaten
Unabhängige Koordinaten, die die Lage eines mechanischen Systems eindeutig beschreiben, wobei deren Anzahl der Zahl der Freiheitsgrade entspricht.

Freie Bewegung:
Positionen (und Orientierungen) der Hand sind während der Bewegung völlig freigestellt. Einzige Vorgabe ist das Erreichen einer definierten Zielposition.

Geführte Bewegung:
Positionen (und Orientierungen) der Hand werden während der gesamten Bewegung interaktiv vorgegeben.

Lokale Bewegungsstrategie:
Ausgehend von einer gegebenen Position aller Gelenke des Hand-Arm-Systems werden für ein gegebenes differentiell kleines Bewegungsinkrement der Hand geeignete Winkelinkremente in den Freiheitsgraden berechnet, die die über die Zielfunktionen gestellten Anforderungen annähernd optimal erfüllen.

Globale Bewegungsstrategie:
Zusätzlich zur Koordination der Gelenkstellungen bei den lokalen Bewegungsstrategien wird ohne feste Vorgabe von Bewegungsinkrementen auch die Bewegungsbahn berechnet. Die Bedingung "Zielpunkt erreichen" wird nicht mehr vorgegeben, sondern wird durch weitere Zielfunktionen in das Optimierungsproblem mit aufgenommen.

Zielfunktion:
Über dem linearen Vektorraum der hinsichtlich der jeweiligen Aufgabenstellung für das Hand-Arm-System relevanten Größen bzw. deren Änderung definierte Abbildung dieser Größen auf einen Skalar. Diese Abbildung repräsentiert die Qualität der augenblicklichen Stellung der Glieder des Hand-Arm-Systems bezüglich der Aufgabenstellung.

1.2 Ziel und Inhalt der Arbeit

Die vorliegende Arbeit beschäftigt sich mit repetitiven Hand-Arm-Bewegungen, wie sie typischerweise an manuellen Montagearbeitsplätzen vom Werker ausgeführt werden. Dabei sollen nur Bewegungen untersucht werden, die frei, d. h. ohne Belastung durch zusätzliche Massen, unter Blickkontrolle und ohne Einfluß von Elementen, die eine bestimmte Körperhaltung bzw. zwangsgeführte Bewegungen verlangen, wie z. B. Montagearbeiten in Pkw-Karosserien, durchgeführt werden.

Das Ziel ist es, ein Modell zu entwickeln, das genau solche Bewegungen der kinematischen Kette "Hand-Arm-System" synthetisiert, die die realen Bewegungen des Menschen bei gleichen Randbedingungen mit einer gewissen Toleranz beschreiben. Synchrone Bewegungen des Oberkörpers sollen dabei ausgeschlossen sein.

Um dieses Ziel zu erreichen, müssen Strategien gefunden werden, die z. B. über Optimierungsalgorithmen mit geeigneten Zielfunktionen zusätzliche Bedingungen zur Bestimmung der überzähligen Freiheitsgrade liefern. Diese Strategien bzw. Zielfunktionen werden dann experimentell durch Vergleich mit Bewegungsbahnen eines Probandenkollektivs validiert und in ihrer Struktur und Gewichtung optimiert.

Zwei Aspekte sind in diesem Zusammenhang zu untersuchen: Zum einen die "lokalen" Bewegungsstrategien, die die Stellung der Glieder des Hand-Arm-Systems für eine vorgegebene Lage und Orientierung des Greifpunktes der Hand zwischen Start- und Zielpunkt bestimmen und zum anderen die "globalen" Bewegungsstrategien, die die Bahn des Greifpunktes der Hand bestimmen. Die globalen Bewegungsstrategien sollen dabei auf Wunsch auch durch eine manuelle Steuerung ersetzt werden können.

Als Grundlage einer solchen Untersuchung wird ein biomechanisches Modell benötigt, das die kinematischen, kinetischen und anthropometrischen Eigenschaften des realen Systems mit hinreichender Genauigkeit abbildet. Insbesondere das kinetische Modell spielt eine entscheidende Rolle, wenn es darum geht, die während der Bewegungen auftretenden eingeprägten Kräfte und Momente in den Gelenken zu bestimmen. Dazu ist es erforderlich, sowohl den geometrischen Verlauf von Bewegungen zu kennen, als auch den dazugehörigen zeitlichen Verlauf. Letzterer ist jedoch abhängig vom Leistungsgrad, den der Werker erbringt und von der momentan in den betroffenen Muskelgruppen tatsächlich verfügbaren Leistung, die wiederum hauptsächlich von der Belastungsvorgeschichte (dem Ermüdungsgrad) abhängt /124/. Die beiden Parameter Leistungs- und Ermüdungsgrad können mit Hilfe von Muskelmodellen ermittelt werden, die an anderer Stelle bereits entwickelt wurden /60/.

In der vorliegenden Arbeit werden deshalb lediglich geeignete Schnittstellen und Hinweise bereitgestellt, die es erlauben, solche Muskelmodelle auszuwählen, einzubinden und mit der hier vorgestellten Bewegungssynthese zu kombinieren.

Das angestrebte Modell soll in der praktischen Anwendung dem Ziel dienen, repetitive Hand-Arm-Bewegungen an manuellen Montagearbeitsplätzen, deren Verlauf durch Vorgabe von Start- und Zielpunkt sowie der Orientierung der Hand am Zielpunkt weitgehend bestimmt ist, im Rahmen der täglichen Planungsarbeit des Arbeitsplatzgestalters zu untersuchen und zu bewerten. In der Kombination mit einem geeigneten Muskelmodell, das die zur Generierung einer bestimmten, beobachteten oder vorgegebenen Bewegung erforderlichen Muskelkräfte bereitstellt, sowie einem Modell, das die verfügbaren Leistungsfähigkeiten (z. B. die Dauerleistungsgrenze) der die einzelnen Freiheitsgrade bewegenden Muskelgruppen oder einzelnen Muskeln in Abhängigkeit von Gelenkstellung, Bewegungsrichtung und Leistungsgrad beschreibt und zuletzt in der Kombination mit einem Ermüdungsmodell, das die erforderlichen Erholzeiten bzw. das Absinken der Leistungsgrenze bei kurzfristig hoher Belastung ermittelt, wird mit dem in der vorliegenden Arbeit vorgestellten Modell das Ziel greifbar, Vorgabezeiten an manuellen Arbeitsplätzen, die bisher nur über Systeme vorbestimmter Zeiten /114/ oder über Zeitstudien /83/, /109/ ermittelt werden konnten, zu berechnen.

Darüber hinaus bietet eine solche Modellkombination nicht nur die Möglichkeit, die eingeprägten statischen Kräfte, sondern auch die dynamischen Belastungen auf die Gelenke, die während der Bewegung auftreten, bereits in der Planungsphase eines Arbeitsplatzes zu bestimmen. Somit lassen sich Bewegungsabläufe bewerten und Alternativen mit geringeren Belastungen finden. Überlastungen der Werker und zusätzliche Kosten durch spätere Veränderungen schlecht gestalteter Arbeitsplätze können dadurch vermieden werden.

Da das Modell in erster Linie im Bereich der Arbeitsplatzgestaltung zur Unterstützung der täglichen Planungsarbeit eingesetzt werden soll, muß es nicht zuletzt in seiner anthropometrischen Gestalt möglichst genau sein und die echtzeitnahe Darstellung der simulierten Bewegungsabläufe am Bildschirm ermöglichen. Im Rahmen dieser Arbeit wurde in deduktiver Weise das Programmsystem GRIBS (GRaphisch Interaktive BewegungsSynthese des menschlichen Hand-Arm-Systems) entwickelt, das diese Anforderungen erfüllt. Abschnitt 1.3 gibt einen Überblick über den derzeitigen Stand der biomechanischen Modelle zur Bewegungssynthese.

Im Kapitel 2 wird nach einer kritischen Betrachtung des von Tsotsis /131/ zur Lagebestimmung der Einzelglieder entwickelten biomechanischen Modells des menschlichen Hand-Arm-Systems und dessen Weiterentwicklung im Hinblick auf den Einsatz bei der Bewegungssynthese beschrieben. Danach wird ein kinetisches Modell entwickelt, das die Berücksichtigung von Trägheitskräften erlaubt. In Kapitel 3 werden die Ansätze zur Synthese geführter, freier sowie manuell gesteuerter Bewegungen ausgehend von vermuteten Einflußgrößen auf das Bewegungsverhalten dargestellt. Diese empirischen Ansätze werden in Kapitel 4 durch die dort beschriebenen Experimente und Versuchsergebnisse validiert und über die geeignete Wahl freier Modellparameter optimiert. Die wesentlichen Ergebnisse der Arbeit sowie Ausblicke auf weitere Arbeitsschwerpunkte werden in Kapitel 5 erläutert.

Im Anhang finden sich Gleichungen mit Quellenangaben zur anthropometrischen Dimensionierung des Modells sowie eine Aufstellung der gemessenen Körpergrößen des zur Validierung des Modells herangezogenen Probandenkollektivs. Den Abschluß bilden Hinweise zur der Implementierung des entwickelten Programmsystems GRIBS.

1.3 Übersicht zum Stand der biomechanischen Modelle zur Bewegungssynthese

Geschichtliche Entwicklung

Eine klare Systematik ist bei der Entwicklung biomechanischer Modelle kaum erkennbar. Es handelt sich viel mehr um eine geschichtliche Entwicklung, die im folgenden dargestellt wird.

Die frühen anthropometrischen Modelle der 60er Jahre waren nach Kroemer /86/ kinematische Ketten, bestehend aus starren Körpern und idealen Gelenken. Die meisten dieser Modelle basierten auf dem "Prinzip der verbundenen Gelenke", das 1889 erstmals von Braune und Fischer /14/ im Rahmen einer Untersuchung deutscher Infanteristen dargestellt wurde. Dieser Ansatz wurde 1955 von Dempster /36/ erweitert. Er führte hintereinander geschaltete "Abstände" zwischen benachbarten Rotationsachsen ein. Die Modelle waren in der Regel zweidimensional und verfügten nur über wenige Gelenke. Ziel war es, die Zusammenhänge zwischen Gelenkbewegungen und auftretenden Kräften und Momenten in den Gelenken zu untersuchen. Obwohl alle diese Modelle lediglich mit äußeren Lasten arbeiteten, gelang es bereits Ayoub /8/ einfache Vorhersagen von Arbeitshaltungen zu treffen.

Viele der späteren Modelle basierten auf den 1970 vorgestellten Arbeiten von Chaffin /24/, /26/, der mit zweidimensionalen statischen Modellen des Wirbelsäulen- und Armbereichs mit 6 bis 8 Freiheitsgraden rechnete. Aufbauend auf den oben genannten Grundlagen bestimmte Chaffin Reaktionskräfte und -momente in den Gelenken. Chaffin entwickelte seine Modelle weiter und arbeitet heute auch mit dreidimensionalen und zum Teil dynamischen Modellen /27/, /25/, /92/.

Ayoub und El-Bassoussi /7/ benutzten 1976 erstmals die Methode der Optimierung, um die beim beidhändigen, symmetrischen Heben von Lasten auftretenden Kräfte und Momente in den Gelenken zu bestimmen. Dieses Modell wurde weiterentwickelt, auf den asymmetrischen Fall ausgedehnt und evaluiert /28/, /87/, /93/.

King /81/ gibt eine Zusammenfassung und Bewertung der biomechanischen Modelle bis 1984, die sich mit dem muskuloskeletären System beschäftigen.

Eine andere Klasse von Modellen wurde 1977 von Hatze /60/ vorgestellt. Diese zeichneten sich durch eine neue Technik bei der Modellierung und ihre hohe Komplexität und Genauigkeit aus. Sie dienten am Anfang zur Bestimmung der im Bein auftretenden Kräfte während des Gehens. Hatze dehnte seine Arbeiten später auf den gesamten Bewegungsapparat aus und befaßt sich heute im Bereich der sportbiomechanischen Modelle vor allem mit der myokybernetischen Bewegungsoptimierung und mit dem Steuer- und Regelverhalten des Skelettmuskels /61/, /63/, /64/, /65/, /66/.

Die in den vergangenen Jahren auf dem Gebiet der Biomechanik gewonnenen Erkenntnisse werden heute verstärkt in rechnergestützten Planungssystemen zur Gestaltung und Bewertung von Arbeitsplätzen eingesetzt /133/, /49/, /98/. Beispiele für neuere Entwicklungen sind Cosiman /101/, Anybody /95/, Sammie /13/, Werner /84/, Franky /45/ und Graphical Marionette /54/, die rechnergestützte, statische und z. T. animierte anthropometrische Modelle mit mehr oder weniger leistungsfähigen CAD-Systemen verknüpfen. Diese Systeme sind ausschließlich für eine geometrische Untersuchung am Arbeitsplatz geeignet. Einen guten Überblick über die in den letzten Jahren, vor allem in den USA, entwickelten anthropometrischen rechnergestützten Modelle und deren Einsatz bei der Arbeitsplatzgestaltung vermitteln /42/, /71/, /86/.

Die derzeitigen Forschungsarbeiten zielen hauptsächlich in zwei Richtungen: Zum einen werden in interdisziplinärer Arbeit, insbesondere im Bereich der Medizin die bestehenden Modelle immer weiter verfeinert, um genauere Kenntnis über die Funktionsweise und das Zusammenspiel der am betrachteten Prozeß beteiligten Komponenten zu gewinnen. Typische Beispiele hierfür sind die Arbeiten von Engin /46/, /47/, die sich intensiv mit den

Möglichkeiten der Verbesserung der Modellierung des Schulterkomplexes in biomechanischen Modellen beschäftigen. Dazu werden eingeprägte Kräfte und Momente in der Schulter gemessen und die Eigenschaften der Gelenke im Schulterkomplex an einer Stichprobe detailliert ermittelt. Weitere Beispiele sind die Arbeiten von Andrews /3/, der eine neue Methode zur Ermittlung der Rolle einzelner gelenksübergreifender Muskeln vorstellt sowie von Winters und Bagley /135/ bzw. Audu und Davy /6/, die sich mit der Frage nach dem angemessenen Grad der Detaillierung bei der Modellierung von Muskel-Gelenk-Einheiten beschäftigen.

Zum anderen werden die bestehenden Modelle in sogenannte Bedienermodelle integriert, bei denen funktionale Ansätze zur Repräsentation menschlicher Eigenschaften und Leistungen, z. B. kognitive Verhaltensweisen bei Überwachungs- und Entscheidungsaufgaben, erfaßt werden. Ein Überblick über den aktuellen Stand der Arbeiten in diesem Bereich findet sich bei Stein /127/. Grundlegende physikalische und neurophysiologische Untersuchungen über das Wesen rhythmischer Bewegungen werden von Kugler und Turvey /88/ vorgestellt. Boff /12/ präsentiert Forschungsarbeiten auf dem Gebiet der Kombination von kognitiven Prozessen mit Verhaltensweisen und von sensorischen Prozessen mit Wahrnehmung. Vorwiegend mit der Umsetzung dieser Erkenntnisse im gesamten Arbeitsprozeß beschäftigen sich die Arbeiten von Salvendy /120/.

<u>Erforschung und Synthese von Bewegungsabläufen</u>

Die rechnergestützte Synthese von Bewegungen biologischer Strukturen ist seit einigen Jahren verstärkt Gegenstand der Forschung, nachdem die wissenschaftlichen und technischen Voraussetzungen sich zum einen durch die rasante Entwicklung der Rechnerhardware und der Graphiksoftware deutlich verbessert haben und zum anderen die medizinische und mechanische Erforschung, insbesondere des menschlichen Bewegungsapparates u. a. auch durch die Entwicklung geeigneter Meßinstrumente und Meßverfahren entscheidend vorangekommen ist. Dabei haben sich verschiedene Forschungsschwerpunkte gebildet, die wie folgt gegliedert werden können:

o   Grundlagen der Bewegungsforschung,

o   Meßinstrumente und Meßverfahren zur Untersuchung von Bewegungsabläufen,

o   Computergestützte Animation kinematischer Strukturen und

o   Algorithmen und Methoden zur Beschreibung und Reproduktion beobachteter Bewegungsabläufe.

Grundlagen der Bewegungsforschung

Stellvertretend für die vielen Autoren, die sich mit einzelnen grundlegenden Aspekten menschlicher Bewegungen befassen, wie z. B. Hatze /62/, der ein computergestütztes Modell zur Berechnung der Parameter von menschlichen Körpersegmenten vorstellt, Engin /47/, der eine genaue Untersuchung der Biomechanik des Schulterkomplexes vorlegt bzw. An /2/, der eine detaillierte biomechanische Untersuchung der menschlichen Hand durchgeführt hat, werden an dieser Stelle drei Arbeiten vorgestellt, die einen ausgezeichneten Überblick über den derzeitigen Stand der Forschungsarbeiten geben, was die Grundlagen der Bewegungsforschung betrifft.

Winter /134/ beschäftigt sich z. B. mit der Untersuchung von dynamischen, realistischen menschlichen Bewegungen. Ein Schwerpunkt seiner Arbeit liegt auf der Beschreibung von Meß- und Analysetechniken. Ein weiterer Schwerpunkt liegt auf der Darstellung des Standes der Forschung im Bereich der Muskelmechanik und der Elektromyographie. Winter stellt keine inhaltlichen Resultate vor, sondern beschreibt das grundlegende Handwerkszeug in der Bewegungsforschung.

Clark und Horch /29/ beschäftigen sich in ihrer Arbeit mit der Kinästhetik, der Lehre von den Bewegungsempfindungen. Dabei wird der Stand der Forschung bezüglich Bewegungswahrnehmung, Wahrnehmung der Gelenkstellungen und Empfindung von Schwere, Anstrengung und Muskelanspannung ausführlich dargestellt. Die grundlegenden Regelkreise bei der Bewegungssteuerung werden aufgezeigt und die Funktionsweise der mechanischen Tastsinne werden beschrieben.

Keele /80/ faßt die gegenwärtigen Erkenntnisse im Bereich der Bewegungsteuerung und der Bewegungskontrolle zusammen. Die Betrachtungen zur Bewegungssteuerung umfassen dabei die Zeitabhängigkeiten der grundlegenden Parameter und Mechanismen, wie z. B. die Reaktionszeiten auf äußere Reize und Signale, die Zusammenhänge zwischen Bewegungsgeschwindigkeit und Genauigkeit bei zielgerichteten Bewegungen, den Einfluß der visuellen Bewegungskontrolle oder die Zeitdauer einzelner immer wiederkehrender Bewegungen innerhalb einer Sequenz repetitiver Bewegungen. Zuletzt wird die Rolle von Lerneffekten bei der Bewegungssteuerung aufgezeigt.

Die damit verfügbaren Erkenntnisse der Bewegungsforschung bilden heute in ihrer Gesamtheit eine ausreichende Basis für eine fundierte Modellierung auch von komplexen Abläufen und Prozessen im Menschen, z. B. von dreidimensionalen freien Bewegungen, wie sie in der vorliegenden Arbeit beschrieben werden.

Meßinstrumente und Meßverfahren zur Untersuchung von Bewegungsabläufen

Um Bewegungsanalyse zu betreiben, werden geeignete Meßinstrumente und Meßverfahren benötigt. Quantitative Meßverfahren stehen dazu bereits seit dem 19. Jahrhundert zur Verfügung /14/. Anhand des zugrundeliegenden Meßprinzips lassen sich die verschiedenen Meßtechniken wie folgt klassifizieren:

o   Mechanische Messungen.
o   Photographische Aufnahmen.
o   Elektrotechnische Verfahren.

Mechanische Messungen werden häufig an speziell konstruierten Meßeinrichtungen, z. B. mit kardanisch aufgehängten Meßsonden vorgenommen. Zu den ersten photographischen Verfahren gehörten die Chronophotographie und die Zyklographie, bei denen ein Film zyklisch belichtet bzw. bei geöffnetem Objektiv das beobachtete Objekt zyklisch beleuchtet wurde. Die Weiterentwicklung dieser photographischen Verfahren führte zur Motographie, die mit Infrarotstrahlern und entsprechend empfindlichem Filmmaterial arbeitet und zur Kinematographie, bei der eine oder mehrere Filmkameras zur Bewegungsbeobachtung eingesetzt werden. Den mechanischen und photographischen Verfahren gemeinsam ist der hohe Aufwand bei der Auswertung der gewonnenen Daten. Darüber hinaus bringen beide Verfahren starke Einschränkungen und Beeinträchtigungen der Versuchsperson und ihrer Umgebung mit sich. Einen guten Überblick über die geschichtliche Entwicklung der Bewegungsanalyse und der dabei eingesetzten Meßtechniken gibt Holzhausen /75/.

Die am weitesten entwickelten und leistungsfähigsten Meßtechniken sind die elektrotechnischen Verfahren. Bei der Elektrogoniometrie werden Winkelwerte an den Freiheitsgraden des Körpers direkt über Potentiometer gemessen und ausgewertet. Bei den Fernsehverfahren werden ähnlich wie bei der Kinematographie, jedoch mit geringerer Auflösung, Bewegungen von kontrastverstärkenden Reflektoren mit mehreren Kameras gleichzeitig aufgezeichnet. Die Bilder können sofort automatisch ausgewertet und kombiniert werden, wodurch räumliche Bewegungsbahnen dieser Reflektoren auf einfache Art gemessen werden können. Die beiden derzeit am weitesten entwickelten Meßverfahren in diesem Bereich sind das von Lindholm und Öberg /94/ entwickelte Selspot-Meßverfahren, das mit Infrarot LEDs als Markierer arbeitet und das VICON Meßsystem /110/, /102/, /69/, das Reflektoren als Markierer verwendet.

Computergestützte Animation kinematischer Strukturen

Die Computeranimation kinematischer Strukturen und deren Einsatz im Bereich der Arbeitsplatzgestaltung gewann mit der Entwicklung leistungsfähiger Computerhardware stark an Bedeutung. Einen Überblick über den derzeitigen Stand der Entwicklung der Computergraphik gibt Freeman /53/. Er beschreibt neben der historischen Entwicklung die wichtigsten Komponenten eines Graphiksystems, die heute gängigen Techniken zur Generierung von Linien und Kurven sowie die Grundlagen der Vektoralgebra. Im Hinblick auf die Animation von Objekten werden die wichtigsten Programmiertechniken, die Modellierung dreidimensionaler Objekte sowie Techniken zur Ausblendung verdeckter Flächen, Erzeugung von Schatten und Farben und Probleme bei der Echtzeitdarstellung von Bewegungen dargestellt.

Badler /10/ stellt verschiedene Animationstechniken von der Bild- und Parameterinterpolation bis hin zur inversen Kinematik und Dynamik unter wechselnden Randbedingungen vor. Im Rahmen des Projektes TEMPUS /9/ waren diese Techniken Grundlage für die Entwicklung eines Graphiksystems zur aufgabenorientierten Animation von Strichmännchen, die aufbauend auf einer an NASA Piloten gemessenen anthropometrischen Datenbasis dimensioniert werden. Die Gelenkwinkel während der Bewegungen müssen dabei jedoch vom Benutzer vorgegeben werden oder werden linear zwischen Anfangs- und Endstellung interpoliert.

Armstrong, Green und Lake /4/ sowie Wilhelms /132/ beschreiben in ihren Arbeiten ein Graphikpaket zur Generierung von Bewegungen des menschlichen Körpers. Grundlage ist die dynamische Analyse, mit der aufbauend auf einem einfachen dynamischen Modell mit 12 Körpersegmenten für gegebene innere und äußere Kräfte und Momente eine Bewegung generiert bzw. für eine vorgegebene Bewegung unter äußeren Lasten die erforderlichen inneren Kräfte ermittelt werden können. Das von Hatze /62/ entwickelte Programmsystem biomLib/HOMSIM arbeitet, was die Bewegungssimulation betrifft, nach dem gleichen Prinzip.

Algorithmen und Methoden zur Beschreibung und Reproduktion von Bewegungsabläufen

Bereits Leonardo da Vinci hat im 15. Jahrhundert im Zuge bewegungsanalytischer Betrachtungen Skizzen beobachteter Bewegungsabläufe angefertigt. Eine quantitative Untersuchung von Bewegungen im Arbeitsprozeß haben jedoch erst die Brüder Gillbreth 1920 vorgestellt /75/. Ziel war dabei eine Leistungssteigerung des Werkers bei reduzierter Ermüdung. Auf starkes Interesse stieß die Bewegungsanalyse Anfang der 80er Jahre im Leistungssport, was sich in der Entwicklung entsprechender Modelle niederschlug /61/, /63/, /66/. Parallel zu dieser Entwicklung etablierte sich ein neuer Forschungsbereich (Human

Movement Science), der sich gezielt mit der Untersuchung menschlicher Bewegungsabläufe und den dort zugrundeliegenden Steuerungsprinzipien beschäftigt. Dabei bildeten sich zwei Schwerpunkte: zum einen wurden hochkomplexe Modelle der Vorgänge im Muskel bis hin zu Mechanismen der Reizverarbeitung in einzelnen Muskelfasern sowie Modelle, die die Interaktion der Muskeln mit dem Skelett beschreiben, entwickelt. Der wichtigste Vertreter dieser Forschungsrichtung ist Hatze mit seinen zahlreichen bereits zitierten Arbeiten, der die Begriffe "Myokybernetik", "neuromuskulär" und "muskuloskeletär" in diesem Zusammenhang prägte.

Diese Art von Modellen ist hervorragend geeignet sehr präzise Daten zu ermitteln, wenn es darum geht, beobachtete und aufgezeichnete Bewegungsabläufe, z. B. im Leistungssport zu analysieren und die für die Generierung dieser Bewegungsabläufe notwendigen inneren Kräfte und Momente, ggf. auch Muskelkräfte, zu ermitteln bzw. unter gegebenen äußeren Randbedingungen einen Bewegungsablauf vorher zu bestimmen, der sich aus einem vorgegebenen zeitlichen Verlauf der Muskelkräfte ergibt. Die Generierung von Bewegungen allein aus der Vorgabe von Anfangs- und Endstellung der Glieder, also ohne Spezifikation der aufzubringenden Antriebsleistung ist damit jedoch nicht möglich. Die rechnergestützten Simulationsmodelle von Hatze sind käuflich und heute soweit entwickelt, daß sie ihrem Zweck entsprechend industriell eingesetzt werden.

Parallel dazu wurden Bewegungen menschlicher Extremitäten gezielt nach Invarianten und Bewegungsmustern untersucht, um daraus Kontrollstrategien des Menschen abzuleiten. Dabei spielten Hand-Arm-Bewegungen von Anfang an eine wichtige Rolle. Die wichtigsten Vertreter dieser Forschungsschwerpunkte sind Soechting, Lacquaniti, Morasso, Hollerbach und Cruse. Soechting und Lacquaniti /127/ fanden z. B. 1981 bei Messungen von Handgelenkspositionen, Ellenbogen- und Schulterwinkel in der Sagittalebene, daß die Bewegungsform unabhängig von der Bewegungsgeschwindigkeit ist, daß die Bewegungen in eine Beschleunigungs- und eine Verzögerungsphase eingeteilt werden können und daß der Quotient aus der Winkelgeschwindigkeit am Ellenbogengelenk und am Schultergelenk näherungsweise konstant ist. Dies deutet bereits daraufhin, daß alle Freiheitsgrade soweit wie möglich in eine Bewegung einbezogen werden.

Morasso /103/ untersuchte 1983 mit Hilfe von Goniometern ziellose Armbewegungen im dreidimensionalen Raum und stellte gegenüber Soechting und Lacquaniti /125/ einen Zusammenhang zwischen der Krümmung einer Bewegungsbahn und der Bewegungsgeschwindigkeit fest. Morasso fand darüber hinaus, daß Punkt-zu-Punkt-Bewegungen ausgeführt mit normaler Geschwindigkeit in etwa gerade Bewegungsbahnen mit glockenförmigem Geschwindigkeitsprofil aufweisen. Er schließt daraus, daß der Bahnplanungsprozeß als Folge diskreter Steuerungsimpulse an die diversen Muskeleinheiten zu verstehen sei.

Nelson /104/ und Hogan /74/ untersuchten und modellierten 1983 bzw. 1984 die Geschwindigkeitsprofile von Bewegungen des Ellenbogengelenks. Eingesetzt wurde dazu ein Optimierungsverfahren, das die Zielfunktion "Änderung der Beschleunigung der Hand" minimiert. Die Ergebnisse zeigen hohe Übereinstimmung der Berechnungen mit den Beobachtungen.

Atkeson und Hollerbach /5/ arbeiteten 1985 mit dem Selspot-System /75/ und untersuchten Bewegungen in der Sagittalebene bei wechselnder Geschwindigkeit und wechselnder Last. Sie entdeckten dabei Bereiche, in denen entgegen den Ergebnissen von Morasso die Bewegungsbahnen keineswegs Geraden waren, sondern deutliche Krümmungen aufwiesen. Darüber hinaus entdeckten sie die Invarianz des Tangentialgeschwindigkeitsprofils, wenn dies mit der maximalen Bewegungsgeschwindigkeit und der Distanz zwischen Anfangs- und Endpunkt normiert wird. Teilweise wurden in den Experimenten deutliche Unterschiede zwischen Auf- und Abwärtsbewegungen festgestellt. Das wichtigste Ergebnis dieser Untersuchung war jedoch die beobachtete Invarianz der Bewegungsform bezüglich Geschwindigkeit und Belastung der Hand.

Kaminsky und Gentile /77/ setzten 1986 wie Morasso /103/ für ihre Untersuchungen zweidimensionaler Zeigebewegungen in der horizontalen Ebene Goniometer ein. Sie fanden, daß die Zeit für eine Bewegung unabhängig vom Anfangs- und Endpunkt der Bewegung, aber linear abhängig von der Größe der entsprechenden Winkeldifferenzen an den Gelenken ist. Das Gelenk mit dem größten Winkelinkrement startete dabei seine Bewegung zuerst. Weiterhin stellten sie einen linearen Zusammenhang zwischen der Maximalgeschwindigkeit während einer Bewegung und der Größe der aufgetretenen Winkelinkremente fest und beobachteten bei allen Bewegungen eine gewisse Krümmung der Bewegungsbahn. Kaminsky und Gentile schließen aus ihren Beobachtungen, daß bei der Bewegungssteuerung die Gelenkwinkel die geregelten Größen darstellen im Gegensatz zur absoluten Position der Hand im Raum.

Cruse /32/ untersuchte 1986 erstmals zweidimensionale Armbewegungen mit einem überschüssigen Freiheitsgrad in der horizontalen Ebene mit dem Ziel, Kostenfunktionen für die einzelnen Freiheitsgrade zu finden, die innerhalb eines einfachen mathematischen Modells die beobachteten Bewegungsbahnen reproduzieren. Diese Kostenfunktionen wurden für jeden Freiheitsgrad getrennt erstellt, indem Probanden in wechselnden Gelenkstellungen eine Bewertung der Bequemlichkeit mit Hilfe eines Punktesystems vornahmen. Erwartungsgemäß ergaben sich parabelförmige Kostenfunktionen, die einen ausgeprägten flachen Mittelteil und steile Flanken an den Bewegungsraumgrenzen aufweisen. Cruse vermutete die Existenz komplexer, eventuell wechselnder Bewegungsstrategien, also Kostenfunktionen, je nach Lage der Start- und Zielpunkte im Raum. Obwohl Cruse nur mit einfachen Penalty-Funktionen (zwei kombinierte Exponentialfunktionen mit dem Minimum an einer gewählten Mittellage der jeweiligen Bewegungsbereiche der Gelenke) arbeitete, erzielte er gute Übereinstimmung zwischen Modell und Beobachtung.

1987 berichtete Cruse /33/ über die Fortsetzung seiner Arbeiten, womit die 1986 von ihm aufgestellten Hypothesen über die Bewegungssteuerung bestätigt werden. Die wichtigsten Ergebnisse dabei waren, daß die Wahl der Gelenkwinkel während der Bewegung nicht von festen Regeln abhängt, sondern von der Anfangsstellung der gesamten Gliederkette, also von der Vorgeschichte der Bewegung und von der Lage der Anfangs- und Endpunkte der Bewegung, was auf das Vorhandensein sowohl von lokalen als auch von globalen Steuerungsregeln schließen läßt. Damit ist die Steuerung der einzelnen Freiheitsgrade nicht als unabhängig voneinander anzusehen. Weiterhin bestätigte Cruse, daß es ein Ziel des menschlichen Kontrollsystems für die Armbewegungen ist, in erster Näherung gerade Bewegungsbahnen im Arbeitsraum zu erzeugen. Die Tatsache, daß auch immer wieder gekrümmte Bahnen beobachtet werden, führt er darauf zurück, daß in diesen Fällen entweder die Kostenwerte der Zielfunktionen bei einer geraden Bahn zu hoch wären oder daß im Zustandsraum zu starkes nichtlineares Verhalten auftreten würde, was für die Brauchbarkeit der Zielfunktion "Minimale Beschleunigungsänderung der Hand" sprechen würde.

Im Rahmen von weiteren Untersuchungen erkannte Cruse et al /31/, daß die Bewegungssteuerung zwar unabhängig von der Länge der Glieder, aber abhängig von der tatsächlich wirkenden Belastung in den einzelnen Freiheitsgraden ist. Girard /55/ beschäftigte sich 1987 zeitgleich mit Cruse mit der rechnergestützten Erzeugung von Bewegungen von Tierbeinen. Der Benutzer spezifiziert dabei eine Folge gewünschter Stellungen der Glieder. Girard schlägt in seiner Arbeit zur Interpolation zwischen diesen Stellungen Optimierungsrechnungen vor, die wahlweise minimale Zeit, minimale Energie oder minimale Beschleunigungsänderung als Zielfunktion verwenden sollen. Dabei sollen vom Benutzer vorgegebene dynamische und kinematische Randbedingungen berücksichtigt werden. Weiter geht er davon aus, daß die Bewegungssteuerung hierarchisch abläuft. Danach erfolgt zunächst übergeordnet die Planung der Endstellung der Gliederkette, danach die eigentliche Bahn- und Geschwindigkeitsplanung und zuletzt lokal im Gelenk die Wahl der dazu notwendigen zeitlichen Folge von Gelenkstellungen, was mit den von Cruse erzielten Ergebnissen übereinstimmt.

2 Das biomechanische Modell des Hand-Arm-Systems

Aufbauend auf dem von Tsotsis /131/ entwickelten kinematischen Modell des menschlichen Hand-Arm-Systems wird im folgenden ein einfaches, jedoch bezüglich des angestrebten Einsatzbereichs gemäß Kapitel 1.2 hinreichend genaues kinetisches Modell entwickelt. Das verwendete Prinzip von d'Alembert /123/ erlaubt dabei eine einheitliche Darstellung des direkten und des inversen Problems der Kinetik. Das im folgenden Kapitel beschriebene flexible System kinetischer Gleichungen erlaubt die einfache Kopplung dieses kinetischen Modells mit anderen Modellen, z. B. Muskelmodellen oder Ermüdungsmodellen. Damit können die bei Bewegungen auftretenden Trägheitsmomente, die Belastungen und die minimal notwendige Zeit für Bewegungszyklen ermittelt werden.

Dazu wird zunächst der Aufbau des Hand-Arm-Systems mit seinen verschiedenen bewegungsübertragenden Elementen untersucht. Die in /131/ getroffenen Vereinfachungen werden dabei im Hinblick auf die Einbindung des kinetischen Modells kritisch diskutiert. Anschließend wird für die an den Bewegungen beteiligten Körper und Gelenke ein verbessertes Modell vorgestellt. Für die Muskeln wird im Rahmen dieser Arbeit keine Modellbildung durchgeführt. Es werden jedoch geeignete Schnittstellen für die Einbindung von Muskelmodellen in das kinetische Modell definiert und bereitgestellt. Die Kinematik des Hand-Arm-Systems wird dazu unter dem Gesichtspunkt einer kinetischen Modellierung analysiert und eine neue, geeignete kinematische Formulierung wird vorgeschlagen. Die für die Herleitung der kinetischen Gleichungen notwendigen Größen werden eingeführt.

Anschließend wird die anthropometrische Gestaltung und Bemaßung sowie die graphische Darstellung des Modells und seiner Bewegungen diskutiert.

2.1 Kinematische Modellierung des Hand-Arm-Systems

Im folgenden Kapitel wird ein mathematisches Modell des Hand-Arm-Systems beschrieben, das die für die Bewegungssimulation notwendigen geometrischen und kinematischen Eigenschaften vom Brustbein-Schlüsselbeingelenk bis hin zur Hand aufweist. Die Bewegungsmöglichkeiten der Finger und der Mittelhandknochen bleiben dabei unberücksichtigt. Eine Beschreibung des anatomischen Aufbaus sowie der wichtigsten Eigenschaften des realen Hand-Arm-Systems findet sich z. B. in /129/, /90/ und /78/. In /129/ und in /91/ wird auch auf die Modellierung der Kinematik des Hand-Arm-Systems eingegangen. Das in dieser Arbeit entwickelte Modell baut auf dem in den beiden letztgenannten Arbeiten vorgestellten Modell auf.

Das im folgenden zugrundegelegte 3D-Volumenmodell des gesamten menschlichen Körpers
weist 44 Freiheitsgrade auf (Bild 2.1-1). Dabei entfallen gemäß Bild 2.1-1 je 13 Freiheitsgrade (FG) auf den rechten und den linken Arm, je 6 FG auf das rechte und linke Bein, 3 FG
auf den Halswirbelbereich und 3 FG auf das vereinfachte Lendengelenk.

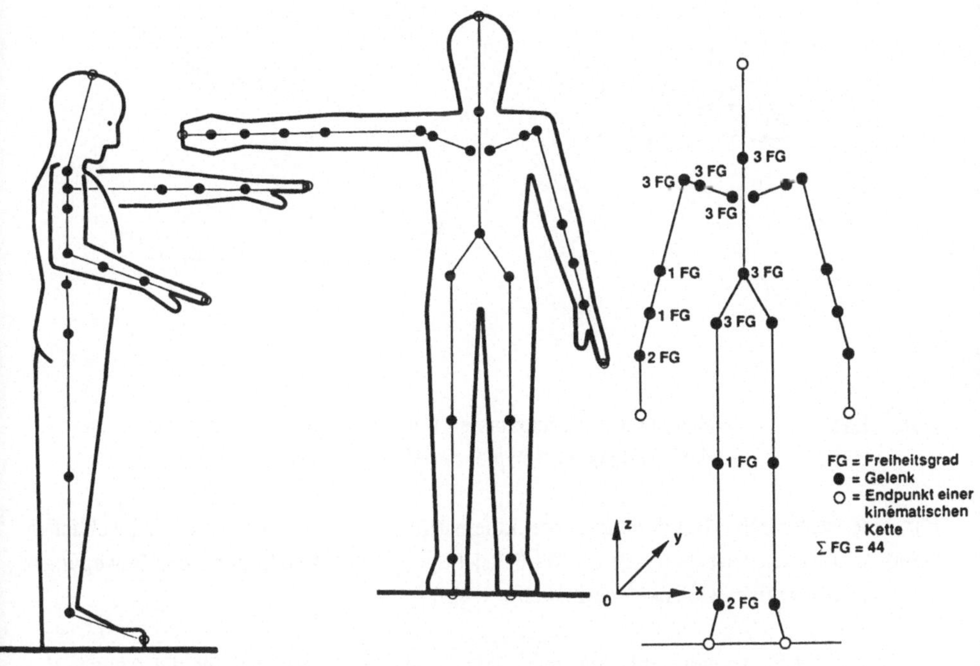

<u>Bild 2.1-1:</u>   Kinematisches Modell des menschlichen Körpers mit
                  44 Freiheitsgraden

Die perzentil- und geschlechtsabhängige Dimensionierung der einzelnen Glieder erfolgt auf
der Basis der DIN-Norm 33 402 /39/. Zwischenwerte werden dabei mit Hilfe von Regressi-
onsgeraden über die Maße des 5., 50. und 95. Perzentils ermittelt. Die Festlegung der
maximalen Bewegungsbereiche für jedes Gelenk und jede Bewegungsrichtung erfolgt auf
der Basis der in /131/ zusammengestellten Meßwerte.

Nach /85/ und /131/ spielt bei der Modellbildung die Erfassung der Abhängigkeit der maximalen Bewegungsräume von der aktuellen Gelenkstellung eine wichtige Rolle. Betrachtet
man z. B. das Handgelenk, so läßt sich nämlich aufgrund dieser Kopplung nicht gleichzeitig
der Maximalwert für beide Freiheitsgrade im Handgelenk erreichen (Bild 2.1-2).

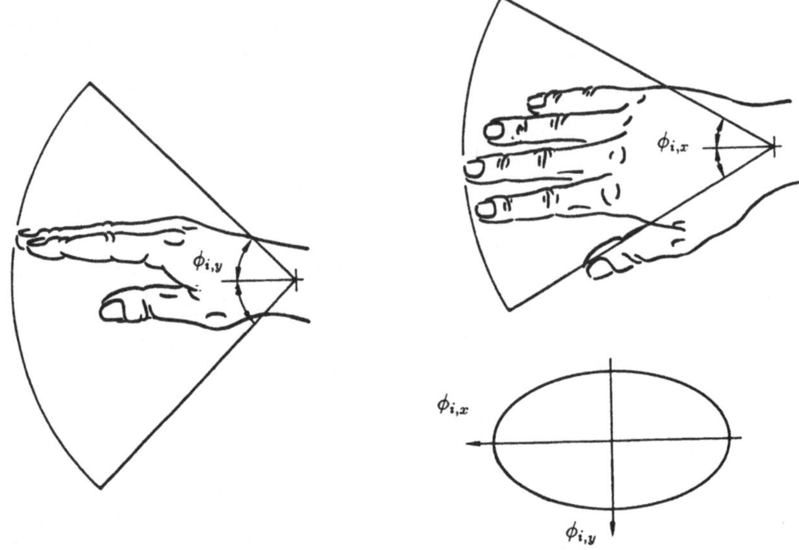

Bild 2.1-2:   Abhängigkeit der maximalen Bewegungsräume von den aktuellen Gelenkstellungen, Beispiel des Handgelenks

Für eine realistische Beschreibung der kinematischen Eigenschaften des menschlichen Hand-Arm-Systems ist demnach die Berücksichtigung und Modellierung der Bewegungsgrenzen der einzelnen Gelenke unerläßlich.

Im Falle des Ellenbogengelenks mit nur einem Freiheitsgrad reicht dafür die Angabe des maximal und des minimal möglichen Gelenkwinkels, also eines einzelnen Wertepaares aus. Dies ist allerdings bei den anderen hier betrachteten Gelenken nicht der Fall. Betrachtet man bei einem Kugelgelenk den Endpunkt eines vom Gelenkmittelpunkt ausgehenden Einheitsvektor, der in Richtung des distalen Gliedes zeigt, so beschreibt dieser bei Bewegungen des Gelenks eine Punktmenge auf einer Einheitskugel um den Gelenkmittelpunkt. Die Punktmenge aller möglichen Bewegungen des Gelenks ergibt eine geschlossene Fläche auf dieser Einheitskugel, deren Begrenzung - eine geschlossene Leitkurve - den maximalen Bewegungsraum des Gelenks wiedergibt. Nicht berücksichtigt sind hierbei Drehungen des durch den Einheitsvektors repräsentierten Gliedes um seine Längsachse. Der mögliche Umfang dieser Längsdrehung kann nach /85/ als unabhängig von den Bewegungen der beiden anderen Freiheitsgrade betrachtet werden. Die Rotation um die lokalen z-Achsen des Schlüsselbein-Brustbein-, Schulterblatt-Oberarm- und des proximalen und distalen Handgelenks sind demnach wie die Unterarmrotation und die Beugung und Streckung des Ellenbogens durch Paare von festen Grenzwinkeln begrenzt.

Die Leitkurven der gekoppelten maximalen Bewegungsräume für die Drehungen um die lokalen x- und y-Achsen der Kugelgelenke im Modell wurden mehrfach experimentell ermittelt /51/, /90/, /14/. Tsotsis /131/ fand Näherungen dieser realen Bewegungsräume, indem er die Projektion der Leitkurven auf die x-y-Ebenen der lokalen Koordinatensysteme der Gelenke durch Kreise bzw. Ellipsen beschrieb. Eine bestimmte Bewegung eines Gliedes in einem Kugelgelenk ist nach dieser Formulierung genau dann zulässig, wenn die x-y-Komponenten des oben definierten und im lokalen Koordinatensystem dargestellten Einheitsvektors innerhalb der vorgegebenen Kreise bzw. Ellipsen bleiben.

Die den Gleichungen (2-1) bis (2-4) zugrundeliegende mathematische Darstellung der kinematischen Eigenschaften von Kugel- und Drehgelenken sowie die Definition der Elementardrehungen und der Drehwinkel für ein Kugelgelenk mit drei Freiheitsgraden sind im Anhang A vermerkt.

Für den Einheitsvektor $\underline{e}_i^0$ in Gliedrichtung (Glied i + 1) gilt in der Ausgangslage des Gelenks i und bei Darstellung in homogen Koordinaten:

$$\underline{e}_i^0 = [0\,0\,1\,1]^{tr} \tag{2-1}$$

Nach einer Drehung um die Winkel $\phi_{i,x}$ und $\phi_{i,y}$ ergibt sich die neue Darstellung $\underline{e}_i'$ des Einheitsvektors mit

$$\underline{e}_i' = \underline{\underline{T}}_{i,x}(\phi_{i,x}) * \underline{\underline{T}}_{i,y}(\phi_{i,y}) * \underline{e}_i^0 \tag{2-2}$$

zu:

$$\underline{e}_i' = \begin{bmatrix} \sin\phi_{i,y} \\[1em] -\sin\phi_{i,x} * \cos\phi_{i,y} \\[1em] \cos\phi_{i,x} * \cos\phi_{i,y} \\[1em] 1 \end{bmatrix} . \tag{2-3}$$

Eingesetzt in die Ellipsendarstellung der projizierten Leitkurve mit den Halbachsen a_i und b_i läßt sich die Bedingung:

$$\frac{\sin^2\phi_{i,y}}{a_i^2} + \frac{\sin^2\phi_{i,x} * \cos^2\phi_{i,y}}{b_i^2} \leq 1 \tag{2-4}$$

für den zulässigen Bewegungsraum formulieren. Erfüllt ein Wertepaar $\phi_{i,x}$, $\phi_{i,y}$ für die beiden Zieldrehungen diese Bedingung, dann ist die zugehörige Bewegung des Gliedes zulässig, d. h. sie liegt innerhalb des maximal möglichen Bewegungsraums.

Damit sind alle Beziehungen gegeben, die zur Beschreibung der möglichen Lagen der Glieder des Hand-Arm-Systems sowohl zueinander als auch innerhalb des gemeinsamen Bezugssystems notwendig sind. Die konstanten Matrizen, die die Körperübergänge beschreiben lassen sich für die einzelnen Glieder des Hand-Arm-Systems mit den jeweils nachfolgenden variablen Rotationsmatrizen von je einem Freiheitsgrad zu abhängigen Transformationsmatrizen $\underline{\underline{T}}_i$ zusammenfassen. Dies führt zu der folgenden Darstellung für die Transformationsmatrix $\underline{\underline{T}}_G$, die die Lage und Orientierung des Greifpunktes der Hand bezüglich des Inertialsystems, mit genau einer Matrix für jeden Freiheitsgrad i beschreibt:

$$\underline{\underline{T}}_G = \prod_{i=1}^{n} \underline{\underline{T}}_i(\phi_i) \quad . \tag{2-5}$$

2.1.1 Das Hand-Arm-System als offene kinematische Kette

Das Hand-Arm-System besteht aus insgesamt acht Körpern und zehn Gelenken (Bild 2.1.1-1), wobei die Hand als ein Körper zählt. Als Bezugskörper wurde das Brustbein gewählt.

Nr.	Gelenk	Gelenktyp	Freiheitsgrade
1	Brustbein-Schlüsselbein-Gelenk	Kugelgelenk	3
2	Schlüsselbein-Schulterblatt-Gelenk	Kugelgelenk	3
3	Schulterblatt-Rumpf-Gelenk	ebenes Gelenk	3
4	Schulterblatt-Oberarm-Gelenk	Kugelgelenk	3
5	Oberarm-Elle-Gelenk	Scharniergelenk	3
6	Oberarm-Speiche-Gelenk	Flächengelenk	3
7	oberes Speiche-Elle-Gelenk	Flächengelenk	3
8	unteres Speiche-Elle-Gelenk	Flächengelenk	3
9	proximales Handgelenk	Drehgelenk	1
10	distales Handgelenk	Drehgelenk	1

Nr.	Körper	zugehörige Gelenke
1	Rumpf	1, 3
2	Schlüsselbein	1, 2
3	Schulterblatt	2, 3, 4
4	Oberarm	4, 5, 6
5	Elle	5, 7, 8
6	Speiche	6, 7, 8, 9
7	Handwurzel	9, 10
8	Hand	10

<u>Bild 2.1.1-1:</u>   Gelenke und Körper des Hand-Arm-Systems

Das Brustbein ist mit dem zweiten Körper, dem Schlüsselbein, durch das Brustbein-Schlüsselbein-Gelenk verbunden. Dieses Gelenk ist ein Kugelgelenk und besitzt somit drei Freiheitsgrade. Das Schlüsselbein selbst ist ein stangenförmiger, gekrümmter Knochen.

Das zweite Gelenk zwischen Schlüsselbein und Schulterblatt ist ebenfalls ein Kugelgelenk und besitzt drei Freiheitsgrade. Durch diese Lagerung des Schlüsselbeins entsteht bei der kinematischen Modellierung ein isolierter Freiheitsgrad, der eine freie Rotation des Schlüsselbeins um seine Längsachse ermöglicht. Da bei lebenden Menschen diese Bewegung nicht auftritt, weil das Schlüsselbein durch Muskeln, Bänder und durch die nicht idealen Kugelgelenke an einer freien Rotation gehindert wird, muß dies bei der Modellierung besonders berücksichtigt werden.

Das an das Schlüsselbein-Schulterblattgelenk anschließende Schulterblatt, der dritte Körper, ist nicht nur durch das Schlüsselbein räumlich geführt, sondern wird auch durch den Brustkorb einseitig an den Oberkörper gebunden. Streng genommen bilden der Brustkorb, das Schulterblatt und das Schlüsselbein eine geschlossene kinematische Kette (kinematische Schleife). Die Lage des Schulterblattes wird in dieser kinematischen Schleife durch die Lage der Rippen, also der Stellung des Brustkorbes und der Stellung des Schlüsselbeins bestimmt.

Zwischen Brustkorb und Schulterblatt existiert dabei eine einseitige geometrische Bindung, die aus dem Gleiten des Schulterblattes auf den Rippenbögen resultiert. Da die Bindung nur einseitig ist, kann sich das Schulterblatt prinzipiell vom Brustkorb lösen. Diese Möglichkeit tritt jedoch bei normalen Bewegungen des Hand-Arm-Systems nicht auf. Ohne die Elastizitäten der einzelnen Körper und die Beweglichkeit der Rippenbögen hat diese Schleife drei Freiheitsgrade, wobei ein Freiheitsgrad auf die freie Rotation des Schlüsselbeins entfällt. Damit ist die räumliche Lage des Schulterblattes in einem Starrkörpermodell durch zwei verallgemeinerte Koordinaten zu beschreiben.

Am Schulterblatt ist der Oberarm über das Schulterblatt-Oberarm-Gelenk gelagert. Dieses Gelenk ist ein nahezu ideales Kugelgelenk und hat drei Freiheitsgrade. Der Oberarmknochen ist ein kräftiger, stabförmiger Knochen, der oben zur Schulter hin abgekröpft ist.

An den Oberarm schließen sich Elle und Speiche an. Die Elle ist mit dem Oberarmknochen über ein Scharniergelenk verbunden, durch das der Unterarm abgewinkelt werden kann. Die Speiche ist sowohl an die Elle als auch an den Oberarmknochen durch Flächengelenke gebunden. Das Gelenk zum Oberarm ist näherungsweise ein Kugelgelenk. Die Verbindung zur Elle wird von je einem tonnenförmigen Flächengelenk beim Ellenbogen und bei der Handwurzel hergestellt.

Die Handwurzel wiederum ist mit der Elle durch ein Kugelgelenk und mit der Speiche durch ein Scharniergelenk verbunden. Durch diese Lagerung kann die Speiche um die Elle rotieren. Das Scharniergelenk zwischen Speiche und Handwurzel bildet das erste Handwurzelgelenk, das das Abwinkeln der Hand ermöglicht. In der Handwurzel selbst liegt das zweite Handwurzelgelenk. Dieses wird durch die Bewegung der Handwurzelknochen zueinander gebildet.

Die drei zuletzt genannten Bewegungen bewirken im wesentlichen eine Verdrehung des Unterarms um eine Drehachse im Unterarmbereich sowie eine Drehung der Hand um zwei unabhängige Drehachsen, deren Achsvektoren sich jedoch nicht in einem Punkt schneiden und die auch nicht senkrecht aufeinander stehen. Im Rahmen des vorliegenden Modells werden mit hinreichender Genauigkeit diese realen Gelenke durch drei hintereinander geschaltete Drehgelenke idealisiert.

Die mathematische Beschreibung der Kinematik dieses Systems, also die Beschreibung von Position und Orientierung der einzelnen Glieder im Raum erfolgt mit Hilfe homogener Transformationen, die auch in der Robotertechnik verwendet werden /30/. Dabei wird für jedes Glied der Gelenkkette ein körperfestes Koordinatensystem, ein sogenanntes "Frame", definiert. Die homogenen Transformationen beschreiben dann die Abbildungen, die ein solches Koordinatensystem in ein anderes System, z. B. in das Frame eines benachbarten Gliedes oder in das Inertialsystem überführen.

2.1.2 Idealisierungen im kinematischen Modell

Das in /131/ verwendete kinematische Modell des Hand-Arm-Systems mit 10 Freiheitsgraden unterscheidet sich vom realen menschlichen Hand-Arm-System sowohl nach Art, als auch nach Anordnung der bewegungsübertragenden Elemente.

Eine Vereinfachung stellt z. B. die starre Modellierung der einzelnen Körper und Gelenke der kinematischen Kette dar. Dadurch werden die vor allem in den Gelenken vorhandenen Elastizitäten vernachlässigt. Bei einer Modellierung der Kinetik muß hier das Problem des Entstehens von Kraftspitzen bei kinematischen Grenzlagen beachtet werden.

Als Gelenke werden ideale Scharnier- oder Kugelgelenke verwendet, obwohl einzelne Gelenke des Hand-Arm-Systems von diesen idealen Gelenkmodellen abweichen. Eine Berücksichtigung von Spiel oder viskosen Effekten in den Gelenken erfolgt nicht. Bei der Entwicklung des kinetischen Modells kann hier eine verbesserte Ersatzmodellierung erfolgen.

Ein weiterer grundlegender Unterschied zwischen Modell und realem Hand-Arm-System ergibt sich durch die Einführung von Ersatzgelenken für die im Hand-Arm-System vorhandenen, komplexen kinematischen Mechanismen. Insbesondere das Schulterblatt als bewegungsübertragender Körper fehlt völlig. Das Schlüsselbein ist über ein Kugelgelenk direkt mit dem Oberarm verbunden. Dadurch wird im Bereich des Schultergürtels eine Einschränkung des Bewegungsraumes verursacht, die aber aufgrund des relativ geringen Abstandes der ersetzten Kugelgelenke voneinander und des relativ kleinen Bewegungsraumes des Schulterblattes vernachlässigbar ist. Gravierender ist das dadurch verursachte Fehlen des Schulterblattes und die daraus resultierende fehlerhafte Statik in diesem Bereich. Während das Schlüsselbein beim Menschen nur Stangenkräfte längs seiner Wirkungslinie überträgt und das Schulterblatt die eingeleiteten Drehmomente auffängt, muß in diesem Modell das Schlüsselbein die vom Oberarm aufgenommenen Momente über das Brustbein in den Rumpf leiten. Das bedeutet einerseits eine falsche Belastung des Schlüsselbeins und der beiden Schlüsselbeingelenke und andererseits eine falsche Einleitung der Belastungen in den Rumpf.

Die Gelenke zwischen Oberarm und Handwurzel, die die Verdrehung des Unterarms bewirken, sowie die beiden Gelenke in der Handwurzel werden durch ein einfaches Kugelgelenk in der Handwurzel ersetzt. Bei der Entwicklung des kinetischen Modells ist diese Verlegung der Unterarmdrehung in die Handwurzel nicht möglich, da die Trägheitskräfte des Unterarms bei der Drehung nicht berücksichtigt würden. Dies geschieht durch die Verlegung des Drehgelenks in die Nähe des Schwerpunkts des Unterarms, dessen Verkürzung bei der Verdrehung unberücksichtigt bleibt.

Im Bereich der Handwurzel wird die Kinematik der Hand nur annähernd modelliert, da die drei dort zusammengefaßten Gelenke in der Realität weder senkrecht aufeinander stehen noch sich in einem Punkt schneiden. Eine etwas verbesserte Modellierung ist in diesem Bereich möglich und wird nachfolgend dargestellt.

Für den in Kapitel 2.1.1 beschriebenen Aufbau des Hand-Arm-Systems werden im folgenden geeignete Gelenkmodelle und eine Schnittstelle zu Muskelmodellen vorgeschlagen. Insbesondere im Hinblick auf die Modellierung von Elastizitäten ist dabei die Berücksichtigung der Wechselwirkungen zwischen den Körpern des Hand-Arm-Systems und den Gelenken erforderlich.

Die Körper des menschlichen Hand-Arm-Systems sind zwar elastisch verformbar, jedoch ist die resultierende Wirkung auf die Gelenkpunkte und Schwerpunkte vergleichsweise gering. Die Simulation von Bewegungen in Bereichen, in denen signifikante elastische Verformungen auftreten, ist im Hinblick auf das Einsatzgebiet des vorliegenden Modells, die Gestaltung manueller Arbeitsplätze, nicht sinnvoll. Darüber hinaus sind die elastischen Deformationen der Knochen vernachlässigbar gegenüber den elastischen und viskosen Verformungen in den Gelenken.

Ein weiterer Grund die Modellierung von relativ kleinen Effekten zu unterlassen, ist die Bemaßung des Modells. Da hier, im Gegensatz zur Modellierung z. B. eines Roboterarmes, mit statistischen Mittelwerten (Perzentilen) gearbeitet wird, können lediglich Ergebnisse mit einer gewissen Streubreite erwartet werden, deren Ungenauigkeit den Einfluß solcher kleinen Effekte übertrifft.

2.1.2.1 Gelenkmodelle

Alle Gelenke des Hand-Arm-Systems sind nach /72/ Gelenke erster Ordnung, also Gelenke bei denen sich die beteiligten Körper flächenhaft berühren. Es treten insgesamt drei Gelenkarten auf (Bild 2.1.2.1-1) /79/:

- Sockel- oder Kugelgelenke, bei denen die beiden verbundenen Körper sehr stabil und steif geführt werden. Dazu gehören die beiden Schlüsselbeingelenke und das obere Oberarm-Kugelgelenk. Diese Gelenke haben kaum Elastizität. Der Einfluß der Knorpelschicht bzw. der Gelenkflüssigkeit ist klein.

- Scharniergelenke, z. B. das Ellenbogengelenk. Diese Gelenke gestatten den gekoppelten Körpern nur eine Drehung um eine Achse. Dabei werden die Körper relativ steif verbunden. Allerdings ist der Drehpunkt der Drehachse nicht unbedingt fest. Er kann bei der Drehung relativ zu beiden Körpern wandern.

- Allgemeine Flächengelenke, z. B. im Unterarm und in der Handwurzel. Hier gleiten mehrere Knochen aneinander auf Flächen unterschiedlicher Gestalt. Bei der Verbindung von Elle und Speiche sind dies kugel- und tonnenförmige Flächen; beim Handgelenk gleiten eine Vielzahl von Knochen an relativ ebenen Flächen und bilden so die beiden Handwurzelgelenke.

Beim Aufbau des kinetischen Modells stellt sich die Frage, ob die an der Bewegungsübertragung beteiligten Gelenke starr oder elastisch bzw. viskos modelliert werden sollen. Da sich bereits kleine Winkeländerungen der Achsen in den Gelenken an den Endpunkten signifikant auswirken können, sind solche Elastizitäten gerade in den Gelenken nicht immer vernachlässigbar. Daher wird eine Modellierung gewählt, die zwar mit starren Körpern rechnet, in den Gelenken jedoch mehr Freiheitsgrade zuläßt /128/.

Bei dieser Art der Modellierung können die betroffenen Gelenke im Extremfall zusätzlich bis zu 6 elastische bzw. viskose Freiheitsgrade haben. Diese Verformungsfreiheitsgrade sind nur von der Belastung und von der Zeit abhängig. Damit können hier Feder-Dämpfer-Modelle (Bild 2.1.2.1-2) verwendet werden. Dabei müssen für jedes Gelenk die Parameter für die Steifigkeit und die Dämpfung so eingestellt werden, daß sie das reale Verhalten hinreichend genau beschreiben. Bei den relativ steifen Gelenken kann jedoch auf eine Berücksichtigung dieser Freiheitsgrade verzichtet werden, da sie sich nur um vernachlässigbar kleine Beträge verformen.

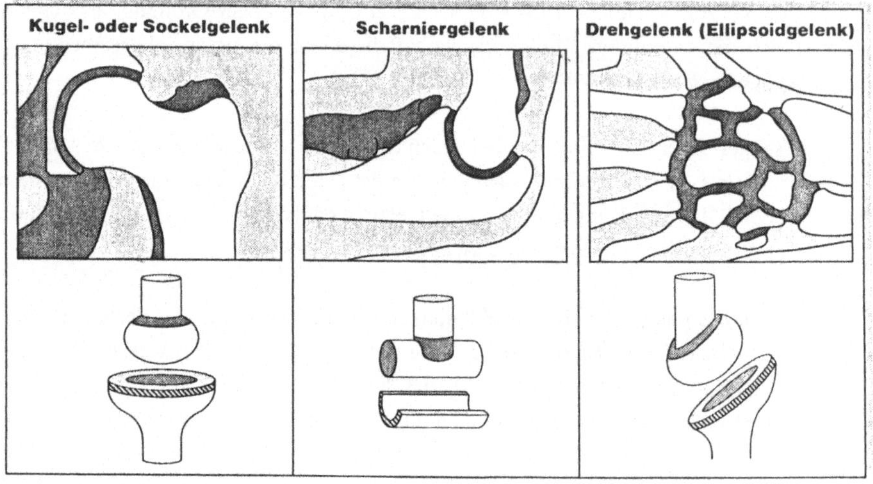

<u>Bild 2.1.2.1-1:</u>   Vorkommende Gelenktypen im Hand-Arm-System

zeitunabhängig		zeitabhängig
elastisch	plastisch	viskos
Feder	Reibungs-element	Dämpfungs-element

<u>Bild 2.1.2.1-2:</u>   Kinematische Ersatzmodelle für elastische und viskose Effekte

Die Verformbarkeit der Gelenke resultiert aus der Tatsache, daß die Knochen nicht direkt aneinander liegen, sondern durch Knorpelschichten und Gelenkflüssigkeit getrennt sind (Bild 2.1.2.1-3). Diese unterschiedlich dicken Schichten verhalten sich elastisch und viskos, je nach Belastungsart und -dauer. Bei Belastung wird die Knorpelschicht zusammengepresst und die Gelenkflüssigkeit tritt als Schmierfilm aus. Bei Entlastung wird die Flüssigkeit wieder aufgesaugt.

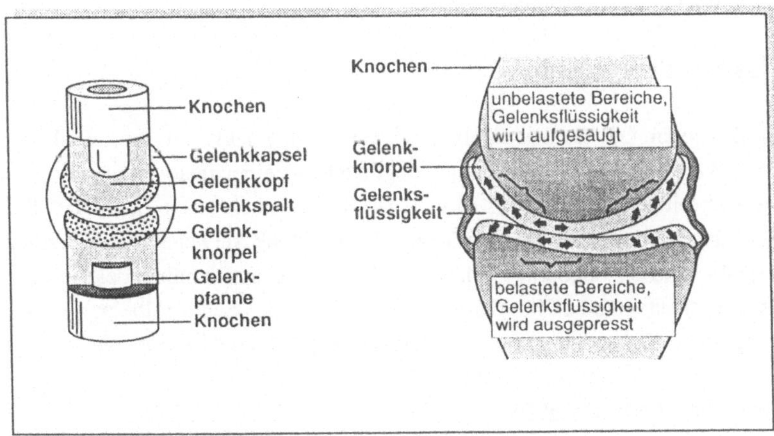

Bild 2.1.2.1-3:   Schematische Darstellung der Vorgänge in einem Kugelgelenk bei Belastung

Einen geringen Einfluß hat die Tatsache, daß die meisten Gelenke die Körper nur einseitig führen und somit nur bei Druckbelastung eine eindeutige Führung gewährleistet ist. Bei Zugbelastung ist das Verhalten der Gelenke vom momentanen Zustand der Muskeln und Bänder abhängig. Sind diese entspannt, lösen sich die Körper voneinander und die Bindung ist nicht mehr vorhanden. Daher ist eine Trennung der Gelenk- und Muskelmodelle nur möglich, wenn bei den Gelenken von einer zweiseitigen Bindung ausgegangen und in den Muskelmodellen als Randbedingung eingeführt wird, daß die Gelenke nur Druckbelastungen bzw. geringen Zugbelastungen ausgesetzt werden dürfen.

Die im menschlichen Hand-Arm-System auftretenden Kugelgelenke sind als nahezu exakt anzusehen und können demnach mit idealen Kugelgelenken modelliert werden. Für die Drehgelenke gilt dies jedoch nicht. Alle drei Freiheitsgrade der Hand sind nur näherungsweise durch ideale Drehgelenke beschreibbar. Zum einen ist die Unterarmdrehung keine Rotation im eigentlichen Sinn, zum anderen werden die beiden Handwurzelgelenke durch eine Vielzahl von Knochen gebildet und können nur ungefähr durch Drehgelenke idealisiert werden.

Nicht alle Einflüsse können bei der kinetischen Modellierung berücksichtigt werden. Gelenkbelastungen und Ermüdung lassen sich z. B. nur durch geeignete Modelle auf medizinisch und physiologisch abgesicherter Basis ermitteln. Die Einbindung solcher Modelle kann über Schnittstellen erfolgen, die die Interaktion zwischen Gelenk und Körper beschreiben. Hierbei können Finite Elemente Rechnungen oder Ritz-Ansätze /48/ eine hinreichende Beschreibung bieten. Entsprechende Daten und Erkenntnisse sind bereits in der Literatur, z. B. in /60/, /62/ und /67/ verfügbar.

Brustbein-Schlüsselbein-Gelenk

Zwischen Brustbein und Schlüsselbein liegt ein Kugelgelenk mit drei Freiheitsgraden. Durch die Abkröpfung des Schlüsselbeins liegt auch bei einer relativ hohen Zugbelastung noch eine zweiseitige Bindung vor, so daß das Schlüsselbein auch Zugkräfte übertragen kann. Als Gelenkmodell wird hier ein ideales Kugelgelenk verwendet. Die Freiheitsgrade dieses Gelenks sind so angeordnet, daß eine Drehachse in Richtung des Schlüsselbeins zeigt. Dieser Freiheitsgrad bewirkt dann nur die Rotation des Schlüsselbeins und wird nicht weiter berücksichtigt, da er auf die nachfolgenden Körper keinen Einfluß hat.

Schlüsselbein-Schulterblatt-Gelenk

Das Gelenk zwischen Schlüsselbein und Schulterblatt ist ebenfalls ein Kugelgelenk. Auch hier wird für die Modellierung ein ideales Kugelgelenk verwendet.

Schulterblatt-Rumpf-Gelenk

Das Gelenk zwischen Schulterblatt und Rumpf ist ein Flächengelenk. Das Schulterblatt gleitet auf dem Brustkorb. Es kann sich dabei vertikal und horizontal verschieben und sich in begrenztem Umfang drehen. Diese Bindung kann durch ein Gelenk ersetzt werden, bei dem das Schulterblatt als ebene Fläche auf der Tangentialfläche des Rumpfes gleitet. Die Form des Rumpfes wird dabei gemäß Kapitel 2.3.2 als elliptisch angenommen. Für eine momentane Lage des Hand-Arm-Systems können dann jederzeit die Gelenkkoordinaten von zwei Schubgelenken und einem Drehgelenk angegeben werden, die näherungsweise die Bewegung des Schulterblattes beschreiben. Bei stoßartigen Belastungen wird im Schultergürtel ein Großteil der Energie über Verformungen der Bänder und Muskeln aufgefangen. Da die Aufteilung der Verformungen zwischen Muskeln und Gelenken jedoch nicht bekannt ist, wird dieser elastische Effekt im vorliegenden Modell nicht berücksichtigt.

Schulterblatt-Oberarm-Gelenk

Das Gelenk zwischen Schulterblatt und Oberarm ist ein Kugelgelenk und wird als ideales Kugelgelenk ohne Verformungsfreiheitsgrade modelliert.

Ellenbogen-Gelenk

Das Gelenk zwischen Elle und Oberarm ist ein Scharniergelenk mit einem Freiheitsgrad. Die Abwinklung des Unterarms kann hier hinreichend genau durch ein Drehgelenk beschrieben werden. Die auftretenden Verformungen bleiben aufgrund der Stabilität des Gelenks gering. Die geringfügigen Abweichungen der Drehachse während der Bewegung werden dabei vernachlässigt.

Ellen-Speichen-Gelenk

Die Speiche ist an vier verschiedenen Stellen durch Flächengelenke mit den angrenzenden Körpern verbunden. Diese vielfachen Bindungen können nur dann eine Bewegung der Speiche ermöglichen, wenn einige Freiheitsgrade in den Gelenken dieses Bindungssystems redundant sind.

Das Gelenk, das die Speiche beim Ellenbogen an das Oberarmbein bindet, liegt nach /27/ und /131/ auf einer Achse mit dem Ellenbogengelenk. Bei einer Drehung des Ellenbogengelenks wird dieses Gelenk also nicht beeinflußt. Das heißt, daß die Bindung zum Oberarm durch eine Bindung zur Elle ersetzt werden kann. Zusammen mit dem benachbarten Gelenk zwischen Speiche und Elle bildet es eine neue Bindung zwischen Elle und Speiche, die einem Kugelgelenk entspricht.

Bei der Handwurzel wiederholt sich dies, jedoch mit vertauschten Rollen. Die Speiche wird durch ein Scharniergelenk und die Elle wird über ein Flächengelenk an die Handwurzel gebunden. Daraus resultiert wiederum eine Bindung zwischen Elle und Speiche, die einem Kugelgelenk entspricht. Da die beiden Körper Elle und Speiche nun nur noch untereinander gebunden sind, kann der Einfluß der angrenzenden Körper vernachlässigt werden. Die Bindung besteht nur noch aus zwei Kugelgelenken, wobei wieder ein isolierter Rotationsfreiheitsgrad um die Achse durch beide Kugelgelenke entsteht. Die restlichen Freiheitsgrade ermöglichen keine weitere Bewegung. Als resultierende Bewegung bleibt demnach die Rotation um die Drehachse im Unterarm, die durch ein ideales Drehgelenk im Schwerpunkt des Unterarms modelliert ist.

Proximales Handgelenk

Das proximale Handgelenk wird durch das Scharniergelenk zwischen Speiche und Handwurzel gebildet und kann durch ein ideales Drehgelenk senkrecht zur Handwurzelebene modelliert werden.

Distales Handgelenk

Das distale Handgelenk wird durch die Knochen der Handwurzelreihe selbst gebildet und kann nur annähernd durch ein ideales Drehgelenk modelliert werden. Da der Aufwand für eine exakte Modellierung in diesem Bereich gegenüber dem Zugewinn an Genauigkeit unverhältnismäßig hoch ist, wird trotzdem dieses Modell gewählt. Der Drehpunkt wird dabei jedoch in den Bereich gelegt, in dem sich während des Großteils der Bewegungen der Momentanpol befindet.

2.1.2.2 Muskelmodelle

Die Muskeln sorgen nicht nur für die Kraftübertragung zwischen den Gliedern, sondern auch für das einwandfreie Funktionieren der Gelenke, indem sie ein Abheben der Körper voneinander verhindern. Diese Eigenschaft der Muskeln muß als zusätzliche Randbedingung in den Muskelmodellen berücksichtigt werden. Prinzipiell gilt, daß Kräfte und Momente nur dann von Gelenken übertragen werden können, wenn sie nicht in Richtung eines Freiheitsgrades wirken. Da im vorliegenden Modell des Hand-Arm-Systems mit Ausnahme der Schubgelenke im Schulterblatt nur Dreh- und Kugelgelenke auftreten, bedeutet dies, daß im Gegensatz zu den Momenten nahezu alle Kräfte durch die Gelenke übertragen werden können. Drehgelenke können nur Momente senkrecht zu ihrer Achse übertragen. Kugelgelenke übertragen keine Momente. Schubgelenke können alle Momente und Kräfte senkrecht zur Bewegungsrichtung übertragen. Die Übertragung der Kräfte und Momente kann im Modell damit folgendermaßen realisiert werden:

Zunächst wird die Lage der Körper zueinander nach einem Bewegungsschritt eingefroren und die Belastungen werden entsprechend den Vorgaben angesetzt. Dann wird das Gelenk freigeschnitten und es werden die zwischen den getrennten kinematischen Teilketten wirkenden Kräfte und Momente berechnet. Danach werden diese Belastungen in solche Kräfte und Momente aufgeteilt, die vom Gelenk direkt übertragen werden können und in solche, die längs der Freiheitsgrade wirken und von den Muskelmodellen (Antriebsmodellen) aufgebracht werden müssen. Diese Belastungen werden an das Muskelmodell übergeben und dort auf die beteiligten Muskeln verteilt. Aus den damit berechneten Muskelkräften ergeben sich weitere Belastungen der Gelenke, die in den Gelenkmodellen berücksichtigt werden müssen. Dabei dürfen normal zu den Gelenkebenen keine großen Zugkräfte auftreten. Dies kann durch die Muskelmodelle nur dann erfüllt werden, wenn aus den Muskelkräften nicht nur Momente, sondern auch Druckkräfte auf die Gelenke resultieren. Da die Muskeln meist paarweise arbeiten ist diese Bedingung insbesondere bei den kritischen Gelenken wie Handwurzel und Schulterblatt immer zu erfüllen.

In einem Muskelmodell für ein Gelenk mit mehreren Freiheitsgraden müssen die Muskeln immer als Einheit betrachtet werden, da die einzelnen Muskeln nicht nur das Kräfte- und Momentengleichgewicht eines Freiheitsgrades beeinflussen. Einfaches Addieren der einzelnen Muskelkräfte liefert eine falsche Belastung des Gelenks, da aus jeder Muskelkraft wieder Gelenkbelastungen resultieren, die wiederum durch andere beteiligte Muskeln aufgefangen werden. Für das kinematische Modell bedeutet dies, daß bei Muskeln, die sich über mehr als ein Gelenk erstrecken, ein Muskelmodell für einzelne Gelenke nicht ausreicht.

Eine Modellierung der Muskulatur durch einzelne Antriebsmodelle in den Gelenken oder in den Gelenkfreiheitsgraden, wie z. B. bei einem Roboter, wo für jeden Freiheitsgrad ein Stellglied (Motor) wirkt /22/, das ausschließlich Drehmomente aufbringt, liefert also prinzipbedingt ungenügende Resultate. Für eine exakte Berechnung der Muskel- und Gelenkbelastungen ist damit ein einheitliches Muskelmodell für das gesamte Hand-Arm-System notwendig, das mit dem kinematischen Modell kombiniert wird. Dabei muß das Muskelmodell die momentane Stellung des Hand-Arm-Systems kennen und selbständig bei der Berechnung berücksichtigen. Schnittstellen sind die Gelenkfreiheitsgrade. Übergabegrößen sind die erforderlichen Antriebsmomente längs dieser Freiheitsgrade und die Rückwirkungen auf die Gelenke. Diese Rückwirkungen können zum einen Kräfte, zum anderen Momente senkrecht zu den Gelenkfreiheitsgraden sein.

Beim Ellenbogengelenk ist zum Beispiel ein Antriebsmoment für das Heben und Senken des Unterarms vorgegeben. Die an dieser Bewegung beteiligten Muskeln bewirken jedoch zusätzlich ein Moment, das die Unterarmrotation beeinflußt sowie Momente, die das Oberarm-Ellen-Gelenk und die Ellen-Speichen-Gelenke belasten. Diese Einflüsse können mit einem einzelnen Antriebsmodell für die Unterarmhebung und -senkung nicht berücksichtigt werden.

Im folgenden werden diese Besonderheiten der einzelnen Gelenke des Hand-Arm-Systems aufgezeigt. Dabei ist es sinnvoll drei Bereiche zu unterscheiden, die relativ unabhängig voneinander arbeiten: erstens den Bereich des gesamten Schultergürtels mit den Gelenken zwischen Brustbein, Schlüsselbein, Schulterblatt und Oberarm; zweitens den Bereich des Ellenbogens mit den Gelenken zwischen Oberarm und Elle sowie den Gelenken zwischen Elle und Speiche, die durch ein Drehgelenk ersetzt wurden und drittens den Bereich der Handwurzel und der Hand, wobei die Unterarmrotation hier auch noch einen Einfluß ausübt.

Schultergürtel

Der Schultergürtel wird durch Oberarm, Schulterblatt, Schlüsselbein und Brustbein gebildet. In diesem Bereich werden die Belastungen vom Hand-Arm-System in den Rumpf geleitet. Zunächst werden die Belastungen des Oberarms teilweise über das Schulterblatt und teilweise direkt in den Rumpf eingeleitet. Dabei kann das Oberarm-Schulter-Gelenk nur Kräfte übertragen. Alle Momente, die vom Oberarm in den Rumpf übertragen werden sollen, müssen durch die Muskeln übertragen werden /131/. Dabei dürfen keinerlei Zugkräfte in Richtung von Kugelgelenk und Kugelpfanne wirken, um Ablösungen des Gelenks zu verhindern. Das Schulterblatt selbst ist durch Muskeln und Sehnen an den Brustkorb gebunden und wirkt als Aufnahmeplatte für die Kräfte der Oberarmmuskulatur. Die in den Rumpf eingeleiteten Kräfte werden so besser auf die Rippen und die Wirbelsäule verteilt. Auf der Brustseite werden die Belastungen durch große Muskelpakete direkt in das Brustbein geleitet. Das Schulterblatt wird hier vom Schlüsselbein gegen das Brustbein abgestützt. Da längs des Schlüsselbeins und an seinen beiden Gelenken keinerlei Muskeln ansetzen, können keine Belastungen außer den Kräften längs der Verbindungslinie zwischen den beiden Kugelgelenken auftreten.

Ellenbogen

Die im Bereich des Ellenbogens wirkenden Muskeln beeinflussen im wesentlichen das Abwinkeln und die Rotation des Unterarms /131/. An diesen Bewegungen sind hauptsächlich vier Muskeln beteiligt. Durch diese Muskeln werden Kräfte sowohl zwischen Unter- und Oberarm, als auch zwischen Oberarm und Elle sowie zwischen Oberarm und Speiche übertragen. Hier müssen also, wie bereits im Bereich des Schultergürtels, Kräfte über mehr als ein Gelenk hinweg übertragen werden, wenn die Modellierung der Muskelkräfte wirklichkeitsgetreu erfolgen soll. Dabei ist insbesondere die Unterstützung der Unterarmrotation durch die Oberarmmuskulatur zu beachten, durch die eine kraftvolle Rotationsbewegung überhaupt erst möglich wird. Zum Beispiel ist bei Gelenkstellungen, in denen der Bizeps nur schlecht unterstützend wirken kann, eine sehr stark verminderte Leistungsfähigkeit zu beobachten /27/.

<u>Handwurzel</u>

Die Muskeln zwischen Hand und Unterarm bzw. Hand und Oberarm sind so komplex und zahlreich, daß eine exakte Modellierung in diesem Bereich sehr aufwendig wäre. Hier besteht die Möglichkeit, vereinfachend Ersatzmodelle in Form von eindimensionalen Antrieben längs der Freiheitsgrade vorzusehen. Dabei muß jedoch beachtet werden, daß durch eine Vereinfachung in diesem Bereich der Einfluß der Handstellung auf die Leistungsfähigkeit der Unter- und Oberarmmuskulatur, der nach /27/ experimentell nachgewiesen ist, nicht berücksichtigt werden kann. Tritt dieser Effekt bei einer realen Bewegung auf, weichen mit einem so vereinfachten Modell die Ergebnisse deutlich von den realen Werten ab.

2.1.3 Das inverse kinematische Problem

Im folgenden wird das sogenannte "inverse kinematische Problem" beschrieben, das bei der Betrachtung sowohl von freien als auch von geführten Bewegungen des Hand-Arm-Systems zu lösen ist und das die Notwendigkeit der Einführung zusätzlicher Bedingungen zu seiner Lösung darlegt.

Unter geführten Bewegungen einer offenen kinematischen Kette sollen hier Bewegungen verstanden werden, bei denen die Bahn des Endpunkts der Kette im Raum und eventuell zusätzlich die räumliche Lage des Endglieds für jeden Bahnpunkt vorgegeben sind. Die Ermittlung derjenigen Werte der verallgemeinerten Koordinaten (Gelenkwinkel in den Freiheitsgraden), die zu der vorgegebenen Bewegung führen, erfordert die Lösung des inversen kinematischen Problems. Für das hier beschriebene Modell des Hand-Arm-Systems lassen sich Position und Lage des Greifpunktes der Hand z. B. aus Gleichung (2-5) in Form einer homogen Transformationsmatrix ermitteln. Die aus dieser Gleichung resultierende Matrix besitzt folgende Form:

$$\underline{\underline{T}}_G = \begin{bmatrix} a_1 & a_2 & a_3 & r_x \\ b_1 & b_2 & b_3 & r_y \\ c_1 & c_2 & c_3 & r_z \\ 0 & 0 & 0 & 1 \end{bmatrix} \qquad (2\text{-}6)$$

Darin sind r_x, r_y und r_z die Komponenten des Ortsvektors des Greifpunkts im Inertialsystem und a_i, b_i und c_i ($i = 1$-3) die Komponenten der Rotationsmatrix, die die Orientierung des Koordinatensystems des Greifpunkts relativ zum Inertialsystem beschreibt.

Nach Gleichung (2-5) ist die Lage und Orientierung des Greifpunktes $\underline{\underline{T}}_G$ eine Funktion der Drehwinkel in den Freiheitsgraden. Die Drehwinkel ϕ_i lassen sich zu einem Winkelvektor $\underline{\phi}$ zusammenfassen. Damit läßt sich Gleichung (2-6) als eine vom Vektor $\underline{\phi}$ abhängige Funktion:

$$\underline{\underline{T}}_G = \underline{F}(\underline{\phi}) \tag{2-7}$$

darstellen. Das bei der Behandlung geführter Bewegungen auftretende inverse kinematische Problem erfordert aber die Umkehrfunktion der Gleichung (2-7):

$$\underline{\phi} = \underline{f}(\underline{\underline{T}}_G) \tag{2-8}$$

die die Gelenkwinkel $\underline{\phi}$ aus den Elementen von $\underline{\underline{T}}_G$ ermittelt. Für die Auswertung dieser Beziehung sind nach Gleichung (2-6) lediglich die drei oberen Zeilen von $\underline{\underline{T}}_G$, also insgesamt 12 Elemente relevant. Die neun Elemente des Rotationsanteils von $\underline{\underline{T}}_G$ sind jedoch nicht voneinander unabhängig, da ihre Spalten bzw. Zeilenvektoren normiert und zueinander orthogonal sind. Aus diesen Bedingungen lassen sich sechs Gleichungen formulieren, die die neun Elemente des Rotationsanteils miteinander verknüpfen, so daß dieser nur noch drei unabhängige Größen enthält, die die dargestellte Lage vollständig beschreiben. Zusammen mit dem Ortsvektor (r_x, r_y, r_z) des Translationsanteils von $\underline{\underline{T}}_G$ liefert Beziehung (2-7) also genau 6 unabhängige Gleichungen, die zur Berechnung der Komponenten von $\underline{\phi}$ zur Verfügung stehen. Damit ist aber das gestellte Problem für $i > 6$ unterbestimmt und somit nicht eindeutig lösbar.

Die Tatsache, daß das aufgezeigte inverse kinematische Problem keine eindeutige Lösung besitzt, bedeutet, daß der menschliche Arm bei vorgegebener Position und Orientierung der Hand und unbewegtem Rumpf im allgemeinen noch bewegt werden kann. Als Beispiel hierfür sei das Greifen eines ortsfesten Gegenstands - etwa eines Haltegriffes - genannt. Für die zwischen Anfangs- und Endpunkt des Hand-Arm-Systems liegenden Gelenkpunkte ist daher ebenso eine Vielzahl von mehr oder minder unterschiedlichen Bewegungsabläufen möglich, wenn nicht nur an einzelnen Stellen sondern entlang einer ganzen Bahn Position und Orientierung der Hand vorgegeben sind. Dies tritt z. B. beim Bewegen eines Hebels auf, was genau dem hier betrachteten Fall geführter Bewegungen entspricht. Wird ein solcher Vorgang von einem bestimmten Menschen mehrmals bei gleicher Bahnvorgabe und gleichen Randbedingungen wiederholt, so stellt sich nach einiger Zeit ein bestimmter reproduzierbarer Bewegungsablauf ein. Dies deutet daraufhin, daß ein Mensch mit Hilfe von Auswahlkriterien aus der Vielfalt der möglichen Bewegungsabläufe eine bestimmte Bewegung auswählt, die diese Auswahlkriterien am besten erfüllt.

Daraus ergibt sich das Problem, solche vom Menschen bei der Bewegung seiner Arme eingesetzten Auswahlkriterien zu identifizieren und qualitativ zu beschreiben. Die mathematische Formulierung dieser Auswahlkriterien liefert dann zusätzliche Bedingungen zur Ermittlung der Gelenkwinkel, so daß zusammen mit Beziehungen in der Form von Gleichung (2-7) alle Gelenkwinkel ϕ eindeutig bestimmt werden können. Damit läßt sich das inverse kinematische Problem für das Hand-Arm-System lösen und - je nach Qualität der gefundenen Auswahlkriterien - die Synthese und Simulation realitätsnaher Bewegungsabläufe durchführen.

2.2 Kinetische Modellierung des Hand-Arm-Systems

Im vorausgegangenen Kapitel wurde eine Beschreibung des Aufbaus des menschlichen Hand-Arm-Systems sowie der beteiligten Körper, Gelenke und Muskeln gegeben. Darauf aufbauend wird im weiteren das kinetische Modell entwickelt. Die beschriebenen komplexen Mechanismen des Unterarms und der Schulter wurden durch einfachere Gelenke ersetzt. Ein Drehgelenk wurde im Schwerpunkt des Unterarms eingeführt und der Oberarm wurde direkt mit dem Schlüsselbein über zwei Kugelgelenke verbunden. Die relative Lage des Oberarms zum Rumpf wird dann durch das Schulterblattmodell bestimmt. Der Aufbau dieses Modells ist in Bild 2.2.1-dargestellt.

Die Gliedmaßen des Hand-Arm-Systems werden als starre Körper modelliert. Die Gelenke erhalten außer den kinematisch notwendigen Freiheitsgraden beim Unterarmdrehgelenk und im Schulterblatt-Rumpf-Gelenk zusätzliche elastische Freiheitsgrade. Damit ist ein geeignetes Muskelmodell in der Lage, die Antriebsmomente für die Freiheitsgrade zu ermitteln.

Um die Änderbarkeit des Modells bei Bedarf zu sichern und jederzeit zusätzliche Körper oder Freiheitsgrade einführen zu können, muß eine möglichst flexible Formulierung der Kinetik des Hand-Arm-Systems gefunden werden. Dazu bietet sich der in /73/ und /136/ vorgestellte Algorithmus an, wobei jedoch eine spezielle Wahl der verwendeten Koordinatensysteme notwendig wird /52/.

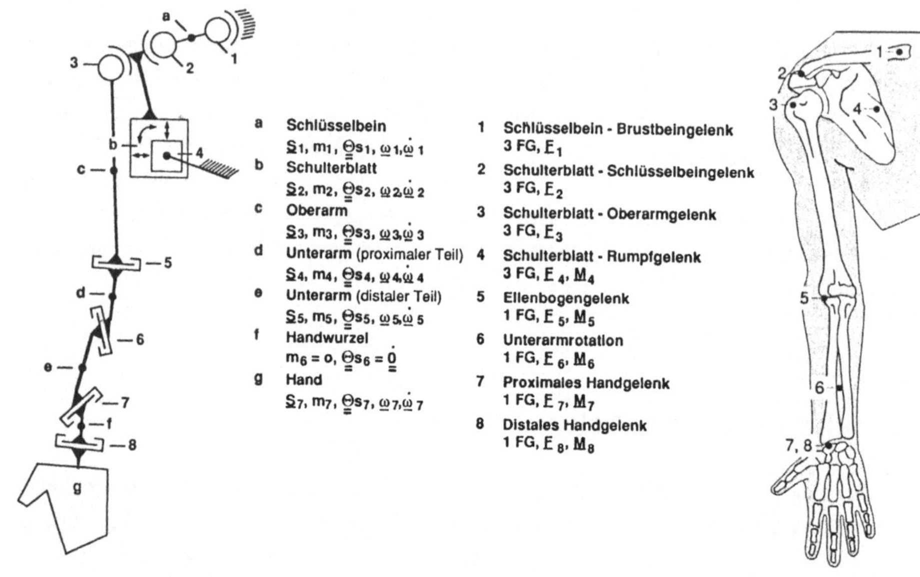

<u>Bild 2.2-1:</u>   Aufbau des kinetischen Modells des Hand-Arm-Systems

In dem entwickelten kinetischen Modell sind einige Näherungen enthalten: die Körper und einige Gelenke sind starr modelliert, die Verdrehung des Unterarms wird durch ein Drehgelenk ersetzt und der Schultergürtel wird durch zwei Kugelgelenke mit Schulterblattmodell idealisiert. Diese Ungenauigkeiten des kinetischen Modells bewirken jedoch lediglich einen vernachlässigbar kleinen Fehler bei der Berechnung des dynamischen Verhaltens, im Hinblick auf die Streuung der Körpermaße von Menschen, bezogen auf das ihnen zugeordnete Perzentil.

Wird eine höhere Genauigkeit verlangt, können jederzeit zusätzliche Modellerweiterungen vorgenommen oder Teile des Modells ausgetauscht werden. Durch die gewählte Formulierung der Bewegungsgleichungen entsteht kein wesentlicher Änderungsaufwand bezüglich der Algorithmen.

Die Modellierung der Muskeln ist abhängig von der Wahl eines geeigneten Muskelmodells. Hier sind keinerlei Einschränkungen durch das kinetische Modell gegeben. Elastische Effekte können wie in Kapitel 2.1 beschrieben, durch zusätzliche Freiheitsgrade in den Gelenken modelliert werden.

2.2.1 Koordinatensysteme der einzelnen Körper und Gelenke

Für die Formulierung der Bewegungsgleichungen erweist sich die Vergabe von nur einem Koordinatensystem pro Körper für die kinetische Modellierung als unflexibel. Um spätere Änderungen und Erweiterungen zu vereinfachen, empfiehlt es sich, die kinematische Kette zunächst in Körper und Gelenke aufzutrennen und in jede Schnittstelle von Körpern und Gelenken ein eigenes Koordinatensystem zu legen. Wie in /136/ und /119/ dargelegt wird, können dann nachträgliche Änderungen an der Modellierung von Körpern oder Gelenken vorgenommen werden, ohne die benachbarten Teile des Modells zu beeinflussen.

Im Hand-Arm-System treten sowohl rotatorische als auch translatorische Freiheitsgrade (Schulterblatt, ebenes Gelenk) auf. Die Vorgehensweise bei der Einführung der zusätzlichen Koordinatensysteme wird deshalb ausgehend von den Gelenken für beide Gelenkarten, rotatorische und translatorische Gelenke, im Anhang A beschrieben.

2.2.2 Relative und absolute Kinematik (Lage, Geschwindigkeit, Beschleunigung)

Nach /73/ und /136/ und gemäß Anhang A werden zunächst aus den kinematischen Beziehungen der Lage die Transformationsmatrizen für den jeweiligen Körper- und Gelenkübergang berechnet. Aus den Beziehungen der Relativbewegung werden dann die Gleichungen für die Geschwindigkeit und die Beschleunigung ermittelt. Gelenke mit mehreren Freiheitsgraden werden durch zwischengeschaltete Körper ohne räumliche Ausdehnung entkoppelt.

Die Lage des Systems j bezüglich des Systems j' wird durch die Transformationsmatrix $^{j'}\underline{T}_j$ beschrieben. Sie besteht aus der Drehmatrix $^{j'}\underline{R}_j$ und dem Verschiebungsvektor $^{j'}\underline{r}_{j',j}$. Die Lage des Systems k' bezüglich des Systems j wird durch die Transformationsmatrix $^{j}\underline{T}_{k'}$ beschrieben. Sie besteht aus der Drehmatrix $^{j}\underline{R}_{k'}$ und dem Verschiebungsvektor $^{j}\underline{r}_{j,k'}$.

Beim Drehgelenk hängt $^{j'}\underline{T}_j$ nur von einer variablen Drehung ϕ_i um die z-Achse (siehe Bild 2.2.2-1) ab. Der Verschiebungsvektor ist Null. Daraus ergibt sich folgende Transformationsmatrix:

$$
^{j'}\underline{T}_j = \begin{bmatrix} \cos\phi_i & -\sin\phi_i & 0 & 0 \\ \sin\phi_i & \cos\phi_i & 0 & 0 \\ 0 & 0 & 1 & 0 \\ 0 & 0 & 0 & 1 \end{bmatrix} \tag{2-9}
$$

Die Matrix $^j\underline{T}_{k'}$ hängt vom konstanten Drehwinkel α_i zwischen den Systemen j und k' und der ebenfalls dazugehörenden konstanten Verschiebung mit den Komponenten $d_{j,k'}$, $c_{j,k'}$ und $s_{j,k'}$ ab und lautet:

$$^j\underline{T}_{k'} = \begin{bmatrix} 1 & 0 & 0 & d_{j,k'} \\ 0 & cos\,\alpha_i & -sin\,\alpha_i & c_{j,k'} \\ 0 & sin\,\alpha_i & cos\,\alpha_i & s_{j,k'} \\ 0 & 0 & 0 & 1 \end{bmatrix} \tag{2-10}$$

Beim Schubgelenk hängt $^{j'}\underline{T}_j$ gemäß Bild 2.2.2-1 nur von einer konstanten Drehung um die z-Achse ab. Der Verschiebungsvektor ist ebenfalls Null, da die Verschiebung in den Körperübergang verlegt wird.

Gelenkart	ϕ_i	$d_{j,k'}$, $c_{j,k'}$, $s_{j,k'}$
Drehgelenk	variabel	konstant
Schubgelenk	konstant	variabel

<u>Bild 2.2.2-1:</u>　　　Unterschiede zwischen Dreh- und Schubgelenk

Die Geschwindigkeitsgrößen treten grundsätzlich nur in den Gelenkfreiheitsgraden j auf. Beim Drehgelenk ist die translatorische Geschwindigkeit Null. Die Winkelgeschwindigkeit beträgt:

$$^{j'}\underline{\omega}_{j',j} = \dot{\phi}_j * \underline{e}_{zj} \tag{2-11}$$

Beim Schubgelenk ist die Winkelgeschwindigkeit Null. Die translatorische Geschwindigkeit beträgt:

$$^j\underline{\dot{s}}_{j,k'} = \dot{s}_{j,k'} * \underline{e}_{zj} \tag{2-12}$$

Beim Drehgelenk ist die translatorische Beschleunigung wieder Null. Die Winkelbeschleunigung beträgt:

$$^{j'}\underline{\dot{\omega}}_{j',j} = \ddot{\phi}_j * \underline{e}_{zj} \tag{2-13}$$

Beim Schubgelenk ist die Winkelbeschleunigung Null. Die translatorische Beschleunigung beträgt:

$$^{j}\underline{\ddot{s}}_{j,k'} \;=\; \ddot{s}_{j,k'} * \underline{e}_{zj} \tag{2-14}$$

Die absolute Lage der einzelnen Körper erhält man nun durch rekursive Multiplikation der einzelnen Transformationsmatrizen. Die Geschwindigkeitsbeziehungen ergeben sich aus einer rekursiven Anwendung der Beziehungen der Relativbewegung.

Die Lage des Körpers j im Inertialsystem ergibt sich zu:

$$^{I}\underline{\underline{T}}_{j} \;=\; {}^{I}\underline{\underline{T}}_{j'} * {}^{j'}\underline{\underline{T}}_{j} \tag{2-15}$$

Die Geschwindigkeit eines Punktes k' des Körpers i lautet:

$$^{I}\underline{\dot{s}}_{I,k'} \;=\; {}^{I}\underline{\dot{s}}_{I,j'} + {}^{I}\underline{\underline{T}}_{j'} * {}^{j'}\underline{\dot{s}}_{j',j} + {}^{I}\underline{\omega}_{I,j'} \times {}^{I}\underline{r}_{j',j} + {}^{I}\underline{\omega}_{I,j} \times {}^{I}\underline{r}_{j,k'} \tag{2-16}$$

$$^{I}\underline{\omega}_{I,k'} \;=\; {}^{I}\underline{\omega}_{I,j'} + {}^{I}\underline{\underline{T}}_{j'} * {}^{j'}\underline{\omega}_{j',j}$$

Für die Beschleunigung eines Punktes k' des Körpers i erhält man:

$$^{I}\underline{\ddot{s}}_{I,k'} \;=\; {}^{I}\underline{\ddot{s}}_{I,j'} + {}^{I}\underline{\underline{T}}_{j'} * {}^{j'}\underline{\ddot{s}}_{j',j} + {}^{I}\underline{\dot{\omega}}_{I,j'} \times {}^{I}\underline{r}_{j',j} + 2 * {}^{I}\underline{\omega}_{I,j'} \times {}^{I}\underline{\dot{s}}_{j',j} + {}$$
$$^{I}\underline{\omega}_{I,j'} \times ({}^{I}\underline{\omega}_{I,j'} \times {}^{I}\underline{r}_{j',j}) + {}^{I}\underline{\dot{\omega}}_{I,j} \times {}^{I}\underline{r}_{j,k'} + {}^{I}\underline{\omega}_{I,j} \times ({}^{I}\underline{\omega}_{I,j} \times {}^{I}\underline{r}_{j,k'}) \tag{2-17}$$

$$^{I}\underline{\dot{\omega}}_{I,k'} \;=\; {}^{I}\underline{\dot{\omega}}_{I,j'} + {}^{I}\underline{\underline{T}}_{j'} * {}^{j'}\underline{\dot{\omega}}_{j',j} + {}^{I}\underline{\omega}_{I,j'} \times {}^{I}\underline{\omega}_{j',j}$$

2.2.3 Bewegungsgleichungen

Die kinetischen Gleichungen des betrachteten Systems werden mit Hilfe des Prinzips von d'Alembert in der Fassung von Lagrange /72/ aufgestellt. Mit den Massenmittelpunkten S der Körper i als Bezugspunkte ergibt sich:

- 54 -

$$\sum_{i=1}^{n} \left[(m_{i} * \ddot{\underline{s}}_i - \underline{F}_i) * \delta\underline{s}_i + (\underline{\underline{\Theta}}_{s_i} * \dot{\underline{\omega}}_i + \underline{\omega}_i \times \underline{\underline{\Theta}}_{s_i} * \underline{\omega}_i - \underline{T}_i) * \delta\underline{\phi}_i \right] = 0 \qquad (2\text{-}18)$$

mit $\quad m_i, \underline{\underline{\Theta}}_{s_i} \qquad$ - Masse und Trägheitstensor für Körper i

$\qquad\quad \ddot{\underline{s}}_i \qquad\qquad$ - Beschleunigung des Massezentrums von Körper i

$\qquad\quad \underline{\omega}_i, \dot{\underline{\omega}}_i \qquad$ - Winkelgeschwindigkeit und Winkelbeschleunigung von Körper i

$\qquad\quad \underline{F}_i, \underline{T}_i \qquad$ - eingeprägte Kräfte und Momente an Körper i

$\qquad\quad \delta\underline{s}_i, \delta\underline{\phi}_i \qquad$ - virtuelle Verschiebungen

Zur Aufstellung der Bewegungsgleichungen müssen die Beschleunigungen und die virtuellen Verschiebungen in Abhängigkeit von den verallgemeinerten Koordinaten berechnet werden. Dies ist mit dem Konzept der kinematischen Differentiale bzw. der kinematischen Jacobimatrizen möglich.

Bei den zeitlichen Ableitungen der Ortsvektoren ergeben sich lange Ausdrücke partieller Ableitungen. Die Auswertung dieser Gleichungen ist aufwendig. Deshalb werden die Ableitungen durch sogenannte kinematische Differentiale ersetzt. Dabei gilt folgende Zuordnung der kinematischen Differentiale zu den zeitlichen Ableitungen:

$$\dot{\underline{s}}_i = \sum_{j=1}^{n} \overset{\cdot}{\underline{\tilde{s}}}_i^{(j)} * \dot{q}_j \qquad\qquad \ddot{\underline{s}}_i = \sum_{j=1}^{n} \tilde{\underline{s}}_i^{(j)} * \ddot{q}_j + \tilde{\underline{\tilde{s}}}_i$$

$$(2\text{-}19)$$

$$\underline{\omega}_i = \sum_{j=1}^{n} \tilde{\underline{\omega}}_i^{(j)} * \dot{q}_j \qquad\qquad \dot{\underline{\omega}}_i = \sum_{j=1}^{n} \tilde{\underline{\omega}}_i^{(j)} * \ddot{q}_j + \tilde{\underline{\tilde{\omega}}}_i$$

mit den kinematischen Differentialen:

$$\tilde{\underline{s}}_i^{(j)} = \frac{\partial \underline{s}_i}{\partial q_j} \qquad\qquad \tilde{\underline{\tilde{s}}}_i^{(j)} = \sum_{j=1}^{n} \sum_{k=1}^{n} \frac{\partial^2 \underline{s}_i}{\partial q_j\, \partial q_k} * \dot{q}_j * \dot{q}_k$$

$$(2\text{-}20)$$

$$\tilde{\underline{\omega}}_i^{(j)} = \frac{\partial \underline{\phi}_i}{\partial q_j} \qquad\qquad \tilde{\underline{\tilde{\omega}}}_i^{(j)} = \sum_{j=1}^{n} \sum_{k=1}^{n} \frac{\partial^2 \underline{\phi}_i}{\partial q_j\, \partial q_k} * \dot{q}_j * \dot{q}_k$$

Damit können nun die Bewegungsgleichungen aufgestellt werden. Sie lauten in verallgemeinerten Koordinaten:

$$\underline{\underline{M}} * \ddot{\underline{q}} + \underline{b} = \underline{Q} \qquad\qquad (2\text{-}21)$$

Die Koeffizienten der verallgemeinerten, quadratischen Massenmatrix lauten:

$$M_{j,k} = \sum_{i=1}^{n} \left[m_i * \tilde{\underline{s}}_i^{(j)} * \tilde{\underline{s}}_i^{(k)} + \tilde{\underline{\omega}}_i^{(j)} * (\underline{\underline{\Theta}}_{s_i} * \tilde{\underline{\omega}}_i^{(k)}) \right] \qquad (2\text{-}22)$$

Der Vektor der verallgemeinerten Kreiselkräfte läßt sich schreiben als:

$$b_j = \sum_{i=1}^{n} \left[m_i * \tilde{\underline{s}}_i^{(j)} * \tilde{\tilde{\underline{s}}}_i + \tilde{\underline{\omega}}_i^{(j)} * (\underline{\underline{\Theta}}_{s_i} * \tilde{\tilde{\underline{\omega}}}_i + \underline{\omega}_i \times \underline{\underline{\Theta}}_{s_i} * \underline{\omega}_i) \right] \qquad (2\text{-}23)$$

und der Vektor der verallgemeinerten eingeprägten Kräfte lautet:

$$Q_j = \sum_{i=1}^{n} \left[\tilde{\underline{s}}_i^{(j)} * \underline{F}_i + \tilde{\underline{\omega}}_i^{(j)} * \underline{T}_j \right] \qquad (2\text{-}24)$$

Für das direkte Problem der Kinetik lassen sich damit die verallgemeinerten Beschleunigungen wie folgt ermitteln:

$$\ddot{\underline{q}} = \underline{\underline{M}}^{-1} * (\underline{Q} - \underline{b}) \qquad (2\text{-}25)$$

Die Bestimmung der verallgemeinerten Beschleunigungen kann mit Hilfe schneller, rekursiver Verfahren erfolgen, die in der Roboterdynamik entwickelt und dort auch erfolgreich angewendet werden /124/.

Für das inverse Problem der Kinetik können die verallgemeinerten eingeprägten Kräfte für gegebene verallgemeinerte Beschleunigungen mit Gleichung (2-21) berechnet werden.

2.3 Geometrische Gestalt

Um eine realistische und zugleich aussagekräftige und ansprechende graphische Darstellung des Modells auf dem Bildschirm zu erhalten, wurde das kinematische Gelenk- und Strichmodell mit dreidimensionalen Hüllkörpern versehen (Bild 2.3-1). Die dazu verwendeten flexiblen Volumenelemente können frei gestaltet und automatisch generiert werden. Den verschiedenen Greifaufgaben wird durch Einsatz entsprechender Hand-Modelle Rechnung getragen. Die Darstellung und Manipulation der Hüllkörper erfolgt mit Hilfe einer entsprechend angepaßten objektorientierten 3D-Graphikoberfläche.

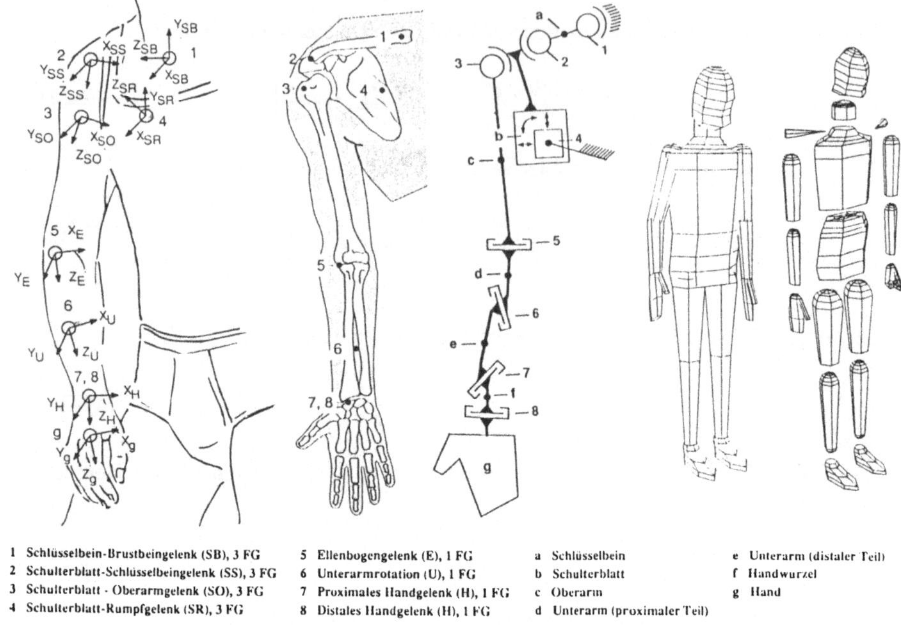

1 Schlüsselbein-Brustbeingelenk (SB), 3 FG	5 Ellenbogengelenk (E), 1 FG	a Schlüsselbein	e Unterarm (distaler Teil)
2 Schulterblatt-Schlüsselbeingelenk (SS), 3 FG	6 Unterarmrotation (U), 1 FG	b Schulterblatt	f Handwurzel
3 Schulterblatt - Oberarmgelenk (SO), 3 FG	7 Proximales Handgelenk (H), 1 FG	c Oberarm	g Hand
4 Schulterblatt-Rumpfgelenk (SR), 3 FG	8 Distales Handgelenk (H), 1 FG	d Unterarm (proximaler Teil)	

Bild 2.3.-1: Kinematisches Modell des menschlichen Körpers umgeben mit flexiblen dreidimensionalen Hüllkörpern

2.3.1 Anthropometrische Daten

Zur perzentilabhängigen Dimensionierung sowohl des kinematischen Modells als auch der dreidimensionalen Hüllkörper wurden anthropometrische Datensammlungen herangezogen. Dabei tauchten einige grundsätzliche Probleme auf:

a) Die verschiedenen Datensammlungen beziehen sich auf unterschiedliche Nationalitäten und Bevölkerungsgruppen, wurden zu verschiedenen Zeiten gemessen (Problem der Akzeleration) /107/ und verwenden z. T. unterschiedliche Meßverfahren und Definitionen der Körpermaße, so daß häufig für vordergründig gleiche Körpermaße unterschiedliche Angaben gemacht werden.

b) Keine der untersuchten anthropometrischen Datensammlungen /39/, /107/, /112/, /43/ und /126/ macht vollständige Angaben zu allen für die Modelldimensionierung erforderlichen Maßen. Etliche Maße, wie z. B. der distale Oberarmdurchmesser finden sich in keiner der Datensammlungen. In der Regel werden nur Angaben zum 5., 50. und 95. Perzentil für Männer und Frauen gemacht.

c) Beim Zusammensetzen der Einzelgliedlängen eines bestimmten Perzentils ergeben sich für eine Gliederkette, z. B. für das Hand-Arm-System, andere Längen, die nicht dem ursprünglich gewählten Perzentil entsprechen (Einhaltung der Proportionen der Körpermaße) /39/, /107/.

d) Die in den Datensammlungen angegebenen Maße beziehen sich in aller Regel auf die Körperkontur und nicht auf die Gelenkpositionen.

Um diese Probleme möglichst zufriedenstellend zu lösen, wurde folgende Vorgehensweise gewählt:

zu a) Beschränkung auf eine Quelle soweit wie möglich. Gewählt wurde die DIN-Norm 33 402 /39/ und als Ergänzung das Handbuch der Ergonomie /107/, das sich auf Messungen in der Bundesrepublik an Personen im Alter von 19 - 21 Jahren stützt und die Altersveränderung der Maße zusätzlich angibt.

zu b) Körpermaße, für die in keiner der beiden zuvor genannten Quellen Angaben gemacht werden, wurden entweder aus den dort angegebenen Körpermaßen auf rechnerischem Weg ermittelt oder wurden in Anlehnung an /112/ (nicht repräsentative Stichprobe) und /43/ festgelegt bzw. geschätzt. Zwischenwerte zwischen dem 5., 50. und 95. Perzentil wurden linear interpoliert.

zu c) Maßgebend für die Dimensionierung des Modells waren grundsätzlich die Gesamtlängen von Gliederketten, wenn im Bereich der Meßstrecke Gelenke auftreten. Die Längen der Einzelglieder wurden entsprechend angepaßt.

zu d) Die Positionen der Gelenke wurden entweder aus in den angegebenen Quellen gemachten Angaben auf rechnerischem Weg bestimmt oder auf der Basis anatomischer Untersuchungen /78/, /51/, /90/, /112/ festgelegt.

Die zur Dimensionierung des Modells eingesetzten anthropometrischen Daten sind in Form von Gleichungen mit Quellenangaben im Anhang B zusammengestellt.

2.3.2 Automatische Generierung der Modellgeometrie

Die Modellierung der einzelnen Hüllkörper des Modells wird mit Hilfe des eigens dafür entwickelten Programms /145/ vorgenommen, wobei jedem Körperglied ein Hüllkörper zugeordnet wird.

Diese Hüllkörper (Primitive oder Volumenelemente) werden aus ellipsenförmigen Querschnitten (n-Ecken) aufgebaut, die entlang einer räumlichen Trajektorie bewegt werden. Dabei können die Halbachsen der Ellipsen jederzeit verändert werden. Die Eckanzahl ist frei wählbar. Damit lassen sich beliebige dreidimensionale Körper gestalten und erzeugen. Bild 2.3.2-1 zeigt beispielhaft ein Kopfmodell und ein auf verschiedene Weise modelliertes Oberarmmodell.

Die als Primitive modellierten Hüllkörper verfügen über keine weiteren Gelenke und sind damit während der Simulation in ihrer Gestalt unveränderbar. Werden dennoch Gestaltänderungen verlangt, muß der betreffende Hüllkörper ausgetauscht werden.

Die verschiedenen Greifarten bei Aufnahme und Transport von Werkzeugen oder Montageteilen werden durch Einsetzen des jeweiligen Handmodells berücksichtigt /34/, /50/, /38/. Bild 2.3.2-2 zeigt die verfügbaren Zustände für die linke Greifhand: flache Hand, Umfassungsgriff, Zweifinger und Dreifinger Zufassungsgriff.

Werden bei der Modellierung der Hüllkörper die Gelenkbereiche nicht besonders berücksichtigt, entstehen Lücken in der Außenhaut des Modells. Um dies zu verhindern, wird für jedes Gelenk zusätzlich eine elliptische Sphäre definiert, die den Hüllkörper an den Gelenkpunkten abschließt.

Die Dimensionierung der Volumenelemente durch die beiden Parameter Geschlecht und Perzentil, die frei gewählt werden können, ist möglich. Das Zusammenfügen der einzelnen Volumenelemente zum gesamten Körpermodell erfolgt automatisch, wobei die einzelnen Transformationsmatrizen gemäß dem kinematischen Modell immer wieder neu berechnet werden.

Damit ist es über einen leicht verständlichen Dialog möglich, die freie Gestaltung der Volumenelemente und damit die graphische Darstellung der Gliedmaßen und Körperteile des Modells am Bildschirm vorzunehmen. Auf diese Weise läßt sich z. B. auch ein besonders kräftiger (athletisch) oder ein schmaler (leptosom) Körperbau modellieren. Die gezielte Vorgabe von Körpermaßen eines bestimmten Menschen ist ebenso möglich wie die Modellierung einzelner, ungewöhnlich geformter Körperteile.

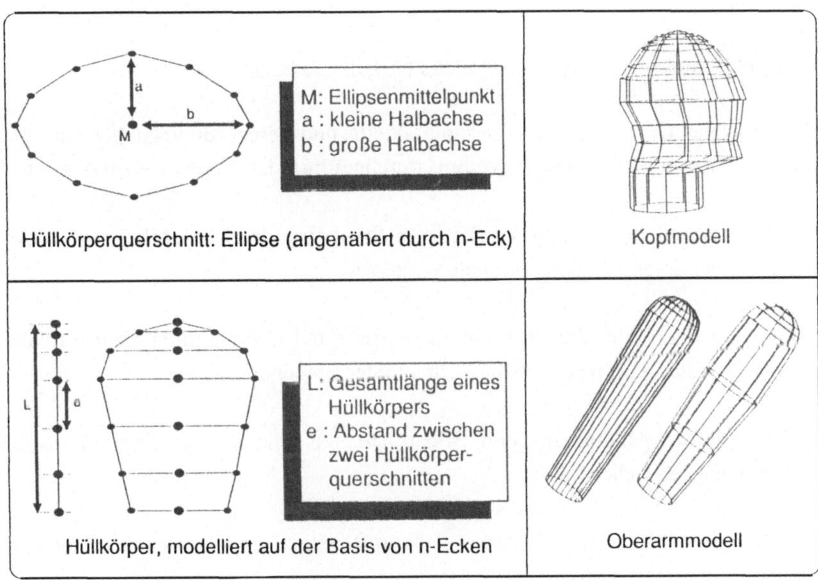

Bild 2.3.2-1:   Modellierung der Hüllkörper des Modells, Beispiel eines
                  Kopf- und Oberarmmodells

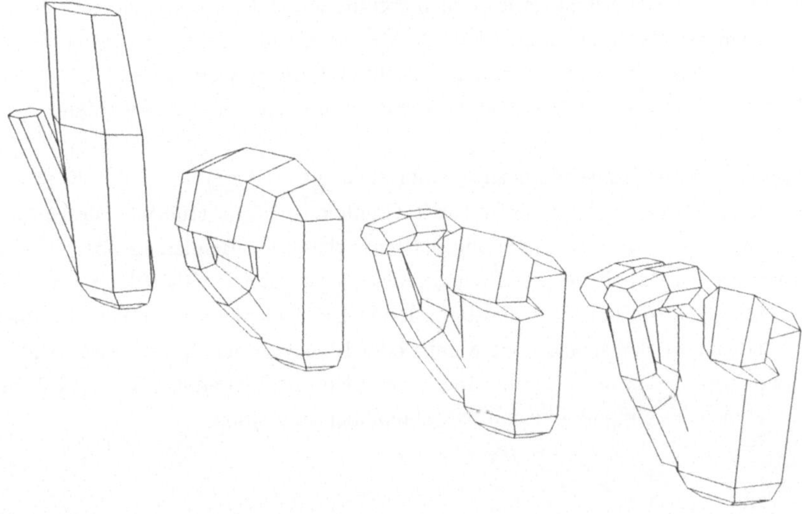

Bild 2.3.1.-2:   Mögliche Zustände der Greifhände: flache Hand, Umfassungsgriff,
                  Zweifinger- und Dreifingerzufassungsgriff

2.4   Graphische Darstellung des Modells und seiner Bewegungen

Die graphische Darstellung des Gesamtmodells und seiner Bewegungen am Bildschirm wurde mit Hilfe eines Graphikprogramms durchgeführt, das folgende Kriterien erfüllt:

a)   Objektorientierte Struktur zur direkten Steuerung der Körperglieder des Gesamtmodells über deren lokale Koordinatensysteme.

b)   Verfügbarkeit einer Schnittstelle zu Fortran- und C-Programmen zur direkten Anbindung der Programmteile zur Berechnung der Bewegungsabläufe.

c)   Hohe Leistungsfähigkeit beim Bildaufbau, um eine flüssige Darstellung der Bewegungen zu erreichen.

d)   Interaktive Initiier- und Steuerbarkeit von Bewegungen und Aktionen des Modells.

Die an das Graphikprogramm gestellten Anforderungen a) bis d) werden von dem System IAOGRAPH /17/ (Interaktive Oberfläche zur graphischen Gestaltung von Ingenieursystemen) erfüllt. Dieses Programm bietet eine einfache Schnittstelle zu Anwenderprogrammen. Mit Hilfe dieser Schnittstelle können dreidimensionale Objekte, die auf der Basis des BREP-(Boundary Representation) Modells /116/ aufgebaut sind (z. B. mit Hilfe eines CAD-Systems) in dem Graphikprogramm dargestellt und bewegt werden (Bild 2.4-1). Viele verschiedene Anordnungen von 3D-Objekten können gleichzeitig verwaltet werden.

Zur Ankopplung an ein Anwendungsprogramm steht ein umfangreicher Befehlssatz zur Verfügung, der Eingriffe in den Quellcode der Graphikoberfläche erübrigt. Dieses Werkzeug wurde auch zur effizienten Erstellung der fensterbasierten Benutzungsoberfläche des mit der vorliegenden Arbeit vorgestellten Simulationsprogramms GRIBS eingesetzt. Es verbindet 3D-Graphik mit einfachen fensterbasierten Dialogelementen, so daß 3D-Objekte ähnlich gehandhabt werden können wie Menüs oder Eingabefelder. Damit lassen sich alle Elemente auf dem Bildschirm direkt und einheitlich manipulieren. Bild 2.4-2 zeigt Momentaufnahmen des Graphikbildschirms während der Simulation.

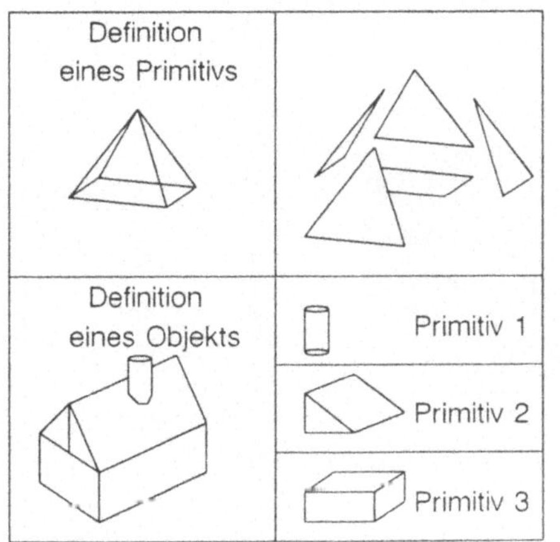

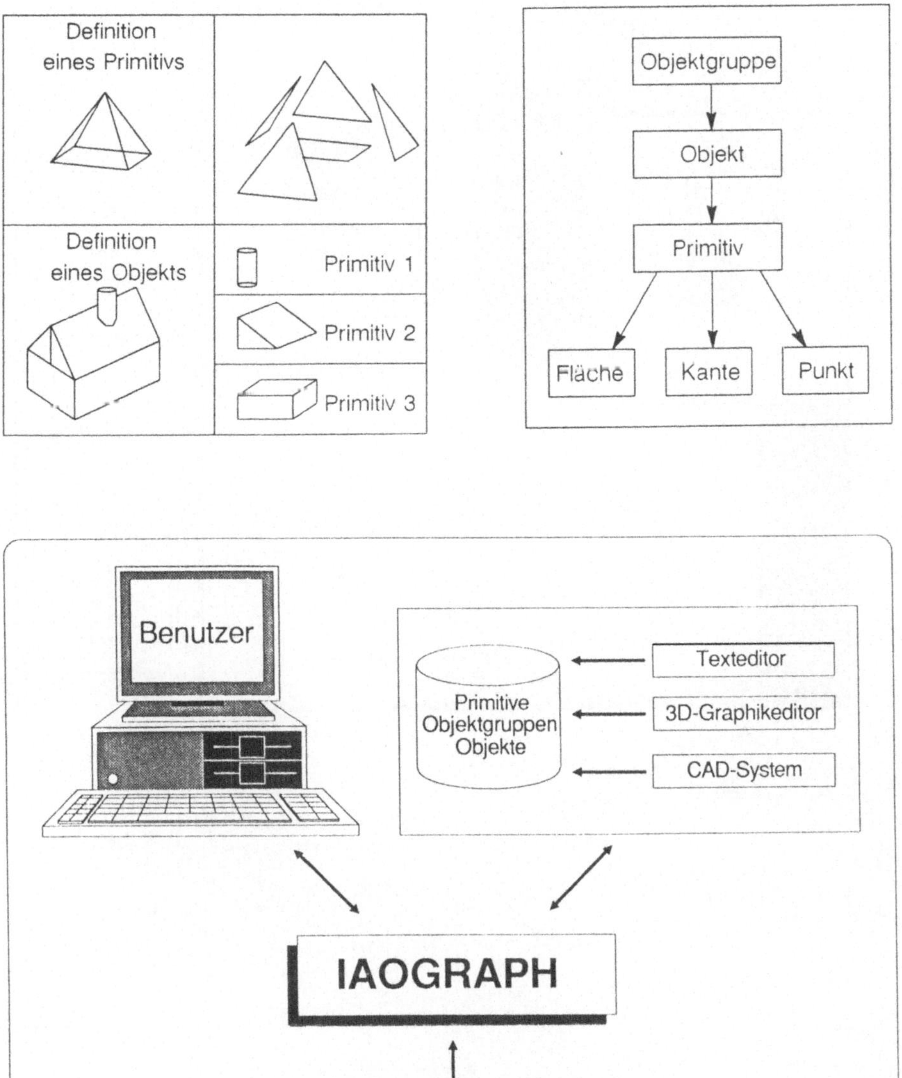

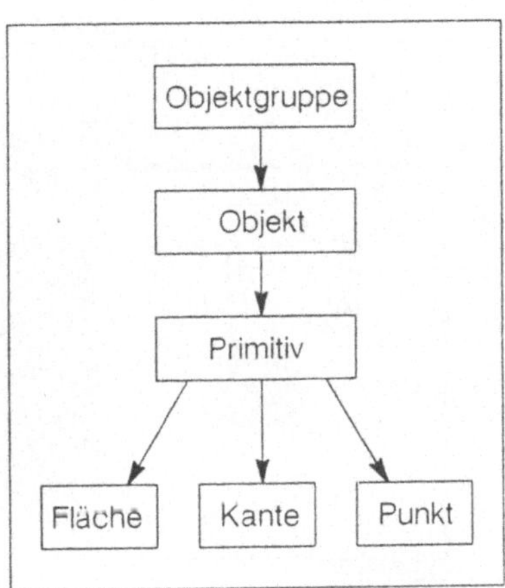

Bild 2.4-1: Definition von 3D-Körpern und Anbindung des Graphikprogramms IAOGRAPH an das vorliegende Simulationsprogramm GRIBS

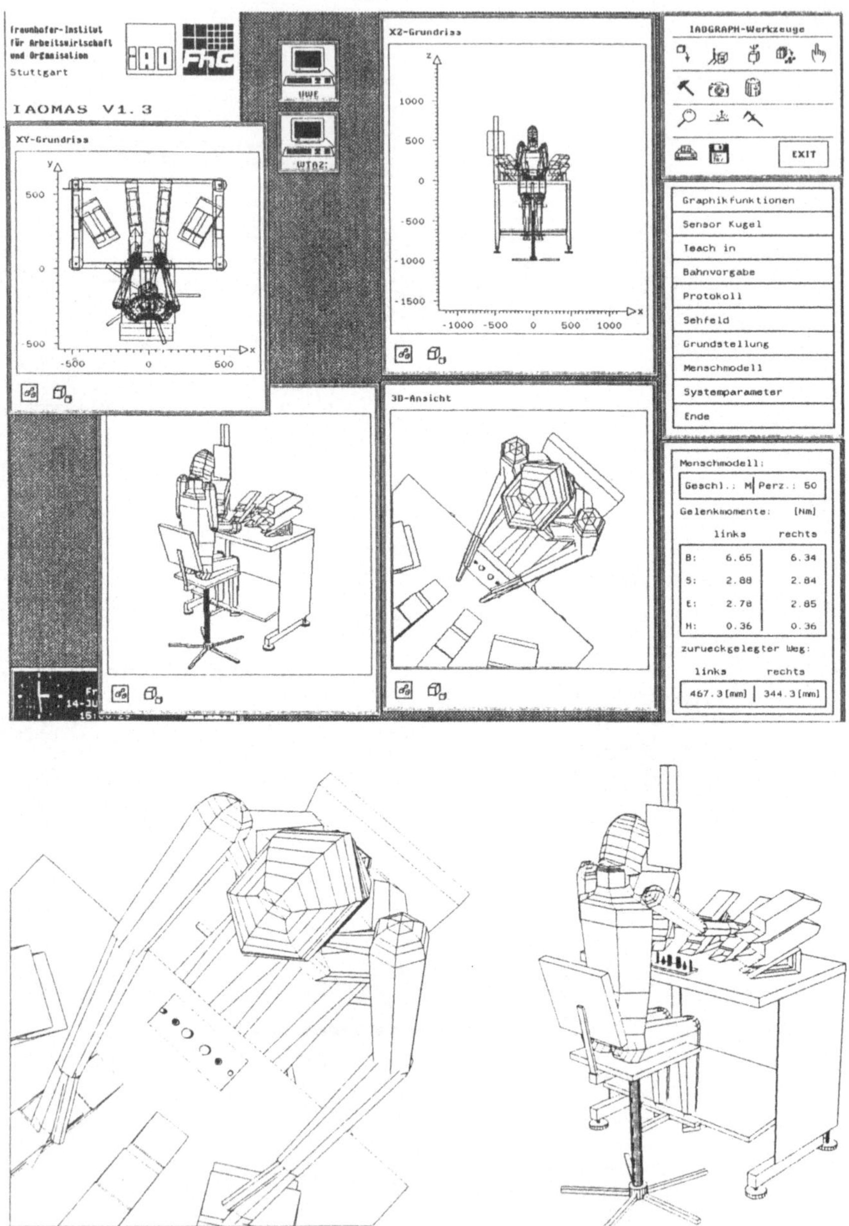

Bild 2.4-2: Momentaufnahmen des Graphikbildschirms während der Bewegungssimulation mit GRIBS

3 Synthese und Simulation von Bewegungen des Hand-Arm-Systems

Für die Bewegungsabläufe bei der Ausführung einfacher Handbewegungen des Menschen läßt sich nur schwer eine mathematische Beschreibung finden, die die menschlichen Bewegungscharakteristiken vollständig erfaßt. Die einzelnen Bewegungen hängen sehr stark von Randbedingungen ab, wie zum Beispiel von der Frage, ob das Bewegungsziel nur berührt oder auch gegriffen und ggf. auf welche Weise gegriffen werden soll. Auch während der Bewegung spielen gegebene Randbedingungen eine große Rolle: ein gefülltes Wasserglas muß z. B. anders bewegt werden als ein Tennisball.

Ein Algorithmus zur Nachbildung menschlicher Bewegungen muß also vielfältigen Anforderungen genügen. Er muß

- o das Redundanzproblem bei der Wahl der Armstellungen lösen,
- o den menschlichen Strategien zur Steuerung der Hand-Arm-Bewegungen möglichst nahe kommen,
- o sehr flexibel hinsichtlich der Rand- und Nebenbedingungen sein,
- o die Bewegungsfreiheit des Menschen berücksichtigen,
- o aus biomechanischer Sicht sinnvolle Ergebnisse (Bewegungsbahnen) liefern,
- o hinsichtlich der Bewegungscharakteristiken beeinflußbar bleiben,
- o jederzeit mit ausreichender Sicherheit eine sinnvolle Lösung finden,
- o für verschiedene kinematische und kinetische Modelle des menschlichen Hand-Arm-Systems anwendbar sein,
- o ...

Die Aufzählung ist keineswegs vollständig. Die genannten Punkte decken jedoch die wichtigsten Aspekte ab, die bei der Erarbeitung eines Lösungsansatzes zu berücksichtigen sind.

Ein solcher Lösungsansatz wird in den folgenden Kapiteln vorgestellt. Zunächst werden nur Bewegungen des Greifpunktes entlang einer vorgegebenen Trajektorie (geführte Bewegungen) betrachtet. Dabei werden verschiedene Zielfunktionen für den Optimierungsalgorithmus, also Bewegungsstrategien formuliert. Danach wird dieser einfache Lösungsansatz erweitert und auf freie Bewegungen des Greifpunktes angewendet, wobei die Vorgabe einer Trajektorie entfällt. Anschließend werden Algorithmen und ein Eingabemedium zur manuellen Steuerung von Bewegungen des Greifpunktes dargestellt.

3.1 Einfacher Lösungsansatz - Lokale Bewegungsstrategien

Mit den Methoden der Variationsrechnung /16/ lassen sich biomechanisch sinnvolle Bewegungen nicht bestimmen, da es nicht möglich ist, für sämtliche auftretenden Variationen der Aufgabenstellung die Existenz und Eindeutigkeit entsprechender Lösungen sicherzustellen, die Berechnung der Lösung für alle diese Fälle algorithmisch darzustellen und diese ggf. auch hinsichtlich einer echtzeitnahen Darstellung ausreichend schnell zu berechnen. Nicht zuletzt ist auch aus Gründen der Kollisionsvermeidung und der Einhaltung der Bewegungsraumgrenzen an den Gelenken eine globale Bahnplanung mit vertretbarem Aufwand mit der Variationsrechnung nicht realisierbar.

Das Modell des Hand-Arm-Systems als Mehrkörpersystem unter Berücksichtigung sämtlicher komplexer kinetischer Kopplungen analytisch abzubilden und durch Aufstellung der entsprechenden Differentialgleichungen die Simulation zu betreiben, ist ebenfalls nicht das Ziel der vorliegenden Arbeit. Gerade dabei handelt es sich nämlich um ein aktuelles Forschungsgebiet in der Kinematik. Versucht wird dort derzeit Algorithmen zu finden, die für allgemeine kinematische Strukturen der Ordnung n linearisierte Gleichungen analytisch aufstellen und lösen. Gesucht wird dabei ein Minimalsystem von Gleichungen, die das zugrundegelegte kinematische System beschreiben, d. h. die Zahl der impliziten Gleichungen im System minimieren. Der Stand der Forschung ist in /72/ und /136/ dargestellt. Eine Formulierung für offene kinematische Ketten, auf die im folgenden zurückgegriffen wird, findet sich in /119/. Das vorliegende Problem erfordert sowohl die Lösung des direkten als auch des inversen kinematischen Problems. Die Beschreibung der kinematischen Kette "Hand-Arm-System" enthält dabei transzendente Funktionen (sinus und cosinus) mit Exponenten bis zu 10 sowie Polynome mit deren Kombination mit Exponenten bis zu 3. Die numerische Lösung dieser Probleme bereitet bereits Schwierigkeiten. Die analytische Lösung ist unmöglich, insbesondere bei der Kombination eines kinematischen und eines kinetischen Modells.

Im Gegensatz dazu wird mit dem folgenden Ansatz das dargestellte Problem lokal numerisch gelöst. Der unterbewußte Vorgang der Steuerung menschlicher Bewegung wird als ein geregeltes System interpretiert, in dem der Körper, bzw. die einzelnen Körperteile als Regelstrecke (n), die Muskeln als Stellglieder und das Gehirn als (äußerst komplizierter) Regler zu verstehen sind. Der Regler hat hierbei die Aufgabe, einer Vielzahl von Anforderungen zu entsprechen, also ein Optimierungsproblem zu lösen, dessen einzelne Aspekte einer ständigen Veränderung unterliegen. Diese Veränderungen, z. B. das Auftreten von Hindernissen, können zu Beginn einer Bewegung noch nicht abgeschätzt werden.

Der hier vorgestellte Lösungsansatz berechnet, ausgehend von einer gegebenen Position der Gelenke und des Greifpunkts des Hand-Arm-Systems ein kleines Bewegungsinkrement, das lokal die gestellten Forderungen in noch genauer zu definierender Hinsicht möglichst optimal erfüllt. Es handelt sich dabei also um eine diskretisierte Bahnplanung. Zum einen erlaubt dies, wo nötig, die Approximation der mathematischen Zusammenhänge, zum Beispiel durch Linearisierung, zum anderen wird die Anwendung von Methoden aus dem Gebiet der mathematischen Optimierung bzw. der Vektoranalysis ermöglicht, die sich relativ einfach und schnell auf einem Rechner umsetzen lassen /130/. Darüber hinaus kommen viele relativ kurze Rechnungen während der Bewegung, anstatt einer einzigen, dafür aber aufwendigen Rechnung zu Beginn, der Forderung nach echtzeitnaher Darstellung der Bewegung sehr entgegen.

Einfacher Lösungsansatz

Über dem linearen Vektorraum der hinsichtlich der Aufgabenstellung relevanten Größen bzw. deren Änderung wird ein sogenanntes Kostenfunktional bzw. eine Zielfunktion, d. h. eine Abbildung dieser Größen auf eine skalare Größe, definiert. Diese Abbildung soll auf eine möglichst sinnvolle Weise die "Qualität" der jeweiligen Augenblickswerte, also die augenblickliche Stellung der Glieder des Hand-Arm-Systems hinsichtlich der gestellten Anforderungen repräsentieren. Dann stehen verschiedene Verfahren zur Verfügung, ein Inkrement für diese Größen zu finden, dem ein Extremum der definierten Zielfunktion entspricht. Die Art dieser Verfahren und der damit verbundene Rechenaufwand hängt wesentlich von der mathematischen Form der Zielfunktion ab. Werden hinsichtlich dieser Form einige Einschränkungen zugelassen, ermöglicht dies die Verwendung schneller und unkritischer Lösungsalgorithmen.

Diese Aufgabenstellung kann auch so formuliert werden, daß die zur Verfügung stehenden Größen in einer Weise zu verändern sind, daß andere, von diesen Größen abhängige Parameter einen gewünschten Wert haben und die definierte Zielfunktion einen Extremwert annimmt. Es handelt sich also um ein Optimierungsproblem mit Nebenbedingung. Die typische Aufgabenstellung ist, einen bestimmten Körperpunkt, z. B. den Handgelenksmittelpunkt oder einen definierten Greifpunkt der Hand in eine gegebene Zielposition zu bringen. Diese Aufgabenstellung tritt immer dann auf, wenn ein vorgegebener Zielpunkt in vorgegebenen Inkrementen auf einer exakt vorgegebenen Bahn, im einfachsten Falle auf einer Geraden angefahren werden soll. Um einen schnellen und unkritischen Lösungsalgorithmus für dieses Problem einsetzen zu können, wird die Zielfunktion für diese, aber auch für alle anderen denkbaren Variationen der Aufgabenstellung auf folgende einheitliche, aber trotzdem flexible Weise definiert:

$$P = \frac{1}{2} \Delta\underline{\phi}^{tr}\, \underline{\underline{W}}\, \Delta\underline{\phi} + \underline{w}^{tr}\, \Delta\underline{\phi} \tag{3-1}$$

mit:

$\underline{\phi}$ Vektor der unabhängigen Variablen

P   die für das zu berechnende Inkrement $\Delta\underline{\phi}$ ausschlaggebende Zielfunktion (Skalar)

$\underline{\underline{W}}$ positiv definite quadratische Matrix in der Dimension von $\underline{\phi}$

$\underline{w}$ Vektor in der Dimension von $\underline{\phi}$

($\underline{\underline{W}}$ und $\underline{w}$ können als Verzerrungs- oder Gewichtungsfaktoren interpretiert werden)

Ein Aspekt der Flexibilität dieser Formulierung liegt darin, daß diese Funktion als gewichtete Summe mehrerer gleichartiger Funktionen dargestellt werden kann, die jeweils einzelne Anforderungen an die Lösung repräsentieren. Auf diese Weise ist es möglich, die Zielfunktion in entkoppelter Form aufzustellen und frei zu gewichten:

$$\begin{aligned}
P &= \sum_i a_i P_i \\[2mm]
&= \sum_i a_i \left(\frac{1}{2} \Delta\underline{\phi}^{tr}\, \underline{\underline{W}}_i\, \Delta\underline{\phi} + \underline{w}_i^{tr}\, \Delta\underline{\phi} \right) \\[2mm]
&= \frac{1}{2} \Delta\underline{\phi}^{tr} \left(\sum_i a_i \underline{\underline{W}}_i \right) \Delta\underline{\phi} + \left(\sum_i a_i \underline{w}_i \right)^{tr} \Delta\underline{\phi} \\[2mm]
&= \frac{1}{2} \Delta\underline{\phi}^{tr}\, \underline{\underline{W}}\, \Delta\underline{\phi} + \underline{w}^{tr}\, \Delta\underline{\phi}
\end{aligned} \tag{3-2}$$

mit:

i   Index der einzelnen Summanden bzw. der entsprechenden Matrizen und Vektoren,

a_i Gewichtungsfaktoren.

Der wesentliche Vorteil dieser Formulierung ist, daß die Lösung des entsprechenden Optimierungs- bzw. Minimierungsproblems (an dieser Stelle sei vereinbart, daß Lösungen, welche die Anforderungen gut erfüllen, niedrigen Werten der Zielfunktion entsprechen):

$$min\, P(\Delta\underline{\phi}) = min\left(\frac{1}{2} \Delta\underline{\phi}^{tr}\, \underline{\underline{W}}\, \Delta\underline{\phi} + \underline{w}^{tr}\, \Delta\underline{\phi} \right) \tag{3-3}$$

mit der linearen Nebenbedingung:

$$\underline{A}\,\Delta\underline{\phi} \;=\; \Delta\underline{x} \qquad \text{bzw.} \qquad \underline{A}\,\Delta\underline{\phi} \;-\; \Delta\underline{x} \;=\; 0 \tag{3-4}$$

mit: $\underline{x}$ Vektor der abhängigen Variablen (d. h. der Variablen, deren Zielwerte vorgegeben werden)

            $\underline{A}$ Linearisierte Abbildungsfunktionen (Jacobi-Matrix) die den linearen Vektorraums der $\underline{\phi}$ auf den linearen Vektorraum der $\underline{x}$ abbildet, d. h.:

$$\underline{A} \;=\; \nabla G \qquad\qquad (\nabla = \text{Nabla} - \text{Operator}) \tag{3-5}$$

            G   im allgemeinen stark nichtlineare Abbildungsfunktion, durch welche im vorliegenden Fall die geometrischen Bindungen Eingang in die Rechnung finden

existiert und geschlossen angegeben werden kann.

Der Gradient von P lautet:

$$\nabla P(\Delta\underline{\phi}) \;=\; \underline{W}\,\Delta\underline{\phi} \;+\; \underline{w} \tag{3-6}$$

Unter Verwendung der Methode der Lagrange-Multiplikatoren lautet das neue Minimierungsproblem jetzt mit Nebenbedingung:

$$min\,(P \;+\; \underline{\lambda}^{tr}\,(\underline{A}\,\Delta\underline{\phi} \;-\; \Delta\underline{x})) \tag{3-7}$$

mit: $\underline{\lambda}$ Vektor der Lagrange-Multiplikatoren in der Dimension von $\underline{x}$.

Das Extremum (Ableitung nach $\Delta\underline{\phi}$ und nullsetzen) genügt sowohl der Gleichung (3-4) als auch der Gleichung

$$\nabla P \;+\; \underline{A}^{tr}\lambda \;=\; 0 \tag{3-8}$$

Mit Gleichung (3-6) ergibt sich:

$$\underline{W}\,\Delta\underline{\phi} \;+\; \underline{w} \;+\; \underline{A}^{tr}\lambda \;=\; 0 \tag{3-9}$$

Durch Multiplikation mit der Matrix $\underline{W}^{-1}$ von links entsteht:

$$\Delta\underline{\phi} \;+\; \underline{W}^{-1}\underline{w} \;+\; \underline{W}^{-1}\underline{A}^{tr}\lambda \;=\; 0 \tag{3-10}$$

Durch Multiplikation mit der Matrix $\underline{A}$ von links entsteht weiter:

$$\underbrace{\underline{A}\,\Delta\phi}_{*} + \underline{A}\,\underline{W}^{-1}\,\underline{w} + \underbrace{\underline{A}\,\underline{W}^{-1}\,\underline{A}^{tr}}_{**}\,\lambda = 0$$

$* \;=\; \Delta\underline{x}$ $** \;=\;$ nichtsingulär,
wenn $\underline{A}$
maximalen Rang
hat (Dimension von $\underline{x}$) $\qquad$ (3-11)

Eliminiert man $\underline{\lambda}$ aus (3-10) und (3-11) und löst nach $\Delta\phi$ auf, erhält man die geschlossene Form der Lösung:

$$\Delta\underline{\phi} \;=\; \underline{W}^{-1}\cdot\underline{A}^{tr}(\underline{A}\,\underline{W}^{-1}\,\underline{A}^{tr})^{-1}\,(\Delta\underline{x} + \underline{A}\,\underline{W}^{-1}\,\underline{w}) - \underline{W}^{-1}\,\underline{w} \qquad (3\text{-}12)$$

mit: $\quad \underline{W}^{-1}\underline{A}^{tr}(\underline{A}\,\underline{W}^{-1}\,\underline{A}^{tr})^{-1}$ $\quad$ Gewichtete Pseudoinverse

$\quad (\Delta x + \underline{A}\,\underline{W}^{-1}\,\underline{w})$ $\qquad$ Nebenbedingungen

$\quad -\underline{W}^{-1}\,\underline{w}$ $\qquad$ Zielfunktion ohne Nebenbedingungen

Daß es sich hierbei um ein Minimum handelt, resultiert aus der geforderten positiven Definitheit der Matrix $\underline{W}$. Allerdings ist nicht sichergestellt, daß diese Lösung des linearisierten Problems im zulässigen Lösungsraum liegt, d. h. eine berechnete Lösung muß auf jeden Fall überprüft werden.

Der nächste Schritt ist, die Aufstellung der Zielfunktionen zu systematisieren und Kriterien zu finden, die einerseits den Kriterien nahe kommen, die beim Menschen im wesentlichen unbewußt die Motorik der Gliedmaßen bestimmen, die andererseits aber mathematisch erfaßbar sind. Besonders zu berücksichtigen ist die Tatsache, daß diese Motorik individuell verschiedene Charakteristiken aufweisen kann /31/, d. h. die Bewegungscharakteristiken müssen gezielt beeinflußbar bleiben. Dieser Punkt ist besonders wichtig, da die Qualität der Ergebnisse erst bei der Validierung, d. h. beim Vergleich mit dem realen Bewegungsverhalten der Probanden deutlich wird, weil der gesamte Lösungsalgorithmus mit Hilfe der Ergebnisse aus den Experimenten (siehe Kapitel 4) abgestimmt und optimiert werden muß.

Lokale Bewegungsstrategien

Nach den vorangegangenen Betrachtungen läßt sich die Aufgabenstellung auch so verstehen, daß für eine bestimmte auszuführende Bewegung, z. B. der Hand auf einen zu greifenden Körper zu zunächst eine sinnvolle Bahn definiert werden muß. Dann wird diese Bahn in ausreichend kleine Inkremente aufgespalten, für die mit Hilfe des beschriebenen linearisierten Ansatzes geeignete Winkelinkremente für die einzelnen Freiheitsgrade des Hand-Arm-Systems gefunden werden können. Die auf diese Weise erzielte Bewegungscharakteristik hängt in erster Linie von der Gestalt der Zielfunktionen ab, die für jedes Inkrement lokal berechnet werden müssen. In den folgenden Abschnitten wird deren Aufstellung näher erläutert. Die Bahnvorgabe steht dabei zunächst im Hintergrund, da sie später durch eine Verallgemeinerung des Ansatzes nicht mehr benötigt wird.

Wie bereits gezeigt, ist es durch die geforderte Form der Zielfunktionen möglich, diese als gewichtete Summe gleichartiger Funktionen darzustellen. Dies ermöglicht es, einzelne Kriterien, die vermutlich das Bewegungsverhalten bestimmen, separat in Zielfunktionen umzusetzen und schließlich im Experiment mit den Probanden deren Gewichtungsfaktoren so zu modifizieren und zu bestimmen, daß eine möglichst gute Übereinstimmung mit der Realität erzielt wird.

3.1.1 Minimale Quadratsumme der Winkelinkremente

Die Bewegungen der einzelnen Gelenke bei der Ausführung einfacher Armbewegungen sind in hohem Maße koordiniert. In den seltensten Fällen ist nur ein einziges Gelenk an einer Bewegung beteiligt. Dies legt nahe, die gewichtete Quadratsumme der Inkremente der Gelenkwinkel, also der unabhängigen Variablen ϕ_i als Zielfunktion zu verwenden:

$$P = \frac{1}{2} \Delta\underline{\phi}^{tr}\, \underline{\underline{W}}\, \Delta\underline{\phi} \qquad\qquad (3\text{-}13)$$

mit: $\underline{\underline{W}}$ Diagonalmatrix mit positiven Elementen (Gewichten)

Wird zum Beispiel ein Zielpunkt für die Hand vorgegeben, der ohne Bewegung des Oberkörpers erreicht werden soll, stehen die Gelenkwinkel des Hand-Arm-Systems als unabhängige Variablen zur Verfügung und es ist damit möglich, mit den Inkrementen der Gelenkwinkel die Zielfunktion in dieser einfachen Form ohne lineares Glied aufzustellen. Diese Formulierung ermöglicht es, die Bewegungsinkremente "träger" Gelenke, etwa der Schulter durch größere Gewichte klein zu halten und entsprechend umgekehrt.

3.1.2 Minimale Potentielle Energie

Eine weitere Zielfunktion ist die Berücksichtigung der Schwerkraft, einer stets vorhandenen Belastung des Hand-Arm-Systems. Allein mit der Zielfunktion "Minimale Quadratsumme der Winkelinkremente" ist zu erwarten, daß allenfalls langsame Bewegungen im schwerelosen Raum zufriedenstellend erzeugt werden können. Da aber besonders bei weit ausgestrecktem Arm bereits beträchtliche Kräfte und Momente durch die Massen der Glieder auftreten und darüber hinaus beim Transport von Gegenständen deren Masse zusätzlich berücksichtigt werden muß, wird der Einfluß der Schwerkraft in der in Kapitel 3.1 dargestellten Weise direkt in den Optimierungsprozeß aufgenommen.

Da es sich bei der potentiellen Energie der Gliedmaßen um eine Potentialfunktion in Abhängigkeit der Zustandsvariablen ϕ handelt, muß diese neue Zielfunktion nur linear oder quadratisch approximiert werden und kann dann bereits als weiterer Summand mit der entsprechenden Gewichtung in die bereits vorhandene Zielfunktion aufgenommen werden. Bei dieser Approximation läßt sich jedoch nicht sicherstellen, daß alle Diagonalelemente der Diagonalmatrix $\underline{W}$ der Zielfunktion "potentielle Energie" positiv sind, die Matrix also positiv definit ist. Soll aus Genauigkeitsgründen diese Zielfunktion quadratisch approximiert werden, muß bei der anschließenden Summation zur Gesamtzielfunktion die Erhaltung der positiven Definitheit der dort auftretenden Matrix $\underline{W}$ explizit überprüft werden. Soll diese bisher nicht erforderliche Überprüfung eingespart werden, darf hier nur mit einer linearen Approximation gearbeitet werden, bei der dieses Problem nicht auftritt. In diesem Fall kann die Zielfunktion "potentielle Energie" jedoch nicht als alleinige Zielfunktion bei der Optimierung eingesetzt werden. Nur in Kombination mit mindestens einer weiteren Zielfunktion, deren quadratischer Anteil nicht verschwindet, ergeben sich dann sinnvolle Ergebnisse.

Wie bei der Zielfunktion "Minimale Quadratsumme der Winkelinkremente" ist auch die Zielfunktion zur Berücksichtigung der potentiellen Energie im Hand-Arm-System wieder als Summe zu verstehen. Während im ersten Fall die einzelnen Gelenke bzw. deren Freiheitsgrade die Summanden lieferten, kommen diese jetzt von den einzelnen Gliedmaßen des Hand-Arm-Systems, wobei jeweils die Vertikalkoordinaten der Schwerpunkte der Glieder die abhängigen Größen sind. Hier bieten sich die Massen der einzelnen Glieder als sinnvolle Gewichtungen der einzelnen Summanden gegeneinander an.

Es seien $Z_i(\phi)$ die quadratisch approximierten Vertikalkoordinaten der Körperteile und m_i deren Gewichte. Dann lautet die entsprechende Zielfunktion für die potentielle Energie:

$$P(\phi) = \sum_i (G_i \, Z_i) \qquad\qquad (3\text{-}14)$$

mit: $G_i = m_i {}^* g$

3.1.3 Einhaltung der Bewegungsraumgrenzen

Eine der wichtigsten Vorgaben, die mit Hilfe der Zielfunktionen berücksichtigt wird, ist die Einhaltung der Bewegungsraumgrenzen. D. h. die durch die Anatomie gegebenen Beschränkungen müssen vom Modell auf jeden Fall eingehalten werden. Im einfachsten Fall existiert für jeden Freiheitsgrad je ein exakt definierter Wert für die untere und für die obere Grenze. Im allgemeinen Fall muß jedoch eine Kopplung der zu den einzelnen Freiheitsgraden gehörenden Grenzen berücksichtigt werden, wie sie zum Beispiel bei Freiheitsgraden vorkommt, die zu ein und demselben Gelenk, z. B. dem Handgelenk (Bild 2.1-2) gehören.

Es ist hierbei nicht nur Aufgabe der Zielfunktion, ein Überschreiten der Bewegungsraumgrenzen zu verhindern. Von gleicher Bedeutung ist die Berücksichtigung von bevorzugten, bequemen Gelenkstellungen sowie die Vermeidung von Gelenkstellungen sehr nahe an den Bewegungsraumgrenzen. Diese Zielfunktion hat einen starken Einfluß auf die resultierende Bewegungscharakteristik.

Als einfaches und dennoch hinreichendes Modell für die Kopplung der Bewegungsraumgrenzen mehrerer Freiheitsgrade hat sich folgende Formulierung bewährt:

$$\sum_j \left(\frac{\phi_j - \phi_{mj}}{r_j} \right)^2 \leq 1 \qquad\qquad (3\text{-}15)$$

mit: ϕ_j j-te Komponente des Vektors $\underline{\phi}$

r_j j-te Halbachse des durch (3-15) dargestellten Ellipsoids im linearen Vektorraum der $\underline{\phi}$

ϕ_{mj} j-te Komponente des Mittelpunktsvektors $\underline{\phi}_m$ des durch (3-15) dargestellten Ellipsoids

j Index über die einzelnen Winkel einer "gekoppelten" Gruppe von Freiheitsgraden

Geometrisch interpretiert heißt das, daß sich die Koordinaten der erlaubten Winkelstellungen im angegebenen Ellipsoid mit zu den Koordinatenebenen parallelen Symmetrieebenen befinden müssen. Im einfachsten und häufigsten Fall muß sich ein einzelner Winkel innerhalb eines abgeschlossenen Intervalls bewegen. Im Fall gekoppelter Winkelpaare liegen die Koordinaten in einer Ellipse. Die Beschränkung hinsichtlich der Symmetrieebenen ist nicht unbedingt notwendig, erweist sich später aber als sehr zweckmäßig. Wird diese Beschränkung nicht erfüllt, bleibt die Matrix $\underline{W}$ nicht länger eine Diagonalmatrix. Damit kann die positive Definitheit und Invertierbarkeit der Matrix $\underline{W}$ nicht länger garantiert werden.

Wie bei Gleichung (3-13) soll auch diese Zielfunktion einen bewertenden Charakter haben. Schlechte Lösungen des Minimierungsproblems, z. B. in den Randbereichen der zugelassenen Bewegungsräume der Freiheitsgrade bei eingehaltenen Nebenbedingungen werden dadurch "negativ" bewertet, daß ihnen ein hoher Kostenwert zugeordnet wird. Gute Lösungen werden durch niedrige Werte "positiv" bewertet. Bei einem Maximierungsansatz ist die Zuordnung genau umgekehrt.

3.1.3.1 Freiheitsgrade mit ungekoppelten Bewegungsraumgrenzen

Im Falle entkoppelter Bewegungsraumgrenzen liegt kein Grund vor, mit einer Matrix $\underline{W}$, bei der außer den Diagonalelementen weitere Elemente besetzt sind, eine Kopplung verschiedener Koordinaten künstlich wieder einzuführen. Das Kostenfunktional nimmt damit folgende Form an:

$$
\begin{aligned}
P &= \frac{1}{2}\Delta\underline{\phi}^{tr}\,\underline{W}\,\Delta\underline{\phi} + \underline{w}^{tr}\,\Delta\underline{\phi}\;(+c) \\[2mm]
&= \sum_i \left(\frac{1}{2}W_i\,\Delta\phi_i^2 + w_i\,\Delta\phi_i\;(+c_i)\right) \\[2mm]
&= \sum_i P_i
\end{aligned}
\tag{3-16}
$$

mit:
$\quad\underline{W}\quad$ Diagonalmatrix mit positiven Elementen W_i
$\quad c, c_i\quad$ additive Konstanten, die aufgrund der vergleichenden Vorgehensweise unberücksichtigt bleiben
$\quad P_i\quad$ Beitrag der i-ten Koordinate zu $\underline{P}$
$\quad\underline{w}\quad$ Vektor mit Elementen w_i

Dies bedeutet, daß bei ungekoppelten Bewegungsraumgrenzen jeder Freiheitsgrad separat betrachtet werden kann und nur Freiheitsgrade mit gekoppelten Bewegungsraumgrenzen gemeinsam betrachtet werden müssen. Bei der Form der jeweiligen Kostenfunktion für je eine unabhängige Variable ϕ_i, handelt es sich um eine positiv definite quadratische Form, also um eine nach oben geöffnete Parabel.

Zunächst bedeutet diese Tatsache eine deutliche Einschränkung hinsichtlich der Freiheit bei der Gestaltung einer geeigneten, innerhalb des Intervalls zwischen den Bewegungsraumgrenzen eines Freiheitsgrades definierten Kostenfunktion, die möglichst erhalten bleiben soll. Weiterhin muß eine Überschreitung der Bewegungsraumgrenzen verhindert werden, was die Verwendung der Bewegungsraumgrenzen als senkrechte Asymptoten verlangt. Dies ist mit Parabeln als Kostenfunktionen nicht zu realisieren. Hier hilft weiter, daß schon aufgrund der linearisierten Nebenbedingung nur betragsmäßig kleine Winkelinkremente an den Freiheitsgraden möglich werden und aus diesem Grund eine lokale Approximation der komplizierten Kostenfunktionen durch Parabeln ausreichend und sinnvoll ist.

Die einzigen Forderungen, die a priori an die Kostenfunktion zu stellen sind, sind eine mindestens zweimalige Differenzierbarkeit und eine positiv definite Ableitung zweiter Ordnung, um die geforderte positive Definitheit der Matrix $\underline{W}$ sicherzustellen. Die Approximation hat nach Taylor folgende Form:

$$P_i(\phi_{0i} + \Delta\phi_i) = P_i(\phi_{0i}) + \frac{d}{d\phi_i}P_i(\phi_i)|_{\phi_i=\phi_{0i}}\,\Delta\phi_i$$

$$+ \frac{1}{2}\frac{d^2}{d\phi_i^2}P_i(\phi_i)|_{\phi_i=\phi_{0i}}\,\Delta\phi_i^2 \quad (+\text{Restglied}) \qquad (3\text{-}17)$$

$$\Delta P_i(\phi_i) = P_i(\phi_{0i} + \Delta\phi_i) - P_i(\phi_{0i})$$

$$= \frac{d}{d\phi_i}P_i(\phi_i)|_{\phi_i=\phi_{0i}}\Delta\phi_i + \frac{1}{2}\frac{d^2}{d\phi_i^2}P_i(\phi_i)|_{\phi_i=\phi_{0i}}\,\Delta\phi_i^2$$

mit: $\underline{\Phi}_0$ Augenblickswert des Koordinatenvektors

Diese Vorgehensweise erlaubt es nun, mit einer größeren Klasse von Kostenfunktionen zu arbeiten, die auf dem zur Verfügung stehenden Intervall definiert werden müssen und dann jeweils lokal für die Berechnung des nächsten Winkelinkrements approximiert werden können.

Die rechnerische Auswertung der Kostenfunktion läßt sich hierbei noch vereinfachen, wenn die Kostenfunktion nicht selbst zusammen mit ihren ersten beiden Ableitungen durch analytische Ausdrücke, sondern direkt die Schmiegungsparabelparameter durch geeignete Funktionen vorgegeben werden. Wird z. B. die Steigung an einem definierten Punkt und die gewünschte Scheitelabszisse vorgegeben, behält das Verfahren sogar eine gewisse Anschaulichkeit.

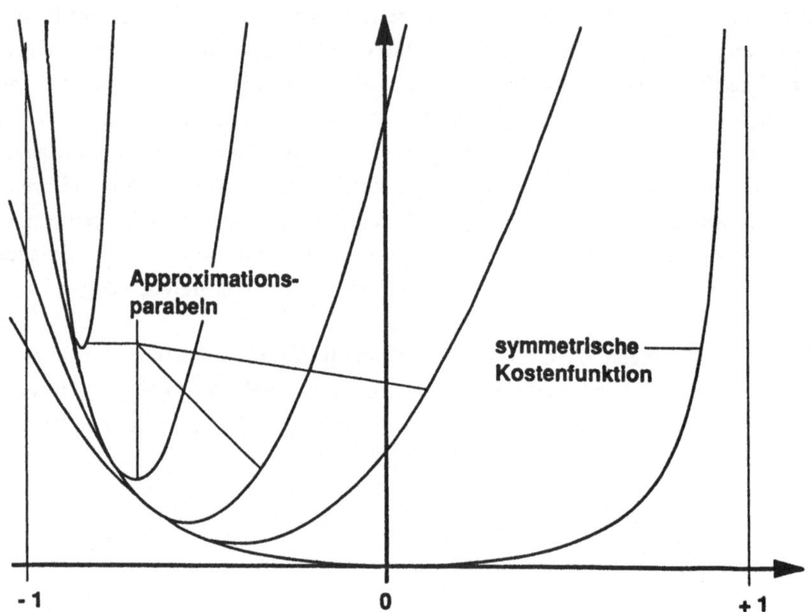

Bild 3.1.3.1-1: Eine geeignete, auf dem Intervall [-1,1] definierte und symmetrische Kostenfunktion mit einigen lokalen Approximationsparabeln (Schmiegungsparabeln)

$$\Delta P(\phi_i) \;=\; \frac{1}{2} W_i \Delta\phi_i^2 \;+\; w_i\Delta\phi_i \;(+c_i) \qquad\qquad (3\text{-}18)$$

Abgeleitet nach ϕ_i und an der Stelle $\Delta\phi_i = 0$ führt auf:

$$\frac{d}{d\phi_i} P_i(\phi_i)\big|_{\phi_i=\phi_{0i} \,\Leftrightarrow\, \Delta\phi_i=0} \;=\; w_i \;\overset{!}{=}\; F(\phi_i) \qquad\qquad (3\text{-}19)$$

Die erste Ableitung von $\Delta P(\phi_i)$ nullgesetzt (horizontale Tangente) führt auf:

$$\Delta\phi_i = -\frac{w_i}{W_i} \tag{3-20}$$

und mit $\phi_{si} = \phi_{0i} + \Delta\phi_i$ ergibt sich die gewünschte Scheitelabszisse ϕ_{si}:

$$\phi_{si} = \phi_{0i} - \frac{w_i}{W_i} \stackrel{!}{=} G(\phi_{0i}) \tag{3-21}$$

und damit:

$$\Leftrightarrow W_i \stackrel{!}{=} \frac{F(\phi_{0i})}{\phi_{0i} - G(\phi_{0i})} = G^*(\phi_{0i}) \tag{3-22}$$

Es hat sich gezeigt, daß diese Vorgehensweise die Konstruktion geeigneter Kostenfunktionen erleichtert und sich auch hinsichtlich der Rechenzeit positiv auswirkt. Aber auch hier muß aufgrund der durchgeführten Linearisierungen und der Diskretisierung eine gefundene Lösung für die Winkelinkremente in den Freiheitsgraden explizit überprüft werden.

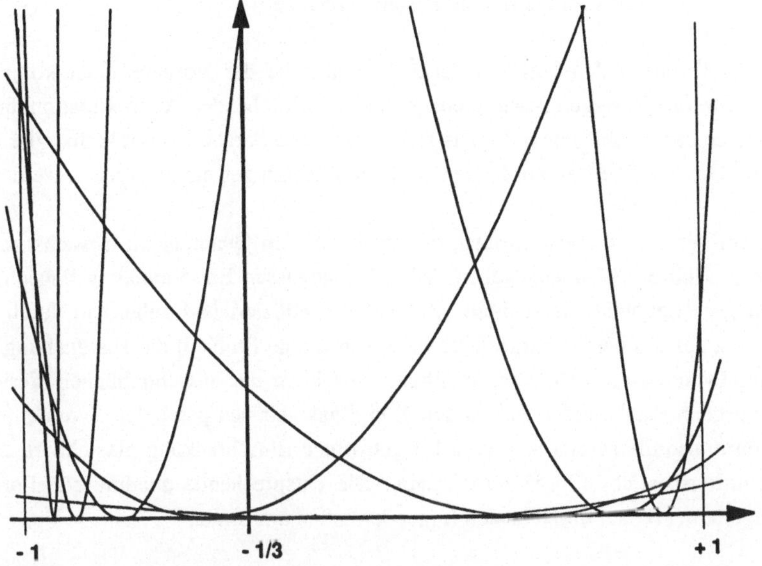

<u>Bild 3.1.3.1-2:</u> Direkte Implementierung einer asymmetrischen Kostenfunktion durch positionsabhängige Vorgabe der Parameter für die Schmiegungsparabeln

3.1.3.2   Freiheitsgrade mit gekoppelten Bewegungsraumgrenzen

Die in Kapitel 3.1.3.1 beschriebene Vorgehensweise für Freiheitsgrade mit ungekoppelten Bewegungsraumgrenzen läßt sich gemäß Bild 3.1.3.2-1 auf mehrdimensionale Zusammenhänge erweitern:

	1-dimensional	n-dimensional
Definitionsbereich	Intervall	Ellipse, n-dimensionales Ellipsoid
approximierte Funktion	Parabel	n-dimensionales elliptisches Paraboloid
Anzahl der zur Definition notwendigen Größen	2	$(n*n)/2 + n/2 + n$

Bild 3.1.3.2-1:   Erweiterung der in Kapitel 3.1.3.1 beschriebenen Vorgehensweise auf mehrdimensionale Zusammenhänge

Wie im eindimensionalen Fall kann auch hier anstelle der Vorgabe einer komplizierten Funktion für die Bewegungsraumgrenzen und anschließender Approximation über eine Taylor-Reihe das entstehende n-dimensionale elliptische Paraboloid direkt über die Vorgabe geeigneter Größen (Scheitelkoordinaten, partielle Ableitungen etc.) festgelegt werden.

Die Anzahl der notwendigen Größen, die etwa mit dem Quadrat von n wächst, errechnet sich wie in Bild 3.1.3.2-1 angegeben. Mit einer gewissen Einschränkung hinsichtlich der Form dieses Paraboloids kann diese Zahl auf 2n reduziert und außerdem durch die Zurückführung auf das bereits dargestellte eindimensionale Problem die Handhabung wesentlich vereinfacht werden. Die Einschränkung besteht in der ausschließlichen Verwendung von elliptischen Paraboloiden mit zu den Koordinatenebenen parallelen Symmetrieebenen. Hier kommt also die bereits in Kap. 3.1.3 getroffene Einschränkung hinsichtlich der Form des Definitionsbereichs (3-15) zum Tragen. Die entsprechende quadratische Form weist eine Diagonalmatrix auf und läßt sich folgendermaßen umformen:

$$P = \frac{1}{2}[\Delta\phi_1, \Delta\phi_2,..., \Delta\phi_n]\begin{bmatrix} W_{11} & & & \\ & W_{22} & & \\ & & \cdots & \\ & & & W_{nn} \end{bmatrix}\begin{bmatrix} \Delta\phi_1 \\ \Delta\phi_2 \\ \cdots \\ \Delta\phi_n \end{bmatrix}$$

$$+[\Delta\phi_1, \Delta\phi_2,..., \Delta\phi_n]\begin{bmatrix} w_1 \\ w_2 \\ \cdots \\ w_n \end{bmatrix}(+C)$$

$$= \sum_i (\frac{1}{2}W_{ii}\Delta\phi_i^2 + w_i\Delta\phi_i)(+C) \tag{3-23}$$

Das elliptische Paraboloid läßt sich also als Summe aus n parabolischen Zylindern darstellen, die jeweils einen Freiheitsgrad repräsentieren. Gelingt es nun, die erzeugenden Parabeln dieser Zylinder auf dieselbe Weise wie in Kapitel 3.1.3.1 zu definieren, ist mit der vereinbarten Einschränkung das n-dimensionale Problem gekoppelter Bewegungsraumgrenzen auf das eindimensionale zurückgeführt. Unter Zugrundelegung von Bewegungsraumgrenzen der Form (3-15) bietet sich die Einführung von "momentanen" Bewegungsraumgrenzen für jeden Freiheitsgrad an, in dem berechnet wird, für welche Werte der entsprechenden Koordinate ϕ_i unter Beibehaltung der Werte sämtlicher anderer Koordinaten $\phi_{j\neq i}$, die definierten Bewegungsraumgrenzen überschritten werden. Geometrisch betrachtet werden die Schnittpunkte einer Geraden mit einer Ellipse bzw. einem Ellipsoid berechnet. Diese Werte begrenzen das "momentan" zur Verfügung stehende Intervall für die betrachtete Koordinate ϕ_i:

$$(\frac{\phi_{iGrenz} - \phi_{im}}{r_i})^2 = 1 - \sum_{j\neq i}(\frac{\phi_j - \phi_{jm}}{r_j})^2 \tag{3-24}$$

Mit den vorangegangenen Ausführungen wurde gezeigt, wie ein vorgegebenes, hinreichend kleines Bewegungsinkrement x_i z. B. in Koordinaten des Ortes und der Orientierung eines bestimmten Körpergliedes, etwa der Hand unter Berücksichtigung von Bewegungsraumgrenzen in ein Bewegungsinkrement in Koordinaten der unabhängigen Winkelstellungen ϕ_i überführt werden kann. Bei dieser Abbildung entstehen durch die getroffenen Vereinfachungen, vor allem aber aufgrund der Linearisierung der Nebenbedingung und der quadratischen Approximation der Kostenfunktionen gewisse Fehler. Besonders bei relativ großen vorgegebenen Inkrementen tritt zum einen eine Abweichung des Ergebnisses von der Vorgabe ($\Delta\underline{x}$) auf, zum anderen können einzelne Inkremente die Bewegungsraumgrenzen überschreiten. Dies zwingt hinsichtlich der Bewegungsraumgrenzen zu einer Kontrollrechnung, die z. B. Einfluß auf die vorzugebende Inkrementgröße (Verkleinerung) hat. Weiterhin wird hinsichtlich der Abweichung von der vorgegebenen Bahn eine exakte Berechnung der Gliederstellungen mit Hilfe der jeweils aktuellen Transformationsmatrizen anstelle einer akkumulativen Berechnung über die vorgegebenen Bewegungsinkremente erforderlich.

Da sich die geforderten Voraussetzungen, wie die zweimalige Differenzierbarkeit und positive zweite Ableitung der Kostenfunktionen oder die Definitionsbereiche gekoppelter Bewegungsraumgrenzen in Form von Ellipsen mit achsenparallelen Symmetrieebenen nur auf einige Aspekte der mathematischen Behandlung beziehen und die Konstellation von abhängigen (z. B. x, $\dot{x}$, $\ddot{x}$) und unabhängigen (ϕ, $\dot{\phi}$, $\ddot{\phi}$) Variablen je nach Gestaltung des kinematischen und kinetischen Modells variieren kann, sind mit den dargestellten Berechnungsschritten verschiedenste Zielvorgaben bei der Bewegungssynthese realisierbar.

Eine Einschränkung, die in Kapitel 3.1. zunächst hingenommen wurde, ist die exakte Vorgabe der Bewegungsbahn für den Endpunkt der kinematischen Kette, den Greifpunkt der Hand. Diese Einschränkung wird in Kapitel 3.2 durch eine Verallgemeinerung des dargestellten einfachen Lösungsansatzes aufgehoben.

3.2 Erweiterter Lösungsansatz - globale Bewegungsstrategien

Dieselben Kriterien und Strategien, die beim Menschen nach den derzeitigen Erkenntnissen der Forschung /33/ die wichtigsten Einflüsse darstellen bei der Wahl der Stellung der Glieder, d. h. bei der Koordination der einzelnen Gelenkstellungen (siehe Kap. 3.1), bestimmen auch die Formen der Bewegungsbahnen der Gelenke und des Greifpunktes.

Die Entwicklung von Algorithmen zur globalen Bahnplanung stellt ein integriertes Kontrollproblem dar, womit beide oben genannten Aspekte desselben nicht getrennt voneinander behandelt werden können. Eine vollständige Integration beider Aspekte verlangt jedoch die komplette nichtlineare Behandlung des Problems, wodurch dessen Komplexität drastisch erhöht und ein praktischer Einsatz des Modells aufgrund zu langer Rechenzeiten außer Frage gestellt wird.

Durch eine Variation des in Kapitel 3 beschriebenen einfachen Lösungsansatzes ist es allerdings möglich, die gewünschte Integration weitgehend zu realisieren, ohne die mathematische Behandlung damit wesentlich zu erschweren.

Eine Integration der freien lokalen Bahnplanung in die bereits bestehende mathematische Formulierung bedeutet konkret, daß auch die bisher vorgegebenen, d. h. abhängigen Variablen zu bestimmen sind, also zu unabhängigen Variablen werden. Dies wird bereits im ersten Schritt der Umformung der linearen Nebenbedingung (3-4) deutlich:

$$\underline{A}\,\Delta\phi = \Delta\underline{x} \;\Leftrightarrow\; \underline{A}\,\Delta\phi - \Delta\underline{x} = \underline{0}$$

$$[\underline{A}| - \underline{E}]\left[\begin{array}{c} \Delta\phi \\ \Delta\underline{x} \end{array}\right] = \underline{0} \;\Leftrightarrow\; \underline{A}^*\Delta\underline{\Psi} = \underline{0} \qquad (3\text{-}25)$$

mit: $\underline{E}$ Einheitsmatrix in der Dimension von $\underline{x}$

$\underline{A}^*$ Erweiterte Jacobi-Matrix

$\Delta\underline{\Psi}$ Zusammengesetzter Vektor aus $\Delta\phi$ und $\Delta\underline{x}$

Jetzt bilden die bisherigen Vektoren der unabhängigen Variablen ϕ und der abhängigen Variablen $\underline{x}$ zusammen einen neuen Vektor $\underline{\Psi}$. Die Jacobi-Matrix $\underline{A}$ wird um eine negative Einheitsmatrix $\underline{E}$ in der entsprechenden Dimension erweitert. Auf der rechten Seite der Gleichung (3-25) steht der Nullvektor, ansonsten ist die mathematische Form der Nebenbedingungen unverändert. Auch das entsprechende Minimierungsproblem für den zusammengesetzten Vektor $\underline{\Psi}$ behält seine Form bei, wenn auch die Matrix $\underline{W}$ und der Vektor $\underline{w}$ erweitert werden:

$$min\,(\Delta\underline{\Psi}) \;=\; min\left(\frac{1}{2}\Delta\underline{\Psi}^{tr} * \underline{W}^* * \Delta\underline{\Psi} + \underline{w}^{*tr} * \Delta\underline{\Psi}\right)$$

$$\text{mit:}\qquad \underline{W}^* = \left[\begin{array}{cc} \underline{W} & \underline{0} \\ \underline{0} & \overline{\underline{W}} \end{array}\right] \qquad \text{und:}\qquad \underline{w}^* = \left[\begin{array}{c} \underline{w} \\ \overline{\underline{w}} \end{array}\right]$$

$$(3\text{-}26)$$

$$
\begin{aligned}
\text{folgt:}\qquad min\,(\Delta\underline{\Psi}) \;=\; min\Big(\;&\frac{1}{2}\Delta\phi^{tr} * \underline{W} * \Delta\phi + \underline{w}^{tr} * \Delta\phi \\
+\;&\frac{1}{2}\Delta\underline{x}^{tr} * \overline{\underline{W}} * \Delta\underline{x} + \overline{\underline{w}}^{tr} * \Delta\underline{x} \;\Big) \\
=\; min\big(&P(\Delta\phi) + P(\Delta\underline{x})\big)
\end{aligned}
$$

Bei der Wahl der hinzugefügten Elemente $\underline{W}$ und $\underline{w}$ besteht nur die Einschränkung, daß die positive Definitheit der Matrix $\underline{W}^*$ erhalten bleiben muß. Da durch die Umformung der Nebenbedingungen keine konkreten Inkremente mehr vorgegeben werden, muß die Steuerung der Bewegungen über eben diese Elemente $\underline{W}$ und $\underline{w}$ erfolgen. Die durch Zusammenfassen etwas vereinfachte Form der Lösung, zeigt bereits, wie sich die Erweiterungen auswirken:

$$\Delta\Psi \;=\; \underline{W}^{*-1} * \underline{A}^{*tr} * (\,\underline{A}^* * \underline{W}^{*-1} * \underline{A}^{*tr}\,) * \underline{A}^* * \underline{W}^{*-1} * \underline{w}^* - \underline{W}^{*-1} * \underline{w}^* \qquad (3\text{-}27)$$

In der Matrix $\underline{W}^*$ sind gemäß obiger Vereinbarung drei neue Felder entstanden. Durch die Felder rechts oben und links unten in der Matrix $\underline{W}^*$ entstehen Terme mit gemischten Produkten aus $\Delta\phi$-Koordinaten und $\Delta\underline{x}$-Koordinaten, die hinsichtlich der Problemstellung keine interpretierbare Aussage machen, die positive Definitheit der Matrix $\underline{W}^*$ jedoch gefährden, während das Feld rechts unten eine quadratische Form in $\Delta\underline{x}$-Koordinaten repräsentiert, das wiederum aufgrund der Forderungen nach positiver Definitheit nur ein Ellipsoid darstellen kann. Setzt man die Felder rechts oben und links unten gleich Null, ergibt sich weiter die Möglichkeit, das Minimierungsproblem als Summe zweier gleichartiger Terme zu formulieren, was die Interpretation erleichtert und einen anderen Zugang zu diesem Ansatz ermöglicht.

Betrachtet man die ursprüngliche Formulierung, so kann das Kostenfunktional als Potentialfunktion im $\Delta\phi$-Raum mit ellipsoidförmigen Äquipotentialflächen interpretiert werden. Die Nebenbedingung wird dabei durch einen weiteren Raum im selben Raum repräsentiert. Diese Betrachtungsweise gilt entsprechend für das erweiterte Problem im $\Delta\Psi$-Raum. Die beiden Summanden sind aber auch separat in ihren entsprechenden Räumen vorstellbar. Dann ist die Nebenbedingung als Kopplung der beiden Vektoren $\Delta\phi$ und $\Delta\underline{x}$ zu verstehen, d. h. für einen vorgegebenen Vektor $\Delta\underline{x}$ gelangt man zur ursprünglichen Problemstellung. Für einen vorgegebenen Vektor $\Delta\phi$ liegt $\Delta\underline{x}$ fest. Die Lösung stellt damit also einen Kompromiß zwischen den beiden Einzelproblemen unter Berücksichtigung von deren Kopplung dar.

Durch die dargestellte Umformung der Nebenbedingung entfällt die Möglichkeit, für den Vektor $\Delta\underline{x}$ exakte Zielwerte vorzugeben und den Vektor $\Delta\phi$ entsprechend anzupassen. Dafür sind einige neue Elemente in der Zielfunktion hinzugekommen, die analog der in Kapitel 3.1 beschriebenen Vorgehensweise die bisher vorgegebenen Koordinaten, d. h. anschaulich z. B. die Ortskoordinaten des zu bewegenden Gelenkpunktes, in ein Optimierungsproblem einbinden, das genau wie in Kapitel 3.1 dargestellt, behandelt und gedeutet werden kann. Durch geeignete Wahl der neuen Elemente $\underline{W}$ und $\underline{w}$ läßt sich im Raum der bisher als abhängig bezeichneten Variablen $\Delta\underline{x}$ ein Potentialfeld mit ellipsoidförmigen Potentialflächen um einen gewählten Zielpunkt definieren (Bild 3.2-1). Durch die Gewichtung der beiden Summanden in Gleichung (3-26) kann nun dem Bewegungsziel "Erreiche Zielpunkt" nicht mehr nur absolute Priorität, sondern ein beliebiges Gewicht innerhalb des Optimierungsproblems zugeordnet werden. Das Erreichen des Zielpunktes ist dann nicht mehr Forderung, sondern nur noch Bewertungskriterium. Werden diesem Algorithmus über den Umweg der beschriebenen Potentialfunktion dieselben Bewegungsinkremente wie dem zuvor in Kapitel 3.1 beschriebenen Algorithmus, nämlich längs einer Geraden zwischen Anfangs- und Endpunkt der Bewegung vorgegeben, und wird das neu hinzugekommene Kriterium in großer Entfernung vom eigentlichen Zielpunkt sehr schwach gewichtet, bei Annäherung an diesen jedoch immer stärker, so bedeutet dies, daß der Algorithmus unter primärer Berücksichtigung der Bewegungsraumgrenzen und der restlichen implementierten Bewegungscharakteristiken eine Bewegungsbahn frei berechnet und im Extremfall erst am Ende der Bewegung auf den Zielpunkt einschwenkt.

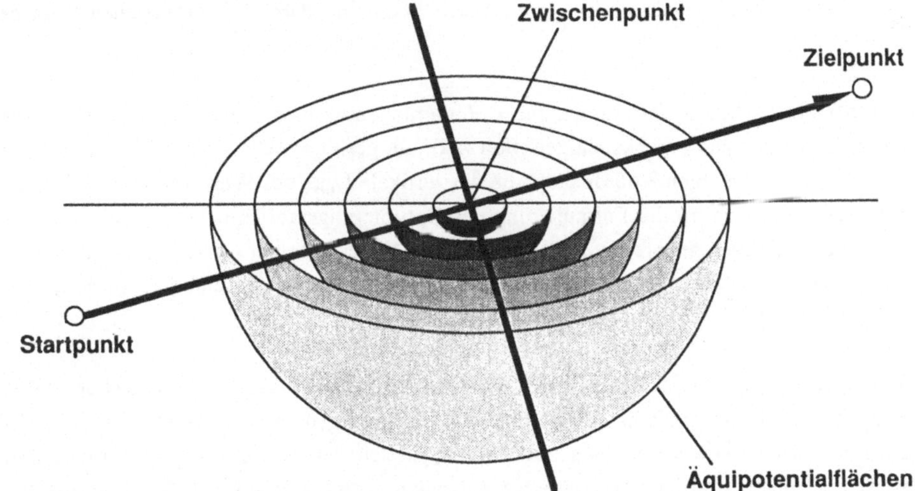

<u>Bild 3.2-1:</u>   Potentialfeld mit ellipsoidförmigen Potentialflächen um einen gewählten Zwischenpunkt

Die im vorliegenden Kapitel dargestellte Erweiterung des Lösungsansatzes zur Integration einer globalen Bewegungsstrategie (Bahnplanung) in das Optimierungsproblem weist wesentliche Verbesserungen gegenüber dem einfachen lokalen Lösungsansatz auf. Der erweiterte Lösungsalgorithmus reagiert zum Beispiel wesentlich fehlertoleranter auf Versuche, anatomisch unmögliche Bewegungen über die Bewegungsraumgrenzen hinweg zu realisieren. Fällt bei Verwendung des lokalen Lösungsansatzes die Überprüfung eines berechneten Bewegungsinkrements, die aufgrund der vorgenommenen Linearisierungen grundsätzlich erforderlich ist, negativ aus, weil dies zu einer Bewegung außerhalb der Bewegungsraumgrenzen führt, kann die Fortsetzung der Bewegungssimulation nur auf unbefriedigende Weise erzwungen werden. Dazu wird ein "Greifraumgrenzenalgorithmus" erforderlich, der das vom Optimierungsalgorithmus berechnete Bewegungsinkrement solange modifiziert, bis keine Verletzung der Bewegungsraumgrenzen mehr gegeben ist, wobei die ursprüngliche Richtung des Bewegungsinkrements soweit wie möglich erhalten bleibt.

Dieses Problem läßt sich mit dem erweiterten Lösungsansatz durch eine geeignete Beeinflussung der Gewichte $\underline{W}^*$ und $\underline{w}^*$ lösen. Damit wird erreicht, daß $\Delta\phi$ und $\Delta\underline{x}$ so berechnet werden, daß die lokal bestmögliche Annäherung an einen Zielpunkt außerhalb der Bewegungsraumgrenzen gefunden wird. Das heißt, der Lösungsalgorithmus konvergiert in dem dem Ziel am nächsten liegenden, erreichbaren Punkt mit dem kleinstmöglichen Wert der Kostenfunktion.

Darüber hinaus lassen sich zusätzliche Anforderungen an eine Bewegung mit dem erweiterten Lösungsansatz berücksichtigen. Soll z. B. ein gefülltes Wasserglas transportiert werden, sind nur diejenigen Koordinaten, die die vertikale Lage des Wasserglases beeinflussen bzw. repräsentieren, in die Formulierung des Optimierungsproblems aufzunehmen. Die zu diesen Koordinaten gehörende Zielfunktion oder Nebenbedingung wird dazu ähnlich wie bei der Berücksichtigung der Bewegungsraumgrenzen so gestaltet, daß eine zu große Neigung des Wasserglases verhindert wird.

Zusammenfassend läßt sich der Schritt von Gleichung (3-3) und (3-4) zu Gleichung (3-25) und (3-26) als wesentliche Flexibilisierung der Vorgehensweise verstehen. Während zunächst in der Nebenbedingung nur Abhängigkeiten der $\Delta\underline{x}$ von den $\Delta\underline{\phi}$ berücksichtigt werden konnten, sind jetzt beliebige Nebenbedingungen der Form $F(\Delta\underline{\Psi}) = 0$ realisierbar, sofern diese linear in den Elementen des zusammengesetzten Vektors $\Delta\underline{\Psi}$ sind. Weiterhin ist die Gestaltung der Zielfunktion nicht mehr an Funktionen gebunden, die allein von $\underline{\phi}$ (bzw. $\underline{\Psi}$) abhängen. Alle beteiligten Variablen können mit einbezogen werden, solange es möglich ist, die gewünschten Bestandteile der Zielfunktion auf die beschriebene Form zu bringen. Diese hinzugewonnene Freiheit wird genutzt, um die mit dem Modell synthetisierten Bewegungsabläufe noch besser mit den beobachteten Bewegungen des Probandenkollektivs in Einklang zu bringen.

3.3 Manuelle Steuerungen von Hand-Arm-Bewegungen

Entsprechend der Definition geführter Bewegungen wird bei der Anwendung lokaler Bewegungsstrategien die Bewegungsbahn des Endpunktes der kinematischen Kette des Hand-Arm-Systems, der Greifpunkt der Hand, als gegeben vorausgesetzt. Neben der geometrischen und kinematischen Festlegung dieser Bewegungsbahnen bzw. ihrer Ermittlung mit globalen Bahnplanungsstrategien besteht zusätzlich die Möglichkeit, die Bewegungsinkremente $\Delta\underline{p} = (\Delta x, \Delta y, \Delta z)$ für einen beliebigen Punkt der kinematischen Kette vorzugeben.

Dazu wird eine sogenannte 3D-Sensorkugel /68/ eingesetzt (Bild 3.3-1). Es handelt sich dabei um einen neu entwickelten Kraft-Momenten-Sensorgriff, mit dem sechs Freiheitsgrade (drei translatorische und drei rotatorische) simultan und unabhängig voneinander gesteuert werden können (siehe Anhang F). Dieses Eingabegerät ist universell einsetzbar und komfortabel in der Bedienung. Die Steuerung geführter Bewegungen des Hand-Arm-Systems erfordert jedoch zusätzliche Maßnahmen zur Schnittstellengestaltung, um eine benutzerfreundliche und einfach zu handhabende Interaktion zu erzielen.

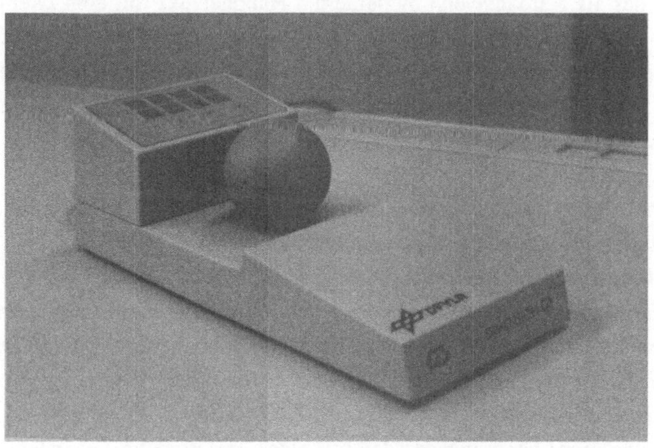

Bild 3.3-1:   3D-Sensorkugel zur manuellen interaktiven Steuerung von
                     Hand-Arm-Bewegungen des Modells

Versuche mit verschiedenen Testversionen einer solchen Software-Schnittstelle ergaben, daß eine Entkopplung der Rotationen der Hand im Handgelenk und des Unterarms von den Bewegungen des restlichen Arms bei der interaktiven Steuerung der Modellbewegungen die Identifikation des Bedieners mit dem Modell und damit auch das Ziel einer benutzerfreundlichen Steuerung mehr unterstützt als eine gekoppelte Steuerung. Bei der entkoppelten Steuerung werden die mit der Sensorkugel erzeugten Translationsinkremente als vorgegebene Positionsänderungen des Handgelenkmittelpunktes interpretiert. Die Orientierung der proximalen Seite des Handgelenks bleibt dabei vorerst unbestimmt.

Diese Translationsinkremente werden im Inertialsystem der "Graphik-Welt" des Simulationssystems GRIBS interpretiert. Damit ruft eine bestimmte Betätigung der Sensorkugel stets dieselbe Bewegungsrichtung im Raum hervor, unabhängig von der momentanen Armstellung. Die Zuordnung der Steuerachsen der Sensorkugel zu den Achsen des Inertialsystems der Graphik-Welt wurde so gewählt, daß die erzeugten Bewegungsrichtungen relativ zum Gesamtkörpermodell in der Graphik mit den Steuerbewegungen des Benutzers relativ zum eigenen Körper übereinstimmen. Drückt der Benutzer z. B. die Sensorkugel von sich weg, so bewegt sich auch der Arm des Modells nach vorne vom Körper weg usw.. Diese Übereinstimmung vom "körpereigenen" Bezugssystem des Benutzers mit dem des Modells begünstigt ebenfalls die Identifikation des Benutzers mit der in der Graphik-Welt dargestellten Szene.

Die Bewegungen des als Kardangelenk modellierten Handgelenks mit dem Drehgelenk im Schwerpunkt des Unterarms und damit die Orientierung der Hand im Raum werden direkt über die drei rotatorischen Freiheitsgrade der Sensorkugel gesteuert. Die Rotationsinkremente werden im lokalen Koordinatensystem der Hand des Modells interpretiert, so daß die Drehungen der Hand des Benutzers mit denen des Modells übereinstimmen.

Wichtig für die interaktive Bewegungssteuerung ist die quantitative Umsetzung der mit der Sensorkugel erzeugten Steuersignale in Bewegungsinkremente. Der Wertebereich der Steuersignale umfaßt für alle sechs Freiheitsgrade die ganzen Zahlen von -128 bis +127. Für die entsprechenden Bewegungsinkremente wurde der Maximalbetrag auf 200 mm bei den Translationsinkrementen und auf 45° bei den Rotationsinkrementen festgelegt. Die Signalwerte der Sensorkugel werden allerdings nicht linear, sondern mit Hilfe progressiver Kennlinien in die Bewegungsinkremente umgesetzt (Bild 3.3-2). Diese Kennlinien ergeben sich aus der Überlagerung einer Ursprungsgeraden mit einer im Ursprung liegenden Parabel 4. Ordnung. Ihre mathematische Darstellung lautet:

$$y \; = \; \left(\frac{x}{a}\right)^{4} * b + c * |x| \tag{3-28}$$

Hierin steht x für die Werte der Kugelsignale und y für die daraus resultierenden Werte der Bewegungsinkremente. Die Parameter a, b und c sind jeweils so definiert, daß die oben genannten Randbedingungen erfüllt werden.

Die progressive Umsetzung der Kugelsignale bietet gegenüber einer linearen Interpretation verschiedene Vorteile. Durch den steilen Anstieg der Kennlinien und der damit erzeugten Bewegungsgeschwindigkeit für große Beträge der Steuersignale muß der Benutzer die Kugel in diesem Bereich relativ vorsichtig betätigen. Dies schont zum einen die Mechanik der Sensorkugel, zum anderen wird ein großer Geschwindigkeitsbereich abgedeckt, wobei niedrige Geschwindigkeiten sehr fein geregelt werden können. Somit sind sowohl feinmotorische als auch schnelle großräumige Bewegungen mit der Sensorkugel einfach und genau zu steuern.

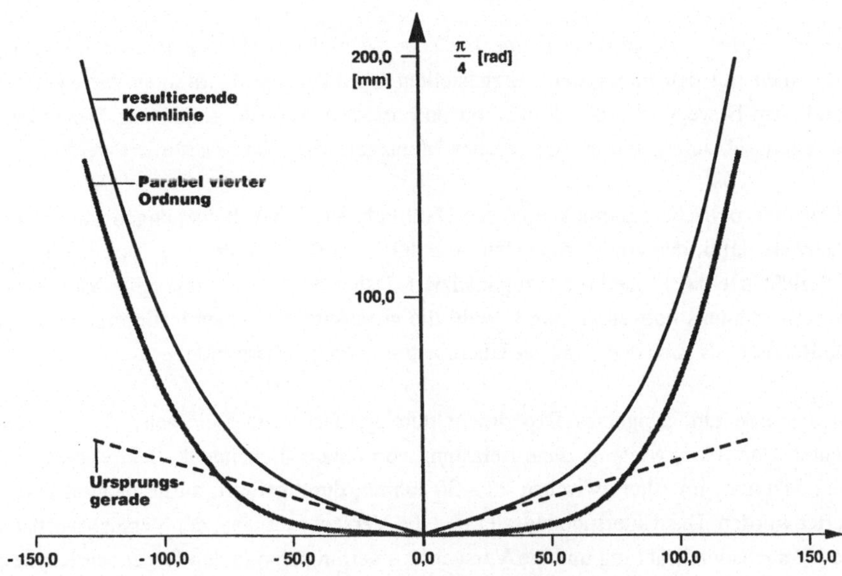

Bild 3.3-2: Progressive Kennlinien zur Umsetzung der Signalwerte der 3D-Sensorkugel in Bewegungsinkremente

4 Validierung des Simulationsmodells

Das in Kapitel 2 dargestellte biomechanische Modell des Hand-Arm-Systems ermöglicht zusammen mit den in Kapitel 3 dargestellten Optimierungsalgorithmen zur Synthese von Hand-Arm-Bewegungen die Simulation und dreidimensionale graphische Darstellung von Bewegungsabläufen, wie sie an typischen Montagearbeitsplätzen gefordert werden.

Allein der optische Eindruck von der Natürlichkeit dieser Bewegungen ist jedoch kein Nachweis dafür, daß ein Mensch sich tatsächlich im Rahmen der zugelassenen Streuungen so verhält wie das Modell dies prognostiziert. Daher ist die experimentelle Validierung des Modellverhaltens notwendig, um sowohl die grundsätzliche Übereinstimmung von Modell und Realität, als auch den Grad der Übereinstimmung zu überprüfen.

Dazu wurde ein geeignetes Experiment durchgeführt, wobei einfache Bewegungen des rechten Hand-Arm-Systems ohne Belastung von einem Probandenkollektiv, bestehend aus zehn Männern im Alter zwischen 20 - 30 Jahren, durchgeführt, aufgezeichnet und ausgewertet wurden. Das Untersuchungsziel und die Versuchsaufgabe, der Versuchsaufbau sowie die Versuchsdurchführung und die Versuchsauswertung sind in den folgenden Kapiteln dargestellt.

4.1 Untersuchungsziel und Versuchsaufgabe

Ziel der Experimente war es, durch die Messung der Bewegungsbahnen der Gelenke und des Greifpunkts des Hand-Arm-Systems während der Ausführung von für manuelle Montagearbeitsplätze typischen repetitiven Hand-Arm-Bewegungen die folgenden Thesen zu untermauern:

a) Ein einzelner Proband produziert bei wiederholter Ausführung von ein und derselben Bewegung keine unzulässig großen Streuungen (die Festlegung eines geeigneten Streuungsmaßes findet sich in Anhang H).

b) Bei der Untersuchung vieler Probanden konvergieren deren einzelne Mittelwerte gegen einen globalen Mittelwert.

c) Die entwickelten Optimierungsalgorithmen sind zusammen mit dem entwickelten biomechanischen Modell in der Lage, zumindest qualitativ das gleiche Bewegungsverhalten, das die Probanden während der Experimente zeigen, zu produzieren.

d)   Auf der Basis der durchgeführten Experimente kann eine Optimierung und Feinab-
     stimmung der Modellparameter vorgenommen werden, die im Bereich der experi-
     mentell untersuchten Bewegungen eine hinreichende Genauigkeit bei deren Repro-
     duktion durch das Modell liefert.

Wissenschaftlich beweisen lassen sich diese vier Thesen mit den durchgeführten Experimenten nicht. Positive Ergebnisse lassen bei einem Probandenkollektiv von 10 Probanden
lediglich den Schluß zu, daß die getroffenen Annahmen vernünftig sind. Sie weisen also auf
die Brauchbarkeit des zugrundeliegenden Modells hin. Um einigermaßen qualitativ abge-
sicherte Ergebnisse zu erhalten ist ein Probandenkollektiv von mindestens 40 bis 50 Probanden erforderlich. Der damit verbundene, auch finanzielle Aufwand bei der Versuchsdurchführung konnte im Rahmen der vorliegenden Arbeit nicht erbracht werden.

Weiterhin verlangt die umfassende Validierung des entwickelten Modells, vor allem dessen
vollständige Feinabstimmung sehr weitreichende Untersuchungen des Probandenverhaltens
und vor allem die Identifizierung aller möglichen Einflußgrößen und deren Bedeutung. Der
Untersuchungsbereich wurde daher entsprechend eingeschränkt.

Eine Übersicht über die potentiellen Einflußgrößen auf das Bewegungsverhalten ist in Bild
4.1-1 dargestellt. In der rechten Spalte ist jeweils angegeben, inwieweit die durchgeführten
Experimente den Einfluß der betreffenden Größen nachweisen können.

Potentielle Einflußgröße auf das Bewegungsverhalten des Hand-Arm-Systems	Hinweis auf die Bedeutung der Einflußgröße durch die Experimente
Geschlecht	keine Aussage
Perzentil	keine Aussage
Alter	keine Aussage
rechter/linker Arm	keine Aussage
Bewegungsrichtung distal/proximal	möglich
Oberkörper frei beweglich/fixiert	keine Aussage
Greifarten der Hand	keine Aussage
Greifpunkt liegt hoch/niedrig	möglich
Greifpunkt liegt nah/fern	keine Aussage
Unterarm frei/aufgestützt	keine Aussage
Bewegungsausführung schnell/langsam	keine Aussage

<u>Bild 4.1-1:</u> Potentielle Einflußgrößen auf das Bewegungsverhalten des Hand-Arm-Systems und Hinweis auf deren Bedeutung

Zum Experiment waren nur Rechtshänder zugelassen. Die hohe Zahl der für eine brauchbare Aussage notwendigen Experimente (1600, ergibt sich mit 10 Probanden mit je 8 unterschiedlichen Bewegungen, hin und zurück bei je 10 Wiederholungen) ließ es nicht zu, auch das Bewegungsverhalten des linken Hand-Arm-Systems zu untersuchen. Aus den gleichen Gründen blieben Variationen in der Ausführungsgeschwindigkeit der Bewegungen, Einflüsse durch aufgestützten Unterarm, durch transportierte Gewichte (Belastung), Einflüsse aufgrund unterschiedlicher Greifarten (Zufassungsgriffe) sowie des Alters, des Perzentils und des Geschlechts der Probanden unberücksichtigt. Diese Fragen lassen sich jedoch auf ähnliche Weise in weiteren Experimenten klären. Teilweise wurden entsprechende Erkenntnisse im Rahmen von Untersuchungen zweidimensionaler Bewegungen bereits gewonnen (siehe Kapitel 1.3). Da das zugrundegelegte Modell des Hand-Arm-Systems den Bereich der Rumpfbewegungen nicht abdeckt, wurden nur Bewegungen untersucht, die eine Oberkörperbewegung ausschließen.

Einflüsse auf die Form der Bewegungsbahnen, die durch die Experimente bestätigt oder widerlegt werden können, sind zum einen die Lage der Zielpunkte einer Bewegung (hoch/tief) und zum anderen die Bewegungsrichtung (vom Körper weg/zum Körper hin und tangential am Körper entlang).

Aufgabe der Probanden war es, über einen Zeitraum von etwa 30 Minuten typische, an Montagearbeitsplätzen häufig vorkommende, repetitive Hand-Arm Bewegungen auszuführen. Die Probanden bewegten dafür ihren rechten Arm gemäß Bild 4.1-2 sukzessive von einer durch eine Leuchtdiode identifizierten Kugel zur nächsten. Die Positionen der Kugeln und die Richtungen der Hand-Arm-Bewegungen wurden dabei so gewählt, daß sie über den Ablauf typischer Montagebewegungen (in radialer Richtung vom Körper weg und zum Körper hin) hinaus möglichst viele verschiedene Bewegungsrichtungen im Raum beinhalteten.

Die Reihenfolge der zu greifenden Kugeln war:

VLV-HLO-VRV-HRO-VLV-HLU-VRV-HRU-VLV-HRO-VRV-HLU-VLV-HRU-VRV-HLO-VLV.

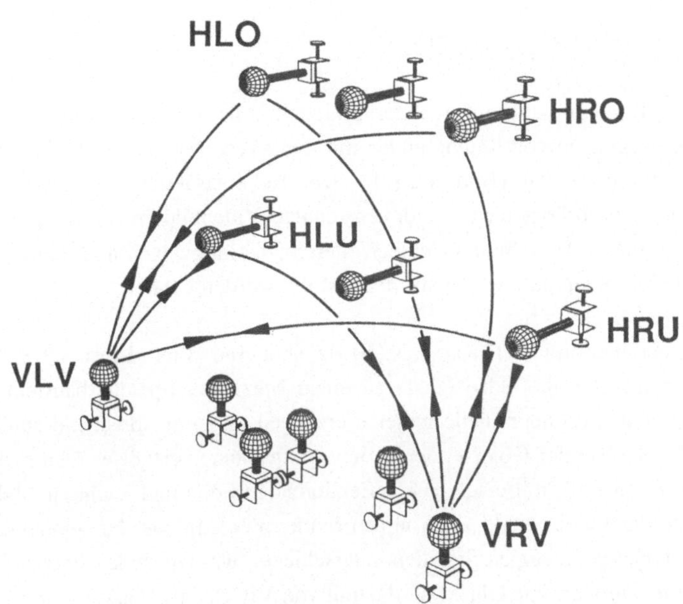

Bild 4.1-2:   Bewegungsablauf während der Experimente
(H = hinten, V = vorne, L = links, R = rechts,
O = oben, U = unten)

Die definierte Bewegungssequenz wurde von jedem Probanden zehnmal ausgeführt.

Die Probanden wurden vor Versuchsbeginn aufgefordert, die Bewegungen mit einer Geschwindigkeit durchzuführen, die eine ganztägige Ausführung der Versuchsaufgabe erlauben würde. Die Orientierung der Hand, mit der die Kugeln gegriffen werden, wurde freigestellt. Weitere Instruktionen erhielten die Probanden nicht.

4.2 Versuchsaufbau

Das zur Aufzeichnung der dreidimensionalen Bewegungsbahnen des Hand-Arm-Systems der Probanden eingesetzte Kamerasystem VICON wird in Kapitel 4.2.1 beschrieben.

Kapitel 4.2.2 beschreibt den mechanischen und elektrischen Aufbau und die Funktionsweise des Bewegungsmeßstandes.

4.2.1 Bewegungsmeßeinrichtung VICON

VICON ist ein Kamerasystem mit rechnergestütztem Auswerteprogramm, mit dem dreidimensionale Bewegungen von Raumpunkten mit mehreren Videokameras gleichzeitig zweidimensional erfaßt werden (Bild 4.2.1-1). Die Rekonstruktion der dreidimensionalen Trajektorie aus den vorliegenden zweidimensionalen Videobildern erfolgt automatisch. Es handelt sich bei diesen Verfahren um eine Weiterentwicklung der Motographie, wobei praktisch beliebig viele Raumpunkte gleichzeitig verfolgt werden können.

VICON zeichnet über drei CCD Kameras (50 Hz, shuttered, 8 mm Linse, f/1.8) zweidimensionale Bilder auf, die als Videosignale an einen speziellen Speicherbaustein (Etherbox) übertragen werden. Besonders helle Objekte erzeugen dabei entsprechend starke Videosignale. Durch Bekleben der Objekte, deren Bewegungsbahnen erfaßt werden sollen (im folgenden Marker genannt), mit einer stark reflektierenden Folie und leichtem Abdunkeln des Labors können die Videosignale, die von den Markern erzeugt werden, eindeutig von allen durch andere Objekte erzeugten Signalen unterschieden werden. Jedes stark reflektierende, sich bewegende, kreisförmige Objekt wird damit von VICON als Marker identifiziert.

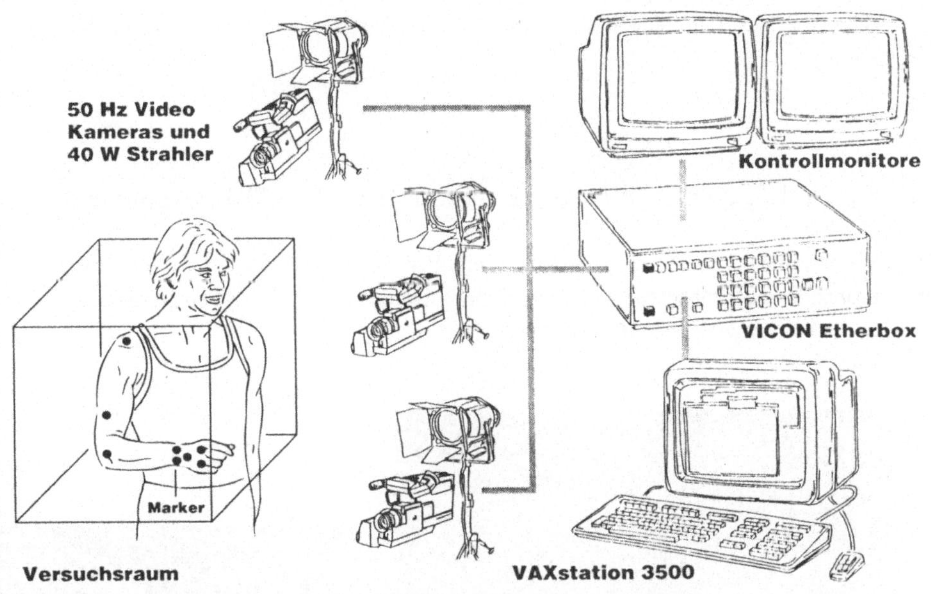

Bild 4.2.1-1:   Die Bewegungsmeßeinrichtung VICON

Vor jedem Ersteinsatz des Systems wird eine Linearisierung der Kameras und vor jedem weiteren Einsatz wird eine Kalibrierung des Experimentalaufbaus durchgeführt. Die Linearisierung dient dem Ausgleich von Linsenfehlern bei einer bestimmten Brennweite. Bei der Kalibrierung werden alle Kameras in die richtige Position zum Experimentalaufbau gebracht. Marker mit bekannten absoluten Positionen (bezogen auf das Inertialsystem des Experimentalaufbaus) werden von den Kameras erfaßt und vom System zur Vermessung des von diesen Markern begrenzten Versuchsraumes herangezogen.

Start und Ende der Aufzeichnung von Bewegungen werden manuell über ein Terminal ausgelöst. Die während dieser Zeit gewonnenen "Rohdaten" (zweidimensionale Bilder in Form von Videosignalen) werden von der Etherbox gespeichert und nach Abschluß der Aufzeichnungsphase automatisch auf den angeschlossenen Rechner (VAXstation 3500, Digital Equipment Corporation (DEC)) übertragen. Dort werden mit Hilfe des Programms AMASS (ADTECH Motion Analysis Software System) alle vorliegenden zweidimensionalen Informationen kombiniert und wiederum automatisch zu dreidimensionalen Trajektorien der Marker verknüpft. Nachdem jeder vom System erkannte Marker vom Benutzer manuell identifiziert wurde, können die Ergebnisse, die Trajektorien der einzelnen Marker, am Bildschirm graphisch dargestellt oder in Form von Ortsvektoren mit dem Rechner weiterverarbeitet werden (siehe Anhang H).

Eine detaillierte Beschreibung des VICON Systems ist in /110/ zu finden. Eine Abschätzung des Fehlers bei der räumlichen Messung von Bewegungsbahnen wird in Kapitel 4.4.3 durchgeführt.

4.2.2 Konstruktion und Funktionsprinzip des Experimentalaufbaus "Bewegungsmeßstand"

Ziel der Experimente ist es, das Bewegungsverhalten im Hand-Arm-System bei verschiedenen Probanden zu beobachten und sowohl untereinander als auch mit den synthetisierten Bewegungen des entwickelten Modells zu vergleichen.

Bild 4.2.2-1:   Experimentalaufbau mit der Bewegungsmeßeinrichtung VICON

Zur Beobachtung und Aufzeichnung der Hand-Arm-Bewegungen wird die in Kapitel 4.2.1 beschriebene Bewegungsmeßeinrichtung /110/ eingesetzt. Zur Aufnahme und Fixierung der Probanden sowie zur Steuerung der Experimente wurde ein spezieller Arbeitstisch konstruiert und gebaut (Bild 4.2.2-1), der die Beobachtung typischer Montagebewegungen erlaubt. Die integrierte Sensorik erlaubt die Kommunikation sowohl zwischen dem Einplatinencomputer und dem Arbeitstisch als auch zwischen dem Einplatinencomputer und den Videokameras.

Der Experimentalaufbau setzt sich gemäß Bild 4.2.2-2 aus vier Hauptkomponenten zusammen:

o   mechanisch/elektrischer Arbeitstisch,

o   Steuerrechner,

o   VICON Bewegungsmeßeinrichtung und

o   Einplatinencomputer für die Kommunikation zwischen Arbeitstisch (Elektronik) und Kamerasystem.

Der mechanische Teil des Arbeitstisches wurde aus Standard Aluminiumprofilen und Verbindungselementen zusammengebaut. Er besteht gemäß Bild 4.2.2-3 im wesentlichen aus den Komponenten:

o   Arbeitstischgrundgestell (1),

o   fixierbarer Stuhl und Stuhlträger (2),

o   integrierte höhenverstellbare Fußauflage (3),

o   horizontal verschieblicher Tischaufbau (4),

o   vertikal verschieblichen Schienen (5),

o   horizontal verschieblichen Schienen (6) und

o   verschieblichen Kugelträgern mit Greifkugeln (7).

Im Arbeitstischgrundgestell wurde der Stuhlträger integriert, der ausschließlich eine Bewegung des Stuhls in y-Richtung erlaubt. Damit läßt sich der Abstand der Schulter der Probanden von der Tischvorderkante exakt einstellen. Der über Feststellschrauben fixierbare Stuhl ist durch Einlegebretter von 10 mm Dicke in der Höhe verstellbar, um die Position der Schultergelenke über der Arbeitsfläche einzustellen. Ein Gurt um die Brust des Probanden verhindert, daß die Schulter bei der Ausführung der Bewegungsabläufe mitbewegt wird.

Die richtigen Positionen der Greifkugeln, die über ein Berechnungsprogramm ermittelt werden (siehe Anhang D), lassen sich mit Hilfe von auf dem Arbeitstischgrundgestell aufgebrachten Maßleisten und den frei verschieblichen Elementen "horizontal verschieblicher Tischaufbau" (y-Richtung), "vertikal verschiebliche Schienen" (z-Richtung), "horizontal verschiebliche Schienen" (y-Richtung) und "verschiebliche Kugelträger" (x-Richtung) exakt einstellen. Alle beweglichen Komponenten werden über Schienen in den Profilen geführt und lassen sich durch Feststellschrauben an jeder gewünschten Position arretieren.

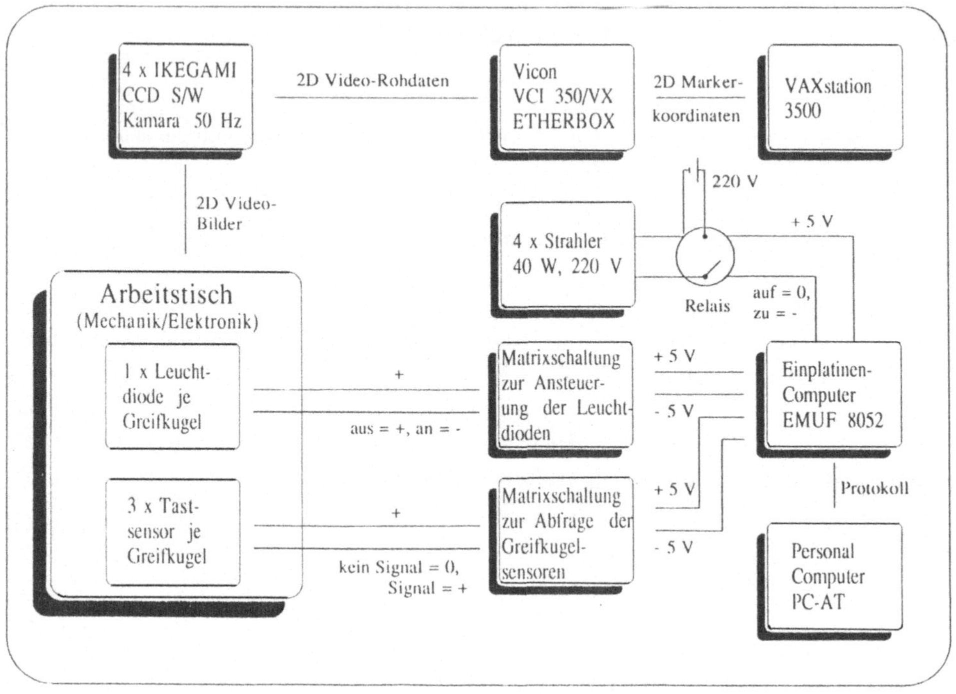

<u>Bild 4.2.2-2:</u>   Schematische Darstellung der Funktion des Experimentalaufbaus

Der elektronische Teil des Arbeitstisches ist in den Greifkugeln integriert. Jede dieser Kugeln enthält gemäß Bild 4.2.2-4 vier Bohrungen, die mit einer Leuchtdiode und drei Tastsensoren bestückt sind.

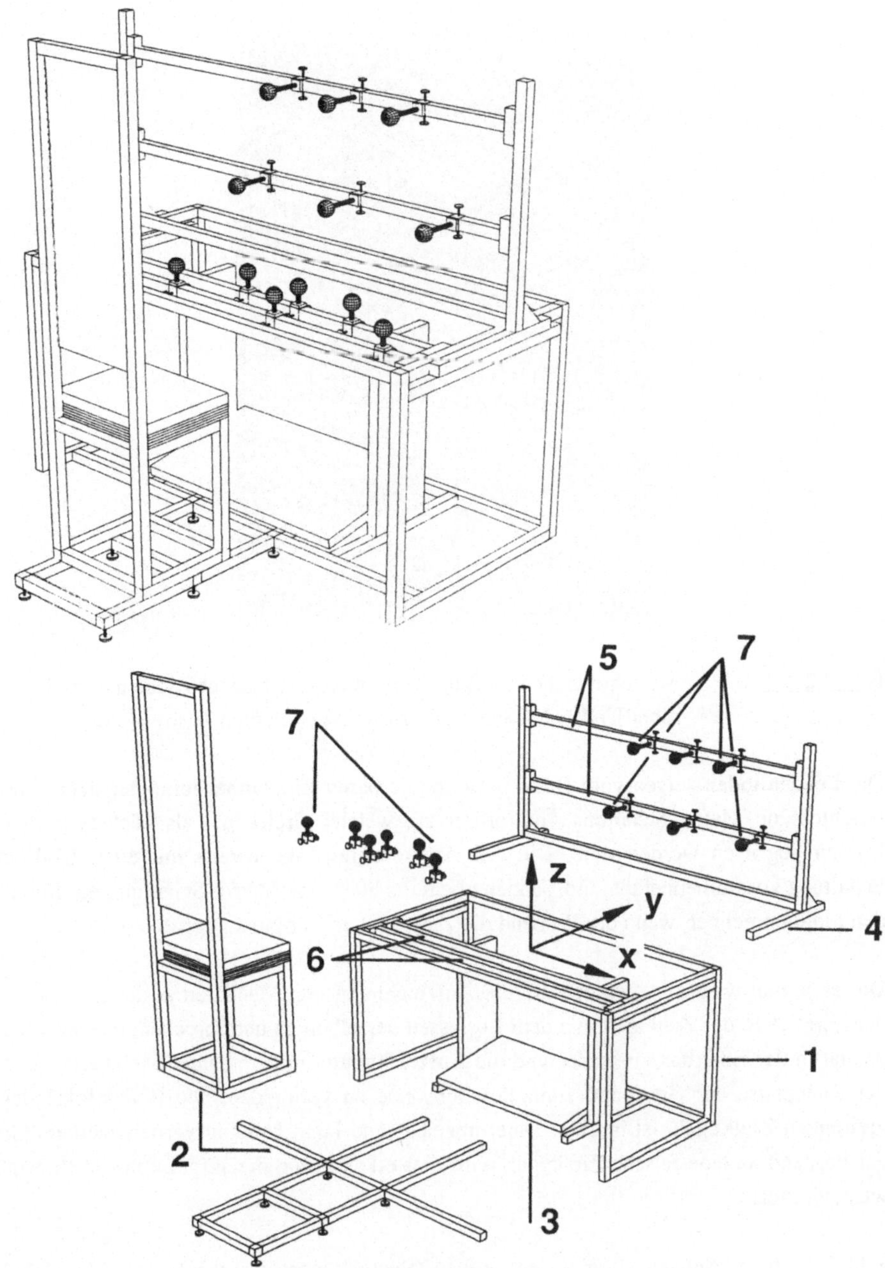

<u>Bild 4.2.2-3:</u>　　　Mechanischer Teil des Experimentalaufbaus

<u>Bild 4.2.2-4:</u>   Verschiebliche Greifkugel mit integrierter Leuchtdiode und drei in einer Und-Oder-Schaltung zusammengefaßten Tastsensoren

Die Leuchtdioden zeigen vom Basic-programmierbaren Einplatinencomputer über eine angeschlossene Matrix-Schaltung kontrolliert an, welche Greifkugel als nächste vom Probanden gegriffen werden muß. Die drei Tastsensoren, die jeweils mit einer Und-Oder-Schaltung zusammengefaßt sind, senden ebenfalls über eine Matrix-Schaltung ein Signal an den Platinenrechner, wenn der Proband die Zielkugel erreicht und gegriffen hat.

Dieses Signal wird u. a. genutzt, um die Aufzeichnung von Meßdaten in der Zeit zwischen dem Erreichen der Zielkugel und dem Loslassen derselben zu unterbrechen, um Speicherkapazität in der Etherbox zu sparen und die Aufzeichnung uninteressanter Meßwerte während der Ruhephase der Greifhand zumindest teilweise zu vermeiden. Die Reihenfolge der zu greifenden Zielkugeln ist in einer Datei abgelegt und kann beliebig variiert werden. Greift der Proband an eine falsche Zielkugel, wird dies erkannt und die aufgezeichnete Bewegung wird ignoriert.

Bild G-1a-b im Anhang G zeigt den Aufbau (Bestückungsseite) der beiden Matrix-Schaltungen. Eine Erläuterung der Funktionsweise des Einplatinencomputers findet sich in /106/.

Nach Ende der Experimente werden die von den Videokameras der Bewegungsmeßeinrichtung VICON aufgezeichneten und in der Etherbox gespeicherten rohen 2D-Videosignale auf den angeschlossenen Rechner geladen, wo diese zu 3D-Markerkoordinaten umgerechnet werden. Diese 3D-Koordinaten, die im Rhythmus von 50 Hz für jeden Marker die Stützstellen seiner zurückgelegten Bewegungsbahn repräsentieren, können dort weiter ausgewertet und mit dem synthetisierten Bewegungsbahnen des Modells verglichen werden (Kapitel 4.1).

4.3 Versuchsdurchführung

Die Zusammenstellung eines hinsichtlich des Versuchsziels geeigneten Probandenkollektivs ist eine wichtige Voraussetzung für die Aussagekraft der Versuchsergebnisse. Vor der Durchführung der Versuche wurden die relevanten Körpermaße der Probanden gemessen. Demgemäß wurde der Experimentalaufbau auf deren individuelle Körpermaße eingestellt, um die Versuchsergebnisse der Probanden untereinander vergleichbar zu machen.
Das exakte Anbringen der Marker auf der Haut der Probanden spielt hinsichtlich der Genauigkeit der Versuchsergebnisse eine entscheidende Rolle. Genauso wichtig ist jedoch ein geeigneter Algorithmus, der mit möglichst geringem, vor allem aber abschätzbarem Fehler die Lage und Orientierung der Gelenke des Hand-Arm-Systems aus den gemessenen Markerpositionen berechnet (siehe Anhang E).
Bei der Durchführung der Versuchsaufgabe kommt es nicht zuletzt darauf an, reproduzierbare Ergebnisse zu erhalten, die eine möglichst eindeutige und umfassende Aussage hinsichtlich des Versuchsziels zulassen.

Auswahl der Probanden

Die Auswahl der Probanden ist eng verknüpft einmal mit der Frage nach der Verallgemeinerung der im Versuch gewonnenen Ergebnisse und zum anderen mit der Frage nach den Einflußgrößen auf das Bewegungsverhalten, über die eine Aussage getroffen werden soll.

Es ist nicht das Ziel der vorliegenden Untersuchung, eine allgemein gültige Aussage für alle in der Bundesrepublik im Arbeitsleben stehenden Menschen zu treffen und den Einfluß aller denkbaren Parameter auf das Bewegungsverhalten des Hand-Arm-Systems zu klären. Dazu sind Probandenkollektive notwendig, deren Zusammenstellung und Teilnahme am Experiment aufwendige und vor allem teure Versuchsreihen erfordern. Das Ziel war demgegenüber, grundsätzlich die Frage zu klären, ob die vorgeschlagenen Modelle geeignet sind, bestimmte Aspekte menschlicher Hand-Arm-Bewegungen abzubilden und zu reproduzieren.

Diese Frage läßt sich mit ausreichender Sicherheit mit einer kleinen Zahl von Probanden klären, wobei eine gewisse Mindestanzahl nicht unterschritten werden sollte. Eine Stichprobe von 10 Probanden wird für solche Zwecke in ähnlichen Untersuchungen stets als hinreichend betrachtet /32/, /103/, /5/, /127/. Für die Durchführung der Versuche standen männliche Studenten im Alter von 20 bis 30 Jahren zur Verfügung.

<u>Ermittlung der notwendigen Körpermaße</u>

Zur korrekten Einstellung des Experimentalaufbaus und zur Berechnung der Lage der Gelenke aus den während der Versuche gemessenen Markerpositionen wurden vor Versuchsbeginn einige Körpermaße der Probanden gemessen und den Programmen zur Auswertung der Meßergebnisse in Form von Datenfiles zur Verfügung gestellt. Es handelt sich dabei um die in Bild 4.3-1 dargestellten Maße. Die zur Messung eingesetzten Meßmittel sowie die Meßmethode sind jeweils in der zweiten Spalte angegeben. Die am Probandenkollektiv gemessenen Körpermaße sind im Anhang C zusammengestellt.

Gemessenes Körpermaß	Meßmittel	Meßmethode gemäß
Armlänge zwischen Akromium und Griffachse (Ø 60 mm)	geeichter Meßstab	eigene Definitionen
Schulterbreite zwischen den Akromien	Meßlehre	DIN 33 402, Maß Nr. 1.10
Körperhöhe	Anthropometer	DIN 33 402, Maß Nr. 1.4
Handgelenksdicke dorsal - volar (Handgelenksumfang)	Tasterzirkel	eigene Definition, gemessen an der Stelle von Maß Nr. 3.22, DIN 33 402
Handdicke	Tasterzirkel	DIN 33 402, Maß Nr. 3.17
Ellenbogenbreite	Tasterzirkel	eigene Definition

<u>Bild 4.3-1:</u> An den Probanden gemessene Körpermaße mit Meßmittel und Meßmethode

Die Meßverfahren entsprachen den Vorschriften der DIN 33 402 Teil 1 /39/ mit zwei Ausnahmen: der Armlänge und der Ellenbogenbreite. Gemessen wurde bei der Armlänge nicht wie in der Norm die Reichweite nach vorne (Griffachse), also das Maß Nr. 1.1, das die gesamte Körpertiefe mit einschließt, sondern der Abstand zwischen Akromium und Griffachse. Als Griffachse diente dabei ein Zylinder der Länge 200 mm mit Durchmesser 60 mm und Meßdorn auf der Zylinderachse.

Der Durchmesser 60 mm wurde gewählt, um die Analogie zwischen der gemessenen Armlänge, dem Durchmesser der im Experiment zu greifenden Kugeln (60 mm) und dem zugrundegelegten kinematischen Modell mit der entsprechend gestalteten Greifhand zu gewährleisten. Dieser Umstand wurde bei der Rückrechnung des lediglich zum Vergleich herangezogenen Perzentils aus der Armlänge berücksichtigt. Bei der Ellenbogenbreite wurde bei 90° angewinkeltem Unterarm der Abstand zwischen der lateralen und der medialen, distalen Oberarmbeinverdickung gemessen.

<u>Einstellung des Experimentalaufbaus</u>

Je nach Armlänge, Schulterbreite und Körperhöhe des Probanden wurden die zu greifenden Kugeln und die Sitzhöhe am Experimentalaufbau so eingestellt, daß alle Probanden die gleichen Bedingungen für die Ausführung der Hand-Arm-Bewegungen während des Experiments vorfinden. Das Ziel dabei war, daß verschieden große Probanden eine bestimmte Kugel mit den gleichen Winkeleinstellungen an den Gelenken greifen und damit Bewegungsbahnen direkt über die während der Bewegung gewählten Gelenkwinkel verglichen werden können.

Zu Beginn des Experiments wurden wie vorab beschrieben an jedem Probanden die Armlänge, die Schulterbreite und die Körperhöhe nach den Richtlinien der DIN 33 402 /39/ gemessen. Das für den Versuch dem Probanden für Vergleichszwecke zugeordnete Perzentil P_{AL} läßt sich aus der gemessenen Armlänge AL mit der Gleichung

$$P_{AL} = \frac{AL - 576.56 mm}{1.089 mm} \qquad (4\text{-}1)$$

berechnen, da die Armlänge im vorliegenden Experiment das entscheidende Maß darstellt. Mit der gemessenen Körperhöhe KH wird ebenfalls ein Wert P_{KH} für das Perzentil des Probanden ermittelt und die Korrelation zwischen P_{AL} und P_{KH} überprüft /59/. Die Berechnung der Greifkugelpositionen am Experimentalaufbau in Abhängigkeit der Körpermaße der Probanden findet sich im Anhang D.

Durchführung der Versuchsaufgabe

Der erste Schritt bei der Durchführung der Versuchsaufgabe ist die Linearisierung der verwendeten Kameras. Dazu wird eine 1,0 x 0,75 m große schwarze lichtundurchlässige Folie mit 450 kreisrunden Ausschnitten (Durchmesser 10 mm, Abstand jeweils 40 mm zueinander) von hinten mit einer starken Lichtquelle bestrahlt. Die zu linearisierende Kamera wird so eingerichtet, daß ein möglichst großer Bereich der Folie aufgenommen wird. Die Kamera steht dabei orthogonal zur Folie im Abstand von ca. 0,8 m. Damit ist der wahre geometrische Ort der aufgenommenen Lichtpunkte (Ausschnitte in der Folie) bekannt. Das Kamerasystem kann für jede Kameralinse die Linsenfehler berechnen und für die verschiedenen Bereiche der Linse Korrekturen festlegen, die für die weitere Arbeit mit der Kamera gespeichert werden. Bild 4.3-2 gibt einen Überblick über die Linsenfehler vor und nach der Linearisierung.

Im zweiten Schritt erfolgt die Kalibrierung der Kameras. Dieser Vorgang wird täglich vor jeder neuen Versuchsreihe wiederholt, um eventuelle Änderungen der Kamerapositionen oder sonstige Störungen auszuschließen. Zur Kalibrierung wird der Versuchsraum, in dem die Markerbewegungen während der Experimente stattfinden, durch raumfeste Marker abgegrenzt. Die Markerpositionen werden exakt vermessen und dem Kamerasystem als Parameter zur Verfügung gestellt. Aufgrund dieser Information in der Kombination mit den von den einzelnen Kameras aufgezeichneten 2D-Bildern der Kalibrierungsmarker berechnet das System die Position und Orientierung der Kameras sowie die Kalibrierungsfehler, d. h. die zu erwartende maximale Ungenauigkeit bei der Ermittlung der Positionen von bewegten Markern im Versuchsraum. Bild 4.3-3 gibt einen Überblick über die aufgetretenen Kalibrierungsfehler. Bild 4.3-4 zeigt den Versuchsaufbau mit der Kalibriereinrichtung.

Kamera	Richtung	unkorrigiert		korrigiert durch Linearisierung	
		Mittlerer Fehler [%]	Maximaler Fehler [%]	Mittlerer Fehler [%]	Maximaler Fehler [%]
1	x	0,190	0,536	0,011	0,075
	y	0,188	0,736	0,012	0,108
	gesamt	0,285	0,908	0,018	0,108
2	x	0,190	0,528	0,016	0,152
	y	0,184	1,000	0,014	0,136
	gesamt	0,295	1,128	0,025	0,152
3	x	0,200	0,544	0,018	0,152
	y	0,157	0,944	0,012	0,108
	gesamt	0,290	1,076	0,025	0,168

Bild 4.3-2:   Linsenfehler des Kamerasystems

Kamera	Maximaler Fehler	
	[mm]	[%]
1	3.37	0.33
2	2.70	0.26
3	2.51	0.24

Bild 4.3-3:   Kalibrierungsfehler des Kamerasystems

Bild 4.3-4:   Experimentalaufbau mit Kalibrierungseinrichtung

Das Anbringen der Marker auf der Haut der Probanden und die Ermittlung von Lage und Orientierung der Gelenke aus den gemessenen Markerpositionen ist in Anhang E dargestellt.

Danach kann die Aufzeichnung von Hand-Arm-Bewegungen der Probanden durchgeführt werden. Dazu werden zunächst die notwendigen Körpermaße erfaßt. Aufgrund dieser Daten werden die erforderlichen Werte für die Einstellung des Versuchsaufbaus (Sitzhöhe und Position der Greifkugeln) berechnet. Nachdem die entsprechenden Einstellungen vorgenommen wurden, nimmt der Proband auf dem Stuhl des Versuchsaufbaus Platz und fixiert seinen Oberkörper in y-Richtung über einen Haltegurt. In dieser Position werden gemäß Anhang E die Marker zur Erfassung der Bewegungsbahn des Hand-Arm-Systems auf der Haut des Probanden angebracht.

Nachdem der Abstand der Schulter von der Tischvorderkante mit Hilfe des in y-Richtung verschieblichen und fixierbaren Stuhls exakt eingestellt wurde, greift der Proband zur Ausgangskugel "VLV" und erhält seine Instruktionen (siehe Kapitel 4.1). Durch manuelle Auslösung versorgt der Steuerrechner nacheinander über den Einplatinencomputer die Leuchtdioden der nachfolgend zu greifenden Kugeln mit Spannung. Gleichzeitig wird das Kamerasystem gestartet, das alle Bewegungen der Marker erfaßt und speichert. Ist der komplette Bewegungsablauf vom Probanden ausgeführt worden, stellt der Steuerrechner die Ansteuerung der Leuchtdioden und die Auswertung der Tastsensorsignale an den Greifkugeln ein und das Kamerasystem wird manuell gestoppt. Mit dem Kopieren der aufgezeichneten 2D-Videodaten auf den an das VICON-System angeschlossenen Rechner und der Umrechnung der 2D-Daten in 3D-Markerposition beginnt bereits die Auswertung der gemessenen Daten.

4.4 Versuchsauswertung

Die mit der Bewegungsmeßeinrichtung VICON aufgezeichneten Rohdaten der Bewegungsabläufe werden zunächst mit Hilfe spezieller Auswerteprogramme aufbereitet und verdichtet (Anhang H) sowie graphisch dargestellt.

Danach werden mit Hilfe des entwickelten Modells Bewegungen unter gleichen Randbedingungen und gleichen Vorgaben synthetisiert und aufgezeichnet (Kapitel 4.4.1). Die beiden damit vorliegenden Datensätze werden dann miteinander verglichen um den Grad der Übereinstimmung zwischen Modell und Wirklichkeit zu ermitteln. Aus den so errechneten Differenzen lassen sich Hinweise zur Optimierung der Modellparameter gewinnen, mit denen eine Anpassung des Modells an die beobachteten Bewegungsabläufe durchgeführt werden kann.

Die Darstellung und Bewertung der Ergebnisse erfolgt in Kapitel 4.4.2. In Kapitel 4.4.3 schließt sich zuletzt eine Fehlerbetrachtung an.

4.4.1 Vergleich der Meßdaten mit synthetisierten Bewegungen des Modells und Ermittlung optimaler Parametersätze für das Simulationsmodell

Die Berechnung der Positionen der Greifkugeln am Experimentalaufbau aus den Körpermaßen der Probanden ist eine Voraussetzung für die Versuchsdurchführung, bei der im Zuge der Versuchsauswertung gemäß Bild H-1 die mittleren Orientierungen der Hand zu Anfang und am Ende der einzelnen Bewegungen ermittelt werden. Mit diesen Daten läßt sich das Eingangsprotokoll für die Bewegungssynthese generieren, das außer der Zielposition der Bewegung und der dabei einzunehmenden Orientierung der Hand auch Angaben zur Greifart, zum bewegten Arm und zur Arbeitsaufgabe am Zielort (Greifen oder Loslassen eins Objektes) enthält.

Die eigentliche Bewegungssynthese läuft mit diesem Protokoll als Eingangsinformation automatisch ab. Die Simulation arbeitet jede Einzelbewegung Schritt für Schritt selbständig ab. Dabei werden nach jedem Bewegungsschritt der Optimierung Position und Orientierung der Gelenke sowie die aktuellen Gelenkwinkel im Ausgangsprotokoll festgehalten.

Nach Beendigung der Bewegungssynthese erfolgt analog zu Schritt 6, gemäß Bild H-1, die Aufteilung der Bewegungsbahn im Winkelraum in äquidistante Bahnstücke, um die Vergleichbarkeit der Ergebnisse mit den gemessenen Bewegungsbahnen zu ermöglichen. Der Vergleich der mit dem Programmsystem GRIBS synthetisierten Bewegungsbahnen mit den mittleren Bewegungsbahnen der einzelnen Probanden erfolgt analog Bild H-4. Die Quadratsumme der Abstände zwischen korrespondierenden Bahnpunkten bildet auch hier das Maß für die Quantifizierung der Differenz zwischen beiden Bewegungsbahnen.

Die Gestalt der mit GRIBS erzeugten Bahnen hängt stark von der Wahl der Modellparameter ab. Modellparameter sind die Gewichtungsfaktoren in den Gleichungen aus Kapitel 3, also die Diagonalelemente der Matrizen $\underline{W}$ bzw. die Elemente der Vektoren $\underline{w}$, die jeweils mit Vorfaktoren versehen sind, so daß auf einfache Weise auch die Gewichtung der einzelnen Zielfunktionen gegeneinander möglich ist. Diese Parameter wurden zu Beginn der Vergleiche alle mit dem Wert 1 belegt. Eine manuelle Sensibilitätsanalyse erlaubt lokal, d. h an der Stelle des Startwertes die Ermittlung der Gradienten der Parameter. Jeder einzelne Parameter wird dabei unter Festhalten aller anderen Parameter variiert. Die Auswirkungen dieser Variation auf die Güte der Übereinstimmung zwischen den individuellen mittleren Bahnkurven der Probanden und den Bewegungsbahnen des mit den jeweiligen Köpermaßen eingestellten Simulationsmodells werden beurteilt. Bei positiver Entwicklung dieser Übereinstimmung wird der neu gefundene Wert für den betreffenden Parameter festgehalten. Ein analytisches Verfahren zur Sensibilitätsanalyse kommt aufgrund der Komplexität des Problems nicht in Betracht. Durch vielfaches Probieren wurde auf diese Weise eine gute Kombination der Modellparameter gefunden. Die Frage, ob es sich dabei um ein Optimum handelt, läßt sich bei dieser Methode allerdings nicht beantworten.

4.4.2 Darstellung, Bewertung und statistische Betrachtung der Ergebnisse

Ziel der vorliegenden Arbeit ist es, unter Berücksichtigung der Größe der Stichprobe, plausibel zu machen, daß die von den Probanden ausgeführten Bewegungen mit hinreichender Genauigkeit mit dem entwickelten Modell reproduziert werden können. Voraussetzung dafür ist, daß sich die folgenden Grundannahmen bei der Auswertung der Experimente bestätigen:

a) Für jeden Proband existiert bei jedem repetitiven Bewegungsablauf eine unbekannte mittlere Bahnkurve. Die im Experiment ermittelten mittleren Bewegungsbahnen konvergieren bei vielen Experimenten gegen die unbekannte mittlere Bahnkurve.

b)   Für viele Probanden konvergiert der Mittelwert der individuellen mittleren Bahnkurven für wachsende Probandenzahl gegen eine globale mittlere Bahnkurve.

c)   Die individuellen Streuungen bei den Probanden sind ähnlich.

Im Hinblick darauf wurden die Ergebnisse aus den Experimenten aufbereitet und nachfolgend entsprechend dargestellt. An dieser Stelle sei darauf hingewiesen, daß wegen numerischer Schwierigkeiten mit der VICON Software AMASS einzelne Experimente nicht ausgewertet werden konnten. Bei den Probanden 5 und 9 lagen daher nur 9 Experimente, beim Probanden 2 nur 8 Experimente vor, wie aus Bild 4.4.2-1 zu entnehmen ist.

Die in den folgenden Bildern angegebenen Abweichungen in Grad stellen jeweils den quadratischen Mittelwert der betrachteten Größe dar. Das arithmetische Mittel liegt vor allem bei vergleichsweise hohen Abweichungen deutlich unter den angegeben Werten. Die Abweichungen wurden jeweils durch Mittelwertbildung über zwei der drei Versuchsparameter:

o   Winkel im Modell des Hand-Arm-Systems (ϕ_1 bis ϕ_{10}),

o   durchgeführte Experimente (1 bis 10) und

o   ausgeführte Bewegungen (1 bis 16)

ermittelt.

Weder bei den verschiedenen Experimenten noch bei den Bewegungen gibt es ausgezeichnete Einzelelemente, so daß eine Mittelwertbildung ohne weiteres möglich und auch interpretierbar ist. Die zehn Winkel sind jedoch jeweils charakteristische Elemente, die einen Zustandsraum der Dimension $\mathbf{R}10$ aufspannen. Über die 10 Winkel gemittelte Abweichungen sind daher als mittlere Breite eines Korridors im Winkelraum $\mathbf{R}10$ zu verstehen, innerhalb dessen die dargestellten Abweichungen liegen. Ein solcher quaderförmiger Korridor im $\mathbf{R}3$ hätte bei einer Abmessung von 1 x 1 x 2 eine mittlere Breite von $B^2 = (1/3) * (1^2 + 1^2 + 2^2)$, d. h. $B \approx 1{,}41$.

Die im folgenden graphisch dargestellten Versuchsergebnisse beschreiben eine Fläche der Dimension $\mathbf{R}4$. Da die Abhängigkeit der vier Variablen voneinander nicht gleichzeitig dargestellt werden können, wurden zweidimensionale Projektionen für die Ergebnisdarstellung gewählt.

<u>zu a) Für jeden Probanden existiert eine mittlere Bahnkurve</u>

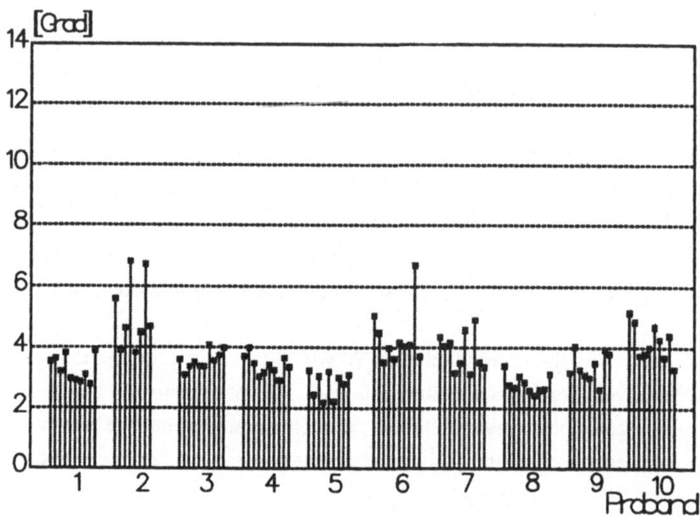

<u>Bild 4.4.2-1:</u>   Abweichungen zwischen den individuellen Mittelwerten der Probanden und den einzelnen Experimenten - gemittelt über alle 10 Winkel ϕ_1 bis ϕ_{10} und alle 16 Bewegungen - aufgetragen für die Probanden 1 bis 10 und jeweils für die Experimente 1 bis 10

Bild 4.4.2-1 zeigt, daß die über alle Bewegungen gemittelten Abweichungen der einzelnen Experimente von den individuellen Mittelwerten der Probanden bei weniger als 4 Grad liegen, mit einer Streubreite von etwa 1 Grad. Der Bereich innerhalb dessen die einzelnen Gelenkwinkel im Hand-Arm-System der Probanden schwanken, hat damit im Zustandsraum **R**10 eine mittlere Breite von etwa 7 Grad. Dieses Ergebnis spricht für die Richtigkeit der ersten o. g. Grundannahme, die besagt, daß tatsächlich für jeden Probanden eine mittlere Bahnkurve existiert.

<u>zu b) Die mittleren Bahnkurven der Probanden konvergieren gegen eine globale mittlere Bahnkurve</u>

Die Bilder 4.4.2-2 a und b zeigen, daß über alle 16 Bewegungen hinweg die Abweichungen zwischen den individuellen Mittelwerten der Probanden und den globalen Mittelwerten etwa zwischen 5 und 9 Grad schwanken. Es bestätigt sich auch hier, daß keine der einzelnen Bewegungen besonders hervortritt und auffällig große oder kleine Abweichungen aufweist.

Die Bilder 4.4.2-3a und b zeigen die selben Abweichungen in einer anderen Darstellung: für die einzelnen Probanden wurden die Abweichungen jeweils für die Bewegungen 1 bis 8 (a) und 9 bis 16 (b) aufgetragen. Die Bilder 4.4.2-3a und 3b bestätigen durch die geringe Streuung der Abweichungen innerhalb der einzelnen Probanden über alle Bewegungen hinweg die Grundannahme a), wonach für jeden Probanden eine individuelle Mittelkurve existiert.

Darüber hinaus zeigt sich, daß die Abweichungen zwischen den individuellen Mittelwerten der Probanden und den globalen Mittelwerten über die Probanden hinweg äußerst eng bei einander liegen, kein Proband also besonders nahe oder besonders weit entfernt von den globalen Mittelwerten liegt. Dies bestätigt eindeutig die Grundannahme b), wonach eine globale mittlere Bahnkurve für alle Probanden existiert und der Mittelwert der mittleren Bahnkurven der einzelnen Probanden für viele Probanden gegen die globale mittlere Bahnkurve konvergiert.

Erwartungsgemäß zeigt sich im Vergleich mit Bild 4.4.2-1, daß die individuellen Abweichungen bei den Probanden über die Experimente deutlich kleiner sind (etwa halb so groß) als deren Abweichungen gegenüber den globalen Mittelwerten.

Die Individuen zeigen demnach eine charakteristische und relativ konstante, von der Bewegung selbst (Länge der Bahn und Lage der Anfangs- und Endpunkte) unabhängige Bewegungsausführung, während diese von Proband zu Proband leicht variiert.

a)

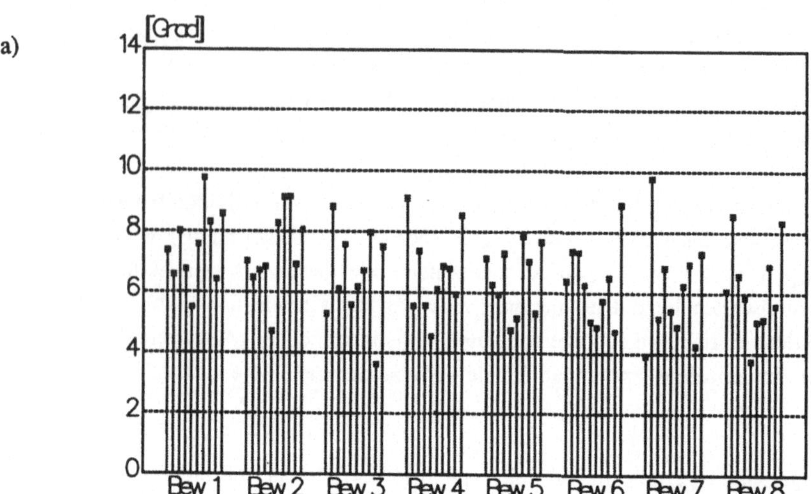

b)

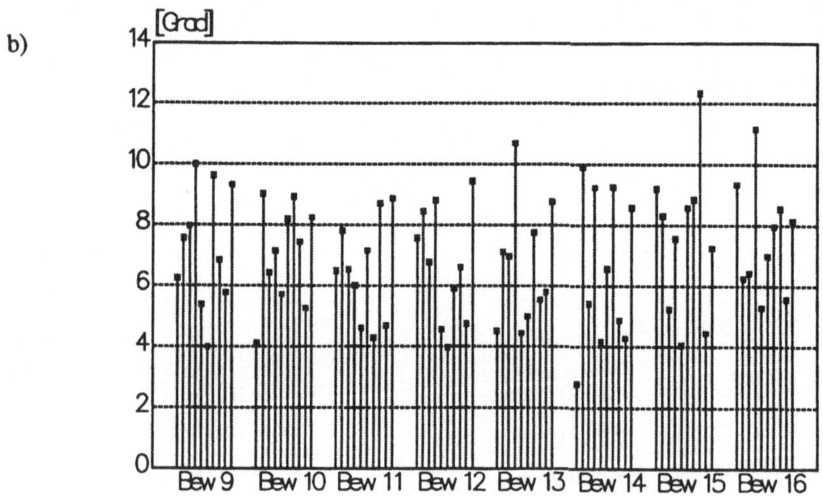

<u>Bild 4.4.2-2a-b:</u> Abweichungen zwischen den individuellen Mittelwerten der Probanden und den globalen Mittelwerten über alle Probanden - gemittelt über alle 10 Winkel ϕ_1 bis ϕ_{10} und über alle 10 Experimente - aufgetragen für die Bewegungen 1 bis 8 (a) und 9 bis 16 (b) und jeweils für die Probanden 1 bis 10

a)

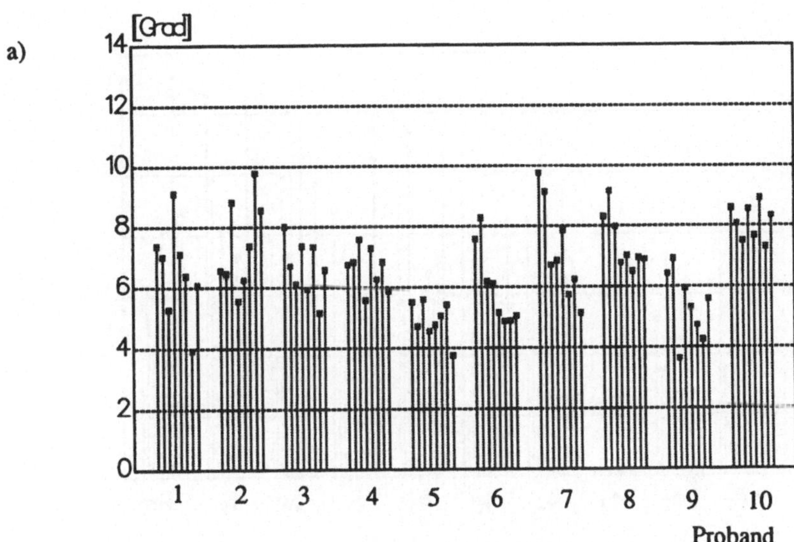

b)

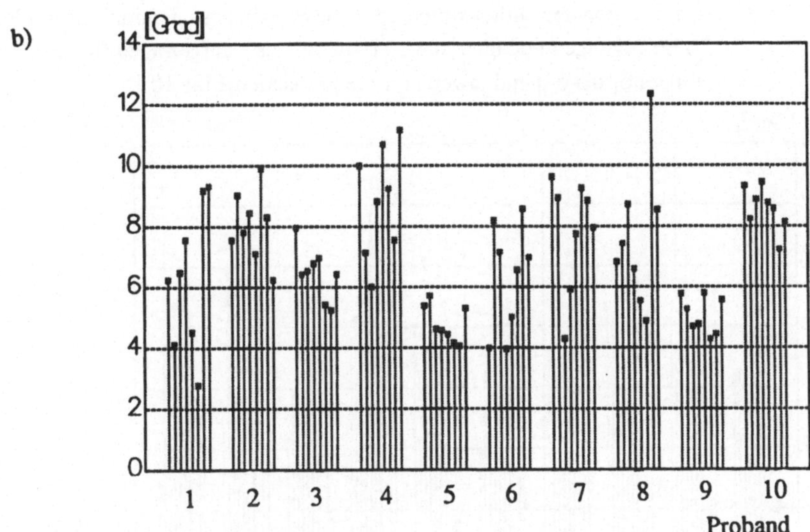

<u>Bild 4.4.2-3a-b:</u>   Abweichungen zwischen den individuellen Mittelwerten der Probanden und den globalen Mittelwerten über alle Probanden - gemittelt über alle 10 Winkel ϕ_1 bis ϕ_{10} und über alle 10 Experimente - aufgetragen für die Probanden 1 bis 10 und jeweils für die Bewegungen 1 bis 8 (a) und 9 bis 16 (b)

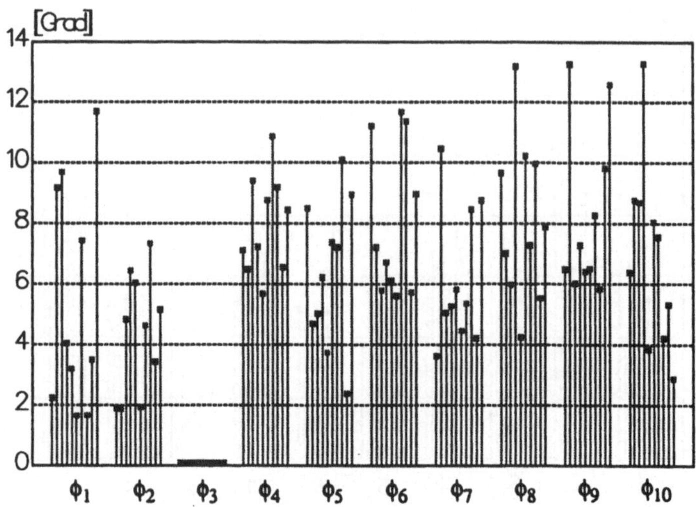

Bild 4.4.2-4: Abweichungen zwischen den individuellen Mittelwerten der Probanden und den globalen Mittelwerten über alle Probanden - gemittelt über alle 16 Bewegungen und über alle 10 Experimente - aufgetragen für die Winkel ϕ_1 bis ϕ_{10} und jeweils für die Probanden 1 bis 10

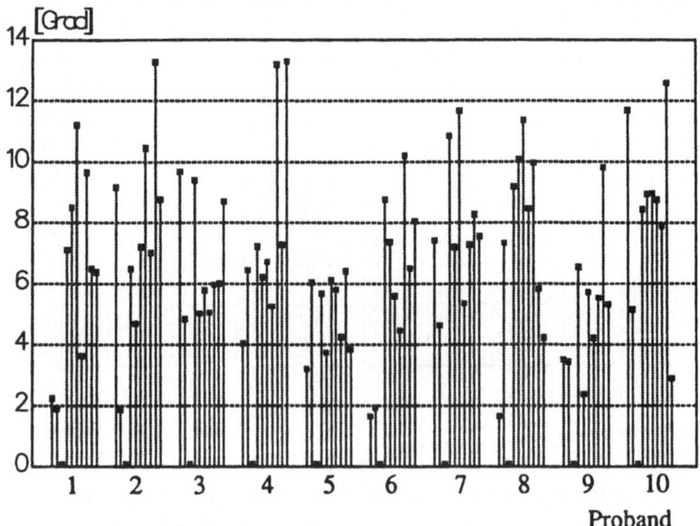

Bild 4.4.2-5: Abweichungen zwischen den individuellen Mittelwerten der Probanden und den globalen Mittelwerten über alle Probanden - gemittelt über alle 16 Bewegungen und über alle 10 Experimente - aufgetragen für die Probanden 1 bis 10 und jeweils für die Winkel ϕ_1 bis ϕ_{10}

Die Bilder 4.4.2-4 und 4.4.2-5 zeigen noch einmal die Abweichungen aus Bild 4.4.2-2, jedoch gemittelt über alle 16 Bewegungen und über alle 10 Experimente und dargestellt für die Winkel ϕ_1 bis ϕ_{10} und jeweils für die 10 Probanden (4.4.2-4) bzw. umgekehrt (4.4.2-5).

Der Winkel ϕ_3, die freie Rotation des Schlüsselbeins, entfällt gemäß Kapitel 2.1.1. Abgesehen von den beiden Winkeln ϕ_1 und ϕ_2 (Schlüsselbein-Brustbeingelenk), deren Abweichungen gegenüber den übrigen Winkeln etwas geringer ausfallen, weisen die Winkel ϕ_4 bis ϕ_{10} ähnlich große mittlere Abweichungen und eine ähnlich große Streubreite auf. Die Vermutung, daß mit steigendem Abstand der Gelenke vom Brustbein auch die mittleren Abweichungen steigen, hat sich nicht bestätigt. Demgegenüber zeigt sich, daß die einzelnen Winkel von jedem Probanden etwas anders eingesetzt werden, um das vorgegebene Bewegungsziel zu erreichen. Daraus resultiert jeweils das charakteristische Verhalten der einzelnen Probanden, wobei diese über die Experimente und die Bewegungen hinweg die einzelnen Winkel mehr oder weniger auf die gleiche Weise einsetzen, was aus den repräsentativen Bildern 4.4.2-10a-i deutlich hervorgeht. Die größte Streubreite der mittleren Abweichungen im Versuch findet sich also für die einzelnen Winkel, die etwa im Bereich von 5 bis 11 Grad liegt.

<u>zu c) die individuellen Streuungen bei den Probanden sind ähnlich</u>

Die Grundannahme, daß die individuellen Streuungen bei den Probanden ähnlich sind, bestätigt sich klar in den Bildern 4.4.2-1 und 4.4.2-3a und b. Sie liegen von einzelnen Ausnahmen abgesehen bei 2 bis 3 Grad.

Zur weitergehenden Differenzierung der Versuchsergebnisse sind in den Bildern 4.4.2-6 bis 4.4.2-9 für die Probanden 8 und 10 die Verläufe der mittleren Abweichungen zwischen dem individuellen Mittelwert und den einzelnen Experimenten aufgetragen. Die beiden Probanden können für das Verhalten des gesamten Probandenkollektivs als repräsentativ angesehen werden. Gemittelt wurde dabei über alle Winkel. Dargestellt sind die Bewegungen 1 bis 4 sowie 9 bis 12 mit den Experimenten 1 bis 10.

Sprünge zu Anfang bzw. am Ende von Bewegungen sind dabei auf das Ausblenden der Ruhephase der Hand an den Greifkugeln des Experimentalaufbaus gemäß Kapitel 4.2.1 zurückzuführen.

Die Bilder 4.4.2-6 bis 4.4.2-9 zeigen deutlich, daß auch innerhalb der einzelnen Bewegungen, über die Bewegungen hinweg und über die Experimente hinweg, die mittleren Abweichungen erstaunlich konstant auf niedrigem Niveau verlaufen und nur in Einzelfällen die 6 Grad Marke überschreiten.

a)

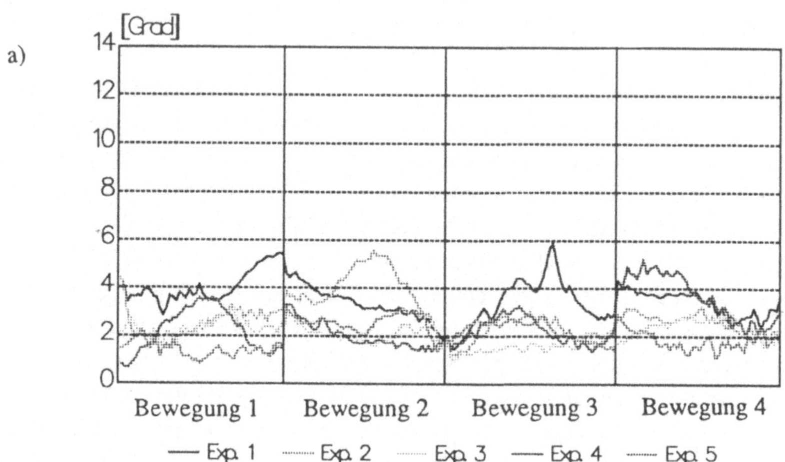

b)

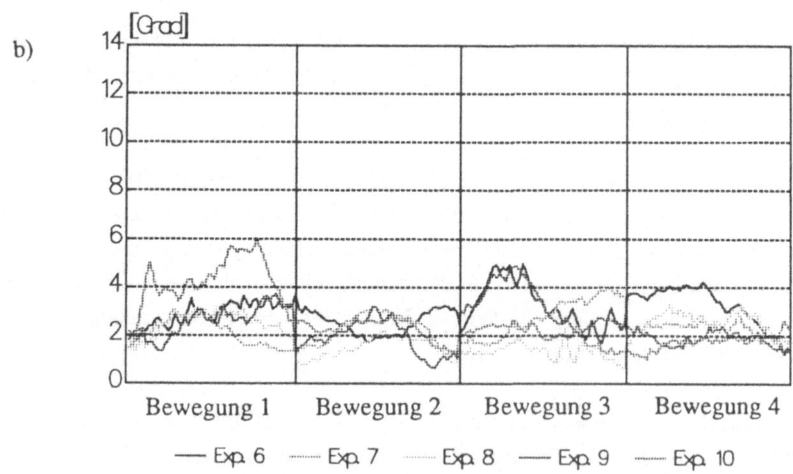

<u>Bild 4.4.2-6a-b:</u>   Abweichungen zwischen den individuellen Mittelwerten des Probanden 8 und den Experimenten 1 bis 5 (a) und 6 bis 10 (b) - gemittelt über alle 10 Winkel ϕ_1 bis ϕ_{10} - aufgetragen für die Bewegungen 1 bis 4

a)

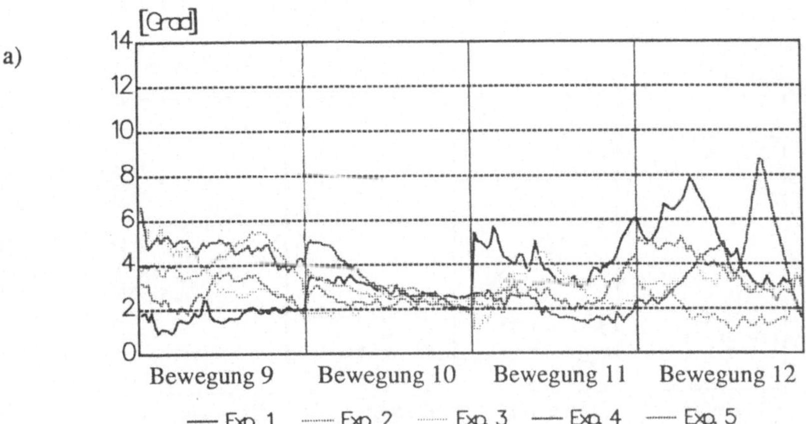

b)

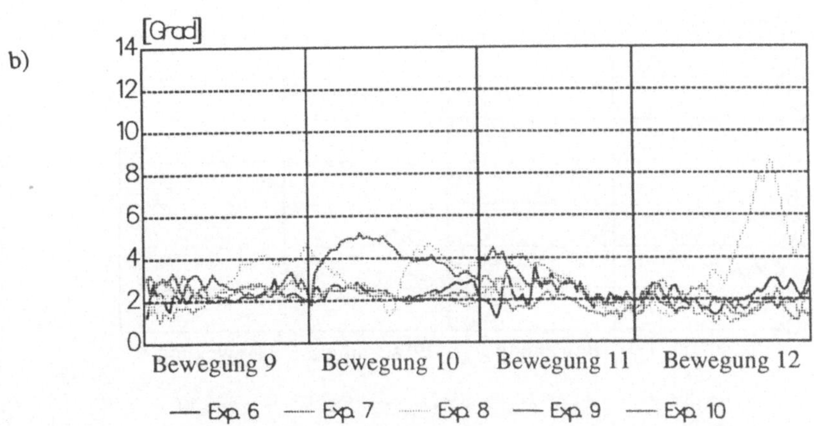

<u>Bild 4.4.2-7a-b:</u>   Abweichungen zwischen den individuellen Mittelwerten des Probanden 8 und den Experimenten 1 bis 5 (a) und 6 bis 10 (b) - gemittelt über alle 10 Winkel ϕ_1 bis ϕ_{10} - aufgetragen für die Bewegungen 9 bis 12

a)

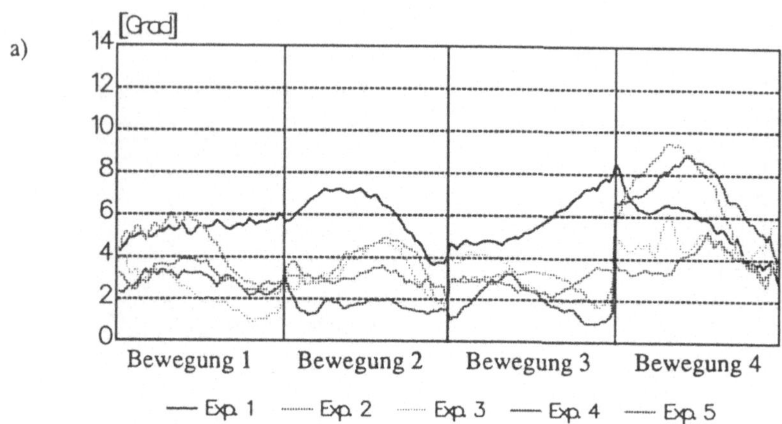

b)

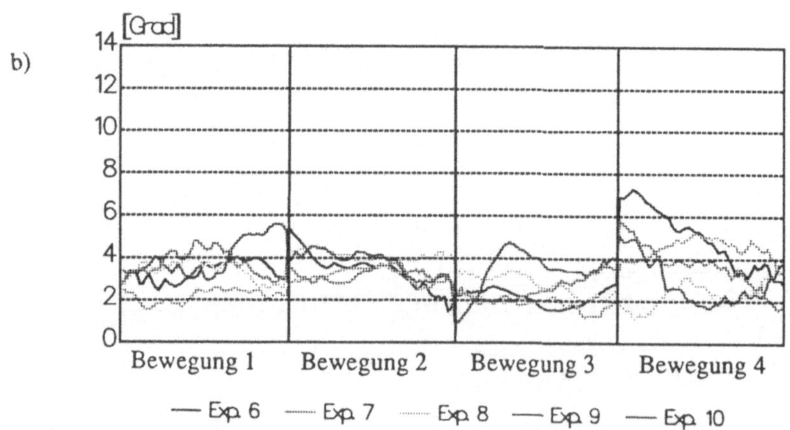

Bild 4.4.2-8a-b: Abweichungen zwischen den individuellen Mittelwerten des Probanden 10 und den Experimenten 1 bis 5 (a) und 6 bis 10 (b) - gemittelt über alle 10 Winkel ϕ_1 bis ϕ_{10} - aufgetragen für die Bewegungen 1 bis 4

a)

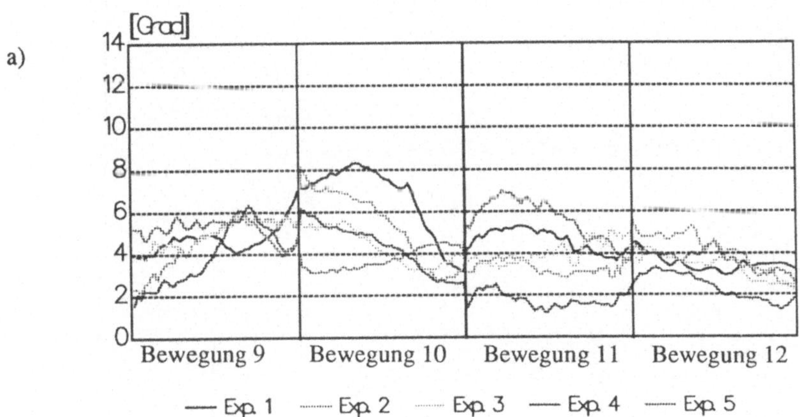

b)

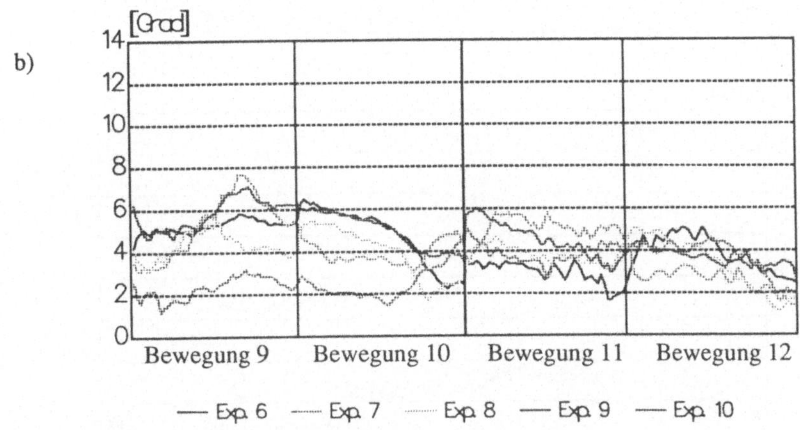

<u>Bild 4.4.2-9a-b:</u> Abweichungen zwischen den individuellen Mittelwerten des Probanden 8 und den Experimenten 1 bis 5 (a) und 6 bis 10 (b) - gemittelt über alle 10 Winkel ϕ_1 bis ϕ_{10} - aufgetragen für die Bewegungen 9 bis 12

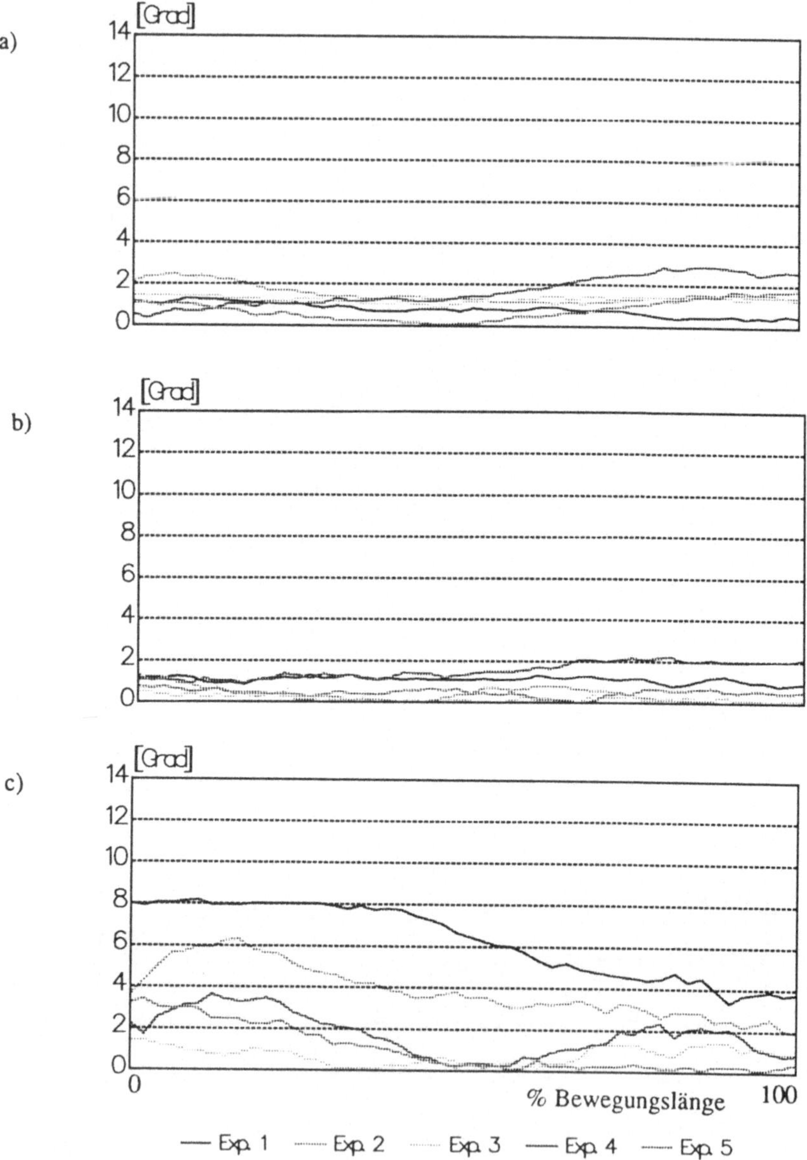

Bild 4.4.2-10a-c: Abweichungen zwischen den individuellen Mittelwerten des Probanden 8 während der Bewegung 4 und den Experimenten 1 bis 5 - aufgetragen für die Gelenkwinkel ϕ_1(a), ϕ_2(b) und ϕ_4(c)

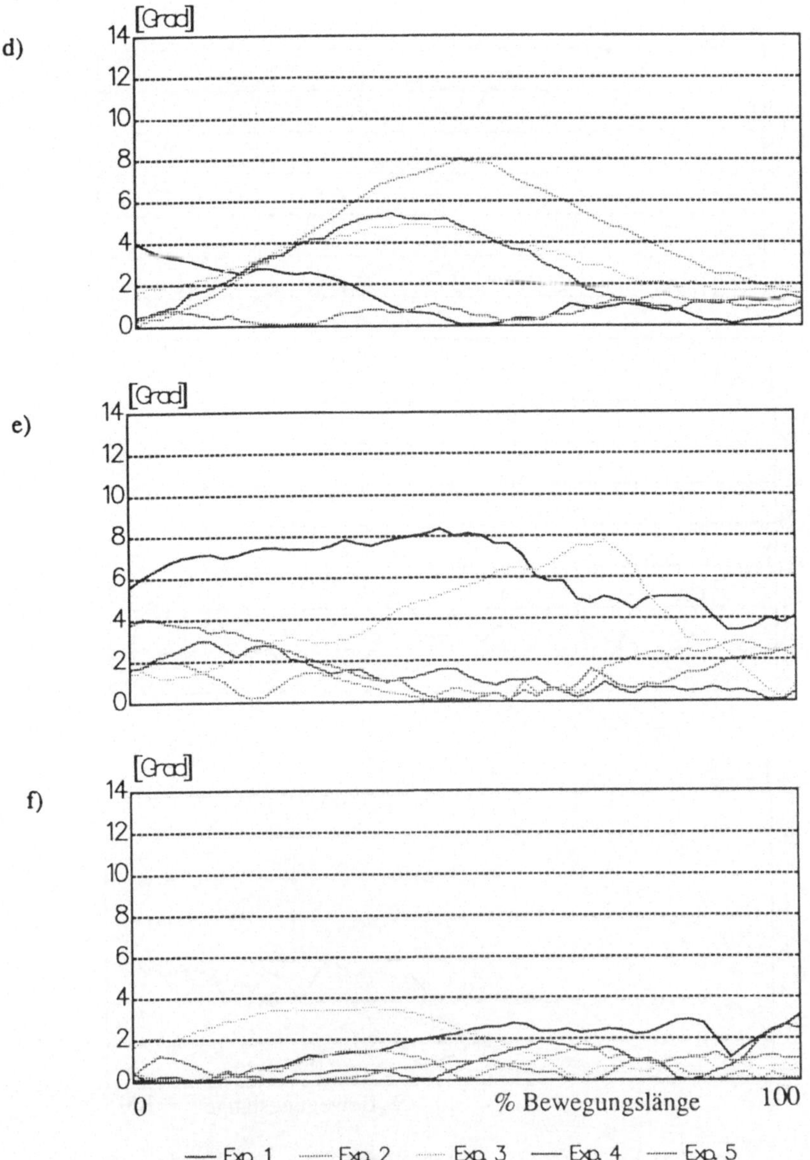

Bild 4.4.2-10d-f: Abweichungen zwischen den individuellen Mittelwerten des Probanden 8 während der Bewegung 4 und den Experimenten 1 bis 5 - aufgetragen für die Gelenkwinkel ϕ_5(d), ϕ_6(e) und ϕ_7(f)

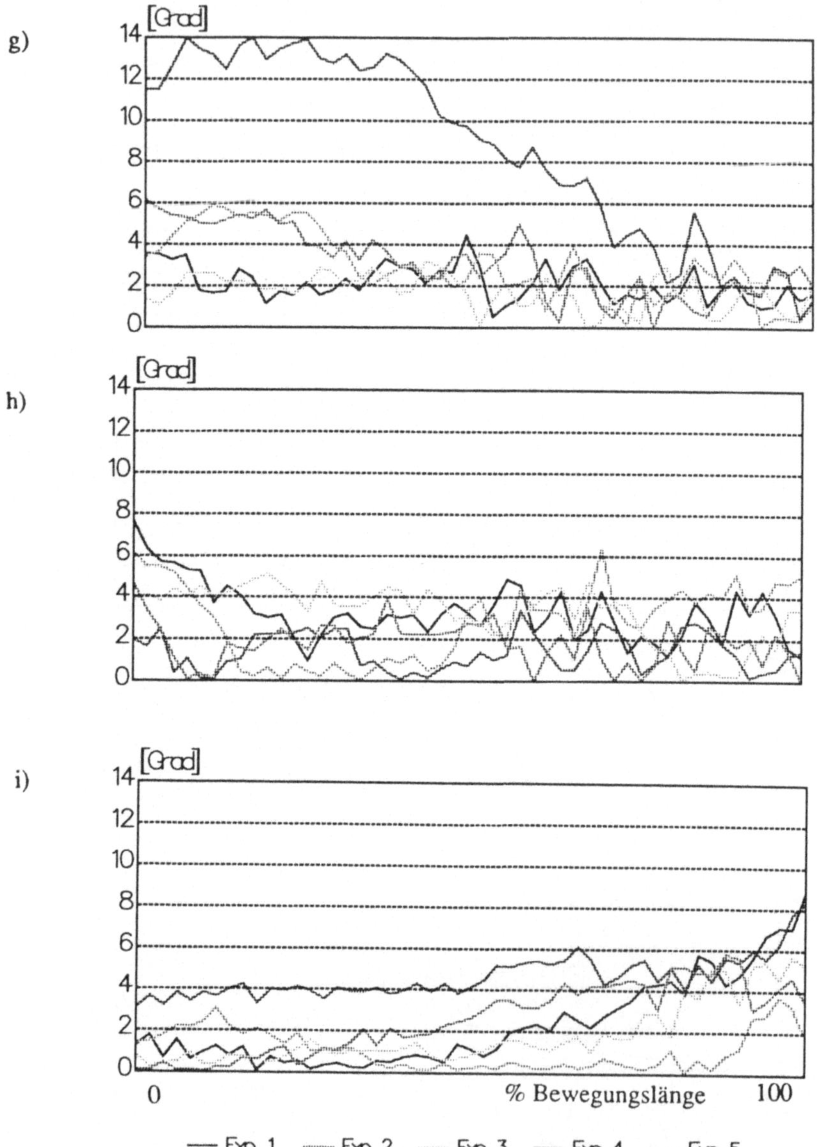

<u>Bild 4.4.2-10g-i:</u>   Abweichungen zwischen den individuellen Mittelwerten des Probanden 8 während der Bewegung 4 und den Experimenten 1 bis 5 - aufgetragen für die Gelenkwinkel ϕ_8(g), ϕ_9(h) und ϕ_{10}(i)

Es kann davon ausgegangen werden, daß es sich bei Ausreißern bei einzelnen Experimenten um Unsicherheiten der Probanden handelt, die durch die kurze Anlernphase und die ungewohnte Experimentalumgebung bedingt sind.

Aus den o. g. Darstellungen läßt sich auch entnehmen, daß der Abstand der individuellen mittleren Bahnkurven von der globalen mittleren Bahnkurve recht konstant verläuft und kaum starke Schwankungen aufweist.

Sehr interessant ist die Betrachtung der Lernphase, die die Probanden im Lauf der Experimente durchlaufen. Bei fast allen Probanden ist zu erkennen, daß mit steigender Anzahl durchgeführter Experimente eine deutliche Annäherung an die individuelle mittlere Bahnkurve, also eine Reduzierung der mittleren Abweichung von derselben auftritt. Dies deutet darauf hin, daß die Bewegungsabläufe bei geübten repetitiven Hand-Arm-Bewegungen in noch stärkerem Maße in einer individuellen mittleren Bahnkurve konvergieren, als dies in den vorliegenden Experimenten der Fall ist.

Die in den Bildern 4.4.2-6 bis 4.4.2-9 dargestellten Ergebnisse sind für den Probanden 8 und die Bewegung 4 mit den Experimenten 1 bis 5 weiter differenziert. Die Bilder 4.4.2-10a-i zeigen für den o. g. Bewegungsausschnitt den Verlauf der mittleren Abweichungen getrennt für die einzelnen Gelenkwinkel. Auch hier läßt sich erkennen, daß bis auf wenige Ausreißer die Kurven alle sehr eng beieinander liegen und sich vor allem in ihrer Gestalt stark ähnlich sind. Der Proband macht erkennbar an jedem einzelnen Gelenkwinkel einen gewissen Einschwingvorgang durch. Die mittlere Abweichung bleibt auch hier von einer Ausnahme (ϕ_8, Bewegung 4) abgesehen, überall deutlich unterhalb von 8 Grad.

Für den Vergleich der mittleren Bahnkurven der Probanden, für die Bildung einer globalen mittleren Bahnkurve also und für die Bewertung der dabei auftretenden Abweichung sei abschließend darauf hingewiesen, daß ein großer Teil der auftretenden Abweichungen aus Haltungsunterschieden der Probanden bereits vor Beginn der Bewegungen resultieren.

<u>Reproduktion der Bewegungsbahnen der Probanden mit dem Programmsystem GRIBS</u>

Nachfolgend sind die mittleren Abweichungen zwischen den individuellen mittleren Bahnkurven der einzelnen Probanden und den mit dem Programmsystem GRIBS nach der Optimierung der Modellparameter synthetisierten Bahnkurven dargestellt. Bei der Optimierung der Modellparameter war das Ziel, einen einzigen Parametersatz zu finden, der für alle Probanden gute Ergebnisse liefert. Würden die Modellparameter jeweils für die einzelnen Probanden angepaßt, ließen sich für das untersuchte Probandenkollektiv weitaus bessere Ergebnisse erzielen. Die Übertragbarkeit des Modells auf Probanden außerhalb des Kollektivs ginge dabei jedoch verloren.

Die Bilder 4.4.2-11a und b zeigen für die einzelnen Bewegungen und jeweils für die Probanden die mittleren Abweichungen zwischen den individuellen Mittelwerten der Probanden und den synthetisierten Bewegungsabläufen, gemittelt über alle Winkel und alle Experimente. Deutlich ist zu erkennen, daß fast jede der Bewegungen in gleicher Qualität vom Simulationsmodell berechnet werden konnte. Die mittleren Abweichungen bleiben dabei fast durchgehend im Bereich von 5 bis 10 Grad. Die entspricht fast genau den mittleren Abweichungen der individuellen Mittelwerte der Probanden von deren globalen Mittelwerten. Damit folgt die zentrale Feststellung, daß die mittleren Abweichungen zwischen den Bewegungen des Simulationsmodells und des Probandenkollektivs innerhalb der Streubreite des Probandenkollektivs liegen!

Eine Ausnahme bilden hier lediglich die Bewegungen 2 und 15, insbesondere bei den Probanden 2, 5 und 6, die gemäß Bild 4.1-2 und 4.2.2-3 die großräumige Bewegung von der Position rechts unten neben dem Probanden (ausgestreckter Arm) nach links oben vor dem Probanden und zurück darstellen. Während der Durchführung der Experimente konnte beobachtet werden, daß die Probanden gerade bei dieser Bewegung die Hand sehr nah am Körper vorbeiführten, also eine an einer Stelle stark gekrümmte Bewegungsbahn produzierten. Möglicherweise wurde die mittlere Greifkugel der unteren hinteren Greifkugelreihe von den Probanden als Hindernis bei der Bewegung aufgefaßt, so daß sie ihre natürliche Bewegungsbahn entsprechend veränderten. Möglich ist auch, daß es gewisse Schwierigkeiten bereitet mit den bisher eingesetzten Bewegungsstrategien das bei genau dieser Art von Bewegungen notwendige harmonische Verkleinern und wieder Vergrößern des Winkels zwischen Oberarm und Körper genau zu reproduzieren.

Bild 4.4.2-12 zeigt die mittleren Abweichungen der mit dem Simulationsmodell reproduzierten Ergebnisse vom Verhalten der Probanden, aufgetragen für die Winkel ϕ_1 bis ϕ_{10} und jeweils für die Probanden 1 bis 10. Zu erkennen ist, daß fast alle über 10 Grad liegenden Werte von den Probanden 2, 5 und 6 stammen. Es zeigt sich, daß die im Modell etwas abweichende Oberarmrotation ϕ_6 durch Abweichungen im Schulterwinkel ϕ_4 und im Handgelenkswinkel ϕ_9 ausgeglichen wird.

Darüber hinaus zeigt sich wie bereits beim Vergleich der mittleren Datenkurven der Probanden eine recht homogene Verteilung der Abweichungen über alle Winkel mit erwartungsgemäß deutlich niedrigeren Werten für die beiden Winkel im Brustbein-Schlüsselbeingelenk.

Die Bilder 4.4.2-13a und b und 4.4.2-14a und b zeigen den Verlauf der mittleren Abweichungen zwischen den individuellen Mittelwerten der Probanden und den synthetisierten Bewegungsabläufen über die Bewegungen 1 bis 4 und 9 bis 12 hinweg.

a)

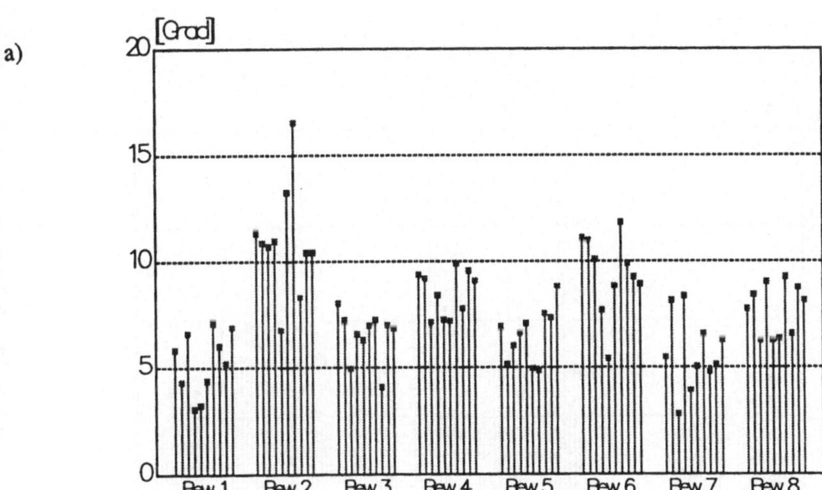

b)

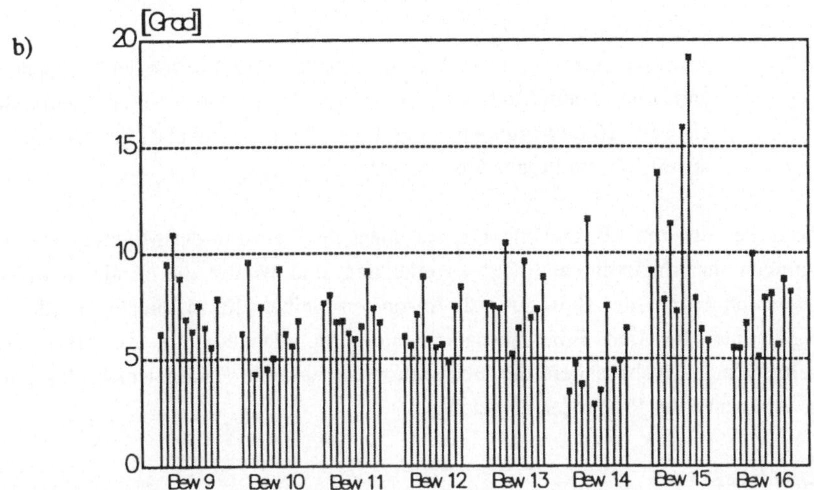

<u>Bild 4.4.2-11a-b:</u> Abweichungen zwischen den individuellen Mittelwerten der Probanden und den mit dem Modell synthetisierten Bewegungsabläufen - gemittelt über alle 10 Winkel ϕ_1 bis ϕ_{10} - aufgetragen für die Bewegungen 1 bis 8 (a) und 9 bis 16 (b) und jeweils für die Probanden 1 bis 10

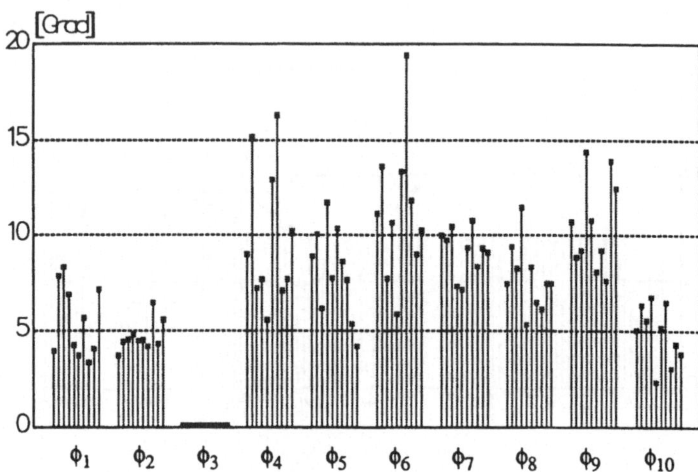

Bild 4.4.2-12:   Abweichungen zwischen den individuellen Mittelwerten der Probanden
und den mit dem Modell synthetisierten Bewegungsabläufen - gemittelt
über alle 16 Bewegungen - aufgetragen für die Winkel ϕ_1 bis ϕ_{10} und
jeweils für die Probanden 1 bis 10

Dabei nehmen die mittleren Abweichungen erwartungsgemäß etwa in der Mitte der einzelnen Bewegungen ihr Maximum an. Klar zu erkennen sind wieder die vergleichsweise
großen Abweichungen bei der Bewegung 2. Ansonsten bleiben die maximalen mittleren
Abweichungen unter 10 Grad. Eine Ausnahme bilden lediglich einzelne Ausreißer, bei
denen einzelne Winkel, insbesondere die Oberarmrotation und die Handgelenksstellung in
der Endlage von denen des Probanden abweichen.

Bewertung der Ergebnisse

Betrachtet man zusammenfassend die Ergebnisse der vorliegenden Untersuchung, so kann
zunächst festgestellt werden, daß die eingangs vorausgesetzten Grundannahmen voll bestätigt werden konnten.

Die einzelnen Probanden weisen im Mittel Abweichungen von weniger als 4 Grad von ihrer
zweifelsfrei existierenden mittleren Bahnkurve auf.

Die Abweichungen dieser individuellen mittleren Bahnkurven von der ebenfalls sicher existierenden globalen mittleren Bahnkurve aller Probanden beträgt im Mittel etwa 7 Grad. Für die Existenz dieser globalen mittleren Bahnkurve spricht dabei auch die Tatsache, daß die Abweichungen der individuellen mittleren Bahnkurven der Probanden von derselben kaum schwanken.

Die im Experiment beobachteten Abweichungen liegen deutlich niedriger als dies erwartet werden konnte. Sie lassen damit die rechnergestützte Synthese von Bewegungsabläufen grundsätzlich sinnvoll erscheinen.

Die Größe der mittleren Abweichungen kann als praktisch vernachlässigbar angesehen werden, sowohl im Hinblick auf den praktischen Einsatz des Modells zur Bestimmung der auftretenden Belastungen im Hand-Arm-System während der Ausführung repetitiver Hand-Arm-Bewegungen (siehe Kapitel 1.2) als auch im Hinblick auf die bei der Verwendung dieser Belastungswerte zur Auslegung der Arbeitsplätze ohnehin erforderlichen Sicherheitszuschläge zur Berücksichtigung von leistungsmindernden Faktoren wie z. B. Alter und Trainiertheit.

Die Abweichungen schließlich zwischen den mit dem Simulationsmodell synthetisierten Bewegungen und den individuellen Mittelkurven der einzelnen Probanden betragen im Mittel etwa 8 Grad. Dieser Wert, sowie die Darstellung der Verläufe dieser Abweichungen über die Bewegungen hinweg lassen den Schluß zu, daß die Bewegungsabläufe der Probanden mit dem in der vorliegenden Arbeit vorgestellten Simulationsmodell und seinen Bewegungsstrategien mit guter Genauigkeit reproduziert werden können.

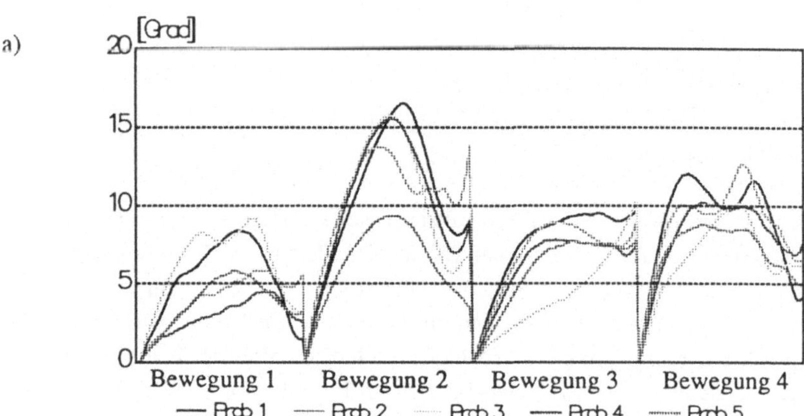

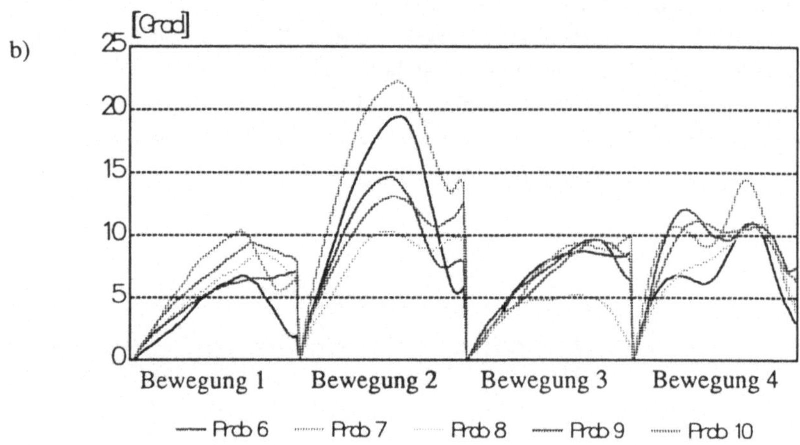

<u>Bild 4.4.2-13a-b:</u>   Abweichungen zwischen den individuellen Mittelwerten der Probanden 1 bis 5 (a) und 6 bis 10 (b) und den mit dem Modell synthetisierten Bewegungsabläufen - gemittelt über alle 10 Winkel ϕ_1 bis ϕ_{10} - dargestellt für die Bewegungen 1 bis 4

a)

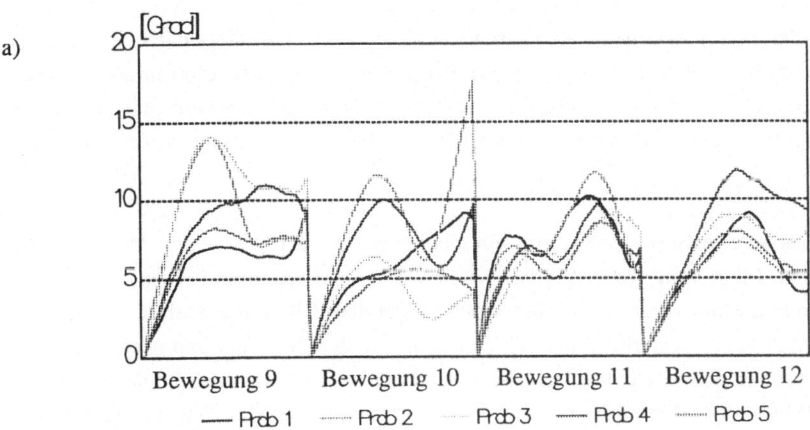

b)

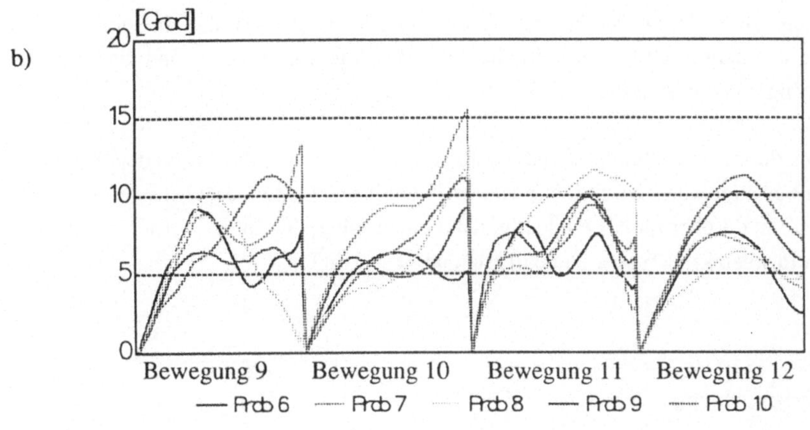

<u>Bild 4.4.2-14a-b:</u>   Abweichungen zwischen den individuellen Mittelwerten der Probanden 1 bis 5 (a) und 6 bis 10 (b) und den mit dem Modell synthetisierten Bewegungsabläufen - gemittelt über alle 10 Winkel ϕ_1 bis ϕ_{10} - dargestellt für die Bewegungen 9 bis 12

Statistische Betrachtung der Ergebnisse

Eine fundierte statistische Aussage ist bei einer wie auch immer gearteten statistischen Auswertung der experimentellen Ergebnisse nicht zu erwarten. Dies liegt daran, daß zum einen dafür mehr Experimente mit einer wesentlich größeren Stichprobe erforderlich wären. Vor allem aber läßt sich für den Vergleich dreidimensionaler Bahnen kein Standardverfahren der Statistik einsetzen. Darüber hinaus ist ein bestimmter Verteilungstyp a priori nicht zuweisbar.

In der Regel arbeitet man in der Statistik mit eindeutigen Meßgrößen, die in Meßreihen bestimmt werden. Liegt kein systematischer Fehler vor, ist der gesamte Fehler bei der Messung in Form eines Intervalls abschätzbar. Im vorliegenden Fall wird jedoch im Unterschied z. B. zu mechanischen Systemen, nicht eine einzelne Meßgröße erfaßt und verglichen, sondern ein Wert, der sich aus einer Vielzahl von einzelnen Meßdaten nach einer mehr oder weniger willkürlich gewählten Berechnungsvorschrift zusammensetzt. Dabei handelt es sich um ein Spezialproblem, das weit über die üblichen Standardaufgaben der Statistik, z. B. bei der Messung der Entfernung eines Planeten, hinausgeht.

Die statistische Betrachtung der Ergebnisse muß sich also auf die möglichst objektive Bewertung der Versuchsergebnisse im Hinblick auf das Untersuchungsziel und die vereinbarten Randbedingungen beschränken.

Das Ergebnis dieser Betrachtung ist jedoch durchaus in der Lage, die zugrundegelegten Hypothesen zu bestätigen und damit die in Kapitel 3 vorgeschlagene Vorgehensweise zu rechtfertigen. Es zeigt darüber hinaus eindeutig, daß es sich lohnt, den in der vorliegenden Arbeit behandelten Problemkreis weiter zu bearbeiten und zu vertiefen.

4.4.3   Fehlerbetrachtung

Mögliche Fehlerquellen bei der Durchführung und Auswertung der Experimente sind:

a)   Unterschiede zwischen Modell und Realität. Die Definition der Gelenkpositionen und der Gelenkachsen ist nicht eindeutig.

b)   Einstellung des Experimentalaufbaus.

c)   Anbringen der Marker auf der Haut der Probanden und Ermittlung von Lage und Orientierung der Gelenke aus den gemessenen Markerpositionen.

d)   Kamerasystem (Optik, Technische Fehler), Linearisierung der Kameras, Kalibrierung des Versuchsraums, Identifikation der Markerpositionen.

zu a) Bereits bei der Modellbildung werden gewisse Vereinfachungen und Idealisierungen vorgenommen. So liegen z. B. im Modell das proximale und das distale Handgelenk an fester Position. In Wirklichkeit handelt es sich jedoch beim distalen Handgelenk um ein Flächengelenk, dessen Drehachse weder wirklich orthogonal zur Drehachse des proximalen Handgelenks steht noch seine Position beibehält. Die Drehachse des distalen Handgelenks wandert abhängig von der Winkelstellung geringfügig in distal-proximaler Richtung. Beide Tatsachen bleiben im kinematischen Modell unberücksichtigt. Ähnliches gilt für alle anderen vereinbarten Idealisierungen (siehe Kapitel 2.1.2). Der daraus Resultierende maximale Fehler kann nur geschätzt werden. Er liegt bei ca. 4 - 6 mm, bezogen auf die Gelenkpositionen und bei ca. 1- 2° bezogen auf die Gelenkachsen.

zu b) Je nach den Körpermaßen des Probanden wird der Experimentalaufbau eingestellt (siehe Kap. 4.3.1 und 4.3.2). Die Genauigkeit der aus dieser Einstellung resultierenden Positionen der zu greifenden Kugeln am Experimentalaufbau liegt bei ca. 1 - 2 mm.

zu c) Hier wurde eine genaue Vorschrift für das Aufkleben der Marker auf die Haut der Probanden entwickelt. Dies verhindert jedoch nicht, daß Differenzen beim Aufkleben der Marker auftreten, bedingt durch Unschärfen und Unterschiede in den Details der Gestalt der Glieder des Hand-Arm-Systems bei den einzelnen Probanden. Der maximale Fehler liegt dabei bei ca. 2 - 3 mm bezogen auf die relevanten Marker.
Bei dem im Anhang E dargestellten Algorithmus zur Umrechnung der Markerpositionen in Gelenkpositionen wirken sich die beschriebenen Fehler aus, indem unter Umständen über fehlerhafte Markerpositionen falsche Gelenkpositionen und Orientierungen der Gelenkachsen berechnet werden. Der geschätzte maximale Fehler bei der Bestimmung der Gelenkpositionen liegt ungefähr bei 5 mm. Bei der Bestimmung der Gelenkachsen liegt der Fehler bei ca. 2 - 3°.

zu d) Gemäß /35/ liegen die technischen und optischen Fehler bei Verwendung von 3 Kameras und einem Winkel von 90° zwischen der ersten und der dritten Kamera bei 0,6 - 1,2 mm bei der Berechnung der Markerposition. Bei Verwendung von nur 2 Kameras steigt der Fehler um ca. 30 % auf 0,9 - 1,9 mm. Bei einem Winkel von nur 30° zwischen den Kameras steigt der beobachtete optische und technische Fehler unabhängig von der Zahl der Kameras (2 oder 3) auf 0,6 - 4,8 mm. In den durchgeführten Experimenten wurden 3 Kameras in einem Winkel von 90° eingesetzt.

Generell gilt, daß es bei den beschriebenen und durchgeführten Experimenten aufgrund der Beschaffenheit des Untersuchungsobjekts Mensch mit all seinen anatomischen Besonderheiten und Unterschieden keine Möglichkeit gibt, "exakt" im strengen wissenschaftlichen Sinne zu arbeiten. Die gesamte Untersuchung beruht auf mehr oder weniger starken Näherungen und hinreichend fundierten Annahmen.

So ist es z. B. grundsätzlich nicht möglich, an einem lebenden Menschen die exakte Lage der Gelenkmittelpunkte und -achsen zu bestimmen. Diese müssen mit den auf der Haut aufgeklebten Markern und geeigneten Berechnungsverfahren näherungsweise bestimmt werden. Ähnlich liegen die Dinge bei der Genauigkeit der dieser Untersuchung zugrundegelegten kinematischen und kinetischen Modelle. Eine exakte Abbildung des menschlichen Hand-Arm-Systems ist aus vielerlei Gründen unmöglich. Zum einen sind auch heute noch viele Dinge im Bereich des Zusammenspiels zwischen Knochen, Muskeln und Sehnen sowie in den Bereichen Stoffwechsel, Reize und Nerven unbekannt. Zum anderen wäre ein solchermaßen mächtiges Modell aufgrund der Komplexität nicht mehr handhabbar. Deshalb sind hier Vereinfachungen, Näherungen und Idealisierungen erforderlich, die selbstverständlich gewisse Fehler implizieren.

Das Arbeiten mit möglichst guten Näherungen wird also bereits von der Fragestellung verlangt. Der Versuch einer Abschätzung der dabei maximal auftretenden Fehler ist in Bild 4.4.3-1 dargestellt.

Demgegenüber steht die Tatsache, daß mit den durchgeführten Experimenten letztendlich nicht die Lage und Orientierung der Gelenke des Hand-Arm-Systems bestimmt werden sollen, sondern daß hier Bewegungsbahnen untersucht werden, die sich aus der Bewegung dieser Gelenke durch dem Raum ergeben. Für die Feststellung des qualitativen Verlaufs dieser Bewegungsbahnen ist eine hohe Genauigkeit bei der Bestimmung der realen Lage und Orientierung der Gelenke von untergeordnetem Interesse.

Wichtig ist hier zum einen die Vergleichbarkeit dieser Bewegungsbahnen untereinander, das heißt der Bewegungsbahnen eines einzelnen Probanden sowie der Vergleich der Bewegungsbahnen verschiedener Probanden. Dazu muß eine möglichst gute Reproduzierbarkeit des Vorgangs "Aufkleben der Marker auf die Haut des Probanden" (siehe Anhang E) gewährleistet werden. Fehler, die sich bei allen Probanden in der gleichen Weise auswirken, z. B. Wandern von Gelenkachsen, fallen damit nicht ins Gewicht. Lediglich technische und optische Fehler des Kamerasystems VICON wirken sich hier noch aus. Diese sind jedoch nach eigener Einschätzung vernachlässigbar.

Fehlerquelle	max. Fehler in der Gelenkposition [mm]	max. Fehler in der Orientierung der Gelenkachsen [Grad]
Aufkleben der Marker auf die Haut und Umrechnen der Markerpositionen in Gelenkpositionen und Gelenkorientierungen	5	2 - 3
Technische und optische Ungenauigkeiten des Kamerasystems	0,6 - 1,2	-
Idealisierungen im kinematischen Modell	4 - 6	1 - 2
Einstellung des Experimentalaufbaus	1 - 2	-
Auswertung der Meßergebnisse	0,5	-

Bild 4.4.3-1:   Abschätzung der maximal auftretenden Fehler bei der Messung der Markerpositionen und bei der Berechnung der Gelenkpositionen und Orientierungen während der Experimente

Desweiteren ist die Vergleichbarkeit der Bewegungsbahnen der Probanden mit Bewegungsbahnen, die vom Modell berechnet werden, wichtig. Dazu muß gewährleistet werden, daß die im Modell getroffenen Annahmen und Voraussetzungen nicht im Widerspruch stehen zu dem, was bei der realen Bewegung des Probanden gemessen wird. So wäre es z. B. unsinnig, sofern dies möglich wäre, die exakte Lage einer während der Bewegung wandernden Gelenkachse im Versuch mit den Probanden zu bestimmen, wenn im Modell für diese Achse eine feste Position angenommen wurde, oder die Bewegungen des Schultergelenks zu bestimmen, wenn das Modell nicht über ein solches verfügen würde. Damit wirken sich Idealisierungen und Vereinfachungen im Modell in erster Näherung nicht aus, da dieser Zusammenhang beachtet wurde und nur Größen im Versuch bestimmt werden, die auch bei der Modellbildung ihren Niederschlag fanden.

Eine genaue Aussage über den bei der Durchführung und der Auswertung der Versuche letztendlich auftretenden Fehler ist praktisch nicht möglich. Aufgrund der dargelegten Zusammenhänge und eigener Vorversuche sowie in Anbetracht des Untersuchungszieles kann jedoch davon ausgegangen werden, daß der mittlere Fehler beim Vergleich der Bewegungsbahnen etwa 5 mm beträgt, was die Untersuchungsergebnisse nicht in Frage stellt.

5 Zusammenfassung und Ausblick

Steigende Anforderungen an die Wirtschaftlichkeit, Flexibilität und Qualität der Planung flexibler Montagesysteme ließen immer mehr die Forderung nach rechnergestützten Planungsmitteln entstehen, mit denen die Planungsdauer verkürzt und die Planungsqualität erhöht werden kann. Um die Bedürfnisse des Menschen selbst dabei besser berücksichtigen zu können, wurden in neuerer Zeit bereits einige rechnergestützte biomechanische Modelle entwickelt, die jedoch nicht alle wichtigen Anforderungen an ein leistungs- und aussagefähiges, in der betrieblichen Praxis einsetzbares Modell erfüllen.

Eine der grundlegenden Voraussetzungen für die Untersuchung von Belastungen an Arbeitsplätzen mit einem hohen Anteil repetitiver Hand-Arm-Bewegungen ist die Abbildung dynamischer Prozesse unter Einhaltung realitätsnaher Bewegungsabläufe.

In der vorliegenden Arbeit wurde nun ein neues Modell entwickelt und durch Experimente validiert, das ungeachtet des zeitlichen Verlaufs und damit auch der in den Muskeln und Gelenken tatsächlich auftretenden Kräfte und Momente solche Bewegungen des Hand-Arm-Systems synthetisiert, die den realen Bewegungen des Menschen unter gleichen Randbedingungen mit einer gewissen Toleranz entsprechen.

Dazu wurde zunächst aufbauend auf dem von Tsotsis /131/ entwickelten kinematischen Modell des Hand-Arm-Systems ein kinetisches Modell in Form eines flexiblen Systems kinetischer Gleichungen entwickelt, das die einfache Integration externer Muskel- und Ermüdungsmodelle erlaubt.

Im zweiten Schritt wurde ein Algorithmus entwickelt mit dessen Hilfe Hand-Arm-Bewegungen nachgebildet werden können.

Der unterbewußte Vorgang der Steuerung menschlicher Bewegungen wird dabei als geregeltes System interpretiert, in dem die Glieder des Hand-Arm-Systems als Regelstrecken, die Muskeln als Stellglieder und das Gehirn als Regler zu verstehen sind. Der Regler, abgebildet durch einen Optimierungsalgorithmus, muß dabei vielfältigen Anforderungen, abgebildet durch Nebenbedingungen und Zielfunktionen, entsprechen.

Sämtliche mathematische Operationen während der Optimierung hängen vom augenblicklichen Zustand des Modells ab. Dieser ist durch eine bestimmte Anzahl von Zustandsvariablen (z. B. die Gelenkwinkel) eindeutig bestimmt. Weitere Variablen (z. B. die Raumkoordinaten der einzelnen Glieder des Hand-Arm-Systems) können in die Rechnung eingehen, sofern diese eindeutig von den Zustandsvariablen abhängen.

Die Bewegungen des Modells können auf zwei verschiedene Arten beeinflußt werden. Zum einen ist die Vorgabe von Nebenbedingungen als Funktion der Zustandsvariablen möglich. Die zweite, wesentlich flexiblere Möglichkeit, die Bewegungen zu beeinflussen ist die sinnvolle Definition von Zielfunktionen, deren Wert für den jeweils nächsten, differentiell kleinen Bewegungsschritt unter Berücksichtigung der Nebenbedingungen minimiert wird.

Eingesetzt werden die folgenden Zielfunktionen:

o Minimale Quadratsumme der Winkelinkremente.
   Diese Komponente berücksichtigt, daß sich reale Bewegungen im Normalfall nicht auf einzelne Gelenke beschränken und manche Gelenke größeren und andere kleineren Anteil an den Bewegungen haben.

o Minimale potentielle Energie.
   Diese Komponente berücksichtigt die auf die Glieder des Hand-Arm-Systems wirkende Schwerkraft und die Belastung durch die Masse transportierter Gegenstände.

o Ellipsoidförmige Potentialfunktion im Zustandsraum.
   Durch diese Zielfunktion wird die Einhaltung der Bewegungsraumgrenzen berücksichtigt. Damit werden Bewegungscharakteristiken erzeugt, die Vorzugsbereiche festlegen und unterschiedliche Sensitivitäten verschiedener Bewegungsraumgrenzen berücksichtigen.

o Kugelförmige Potentialfunktion im Darstellungsraum.
   Eine solche Potentialfunktion kommt zum Einsatz, um einen bestimmten Zielpunkt mit einem bestimmten Körperpunkt zu erreichen. Die Annäherung an diesen Punkt wird bewertet und nicht, wie bei Vorgabe über eine lineare Nebenbedingung, gefordert.

Bei der Synthese der Bewegungen werden für jeden Bewegungsschritt zustandsabhängig die Nebenbedingungen formuliert und die Parameter für die einzelnen Zielfunktionen und ihre Eingangsgewichte bestimmt. Dann wird jeweils lokal derjenige Zielpunkt ermittelt, der die gestellten Anforderungen im beschriebenen Sinne optimal erfüllt. Wegen der getroffenen Vereinfachungen und Linearisierungen wird die Lösung explizit überprüft und die Berechnung mit modifizierten Vorgaben ggf. wiederholt.

Durch die Kombination der genannten Kriterien unter Verwendung sinnvoller Parametersätze gelang es, die resultierenden Bewegungen des Simulationsmodells denjenigen realer Menschen anzugleichen. Die Bewegungen sind zielgerichtet, hinsichtlich der einzelnen Freiheitsgrade koordiniert, und die Bewegungsraumgrenzen werden berücksichtigt. Soll das Modell kinematisch unmögliche Bewegungen durchführen, werden Zielpunkte nur bis zum nächstliegenden, erreichbaren Punkt angesteuert.

Das entwickelte Simulationsmodell wurde durch Experimente mit einem Probandenkollektiv unter Einsatz einer Bewegungsmeßeinrichtung validiert. Dabei konnten die eingangs vorausgesetzten Thesen, daß

o   ein einzelner Proband bei der wiederholten Ausführung der gleichen Bewegung nur geringe Streuungen in der Bewegungsbahn produziert,

o   alle Probanden qualitativ das gleiche Bewegungsverhalten aufweisen und

o   die von den Probanden ausgeführten Bewegungen mit hinreichender Genauigkeit mit dem hier entwickelten Modell reproduziert werden können

für das Probandenkollektiv erhärtet werden.

Das mit der vorliegenden Arbeit vorgestellte Modell unterscheidet sich damit grundlegend von den bisher in der Literatur vorgestellten Modellen. Die klassischen Ansätze erlauben entweder, aufgrund einer beobachteten Bewegung die zur Bewegungsgenerierung notwendigen Muskelkräfte und die daraus auf die Gelenke resultierenden Belastungen zu bestimmen oder aufgrund vorgegebener zeitlicher Verläufe von Muskelkräften eine Bewegung zu generieren. Beide Vorgehensweisen haben entscheidende Nachteile: zum einen kann, vielleicht im Bereich des Hochleistungssports, sicher jedoch nicht im Bereich der Arbeitsplatzgestaltung jede interessante Bewegung zunächst mit aufwendigen Techniken beobachtet und aufgezeichnet werden, um danach mit einem Modell Aussagen über die auftretenden Belastungen zu machen; zum anderen sind die tatsächlich in den Muskeln auftretenden Kräfte in aller Regel unbekannt.

Das hier vorgestellte Modell ist demgegenüber in der Lage, aufgrund einer vorgegebenen Aufgabe, einen Bewegungsablauf zu generieren. Die für die Umsetzung dieser Bewegung notwendigen Muskelkräfte können dabei mit externen Muskelmodellen, die über eine Schnittstelle integriert werden können, jederzeit ermittelt werden.

Im Rahmen der vorliegenden Arbeit konnten nicht alle Entwicklungsaspekte abgedeckt werden.

Wünschenswert wäre deshalb die Weiterentwicklung des vorgestellten Modells bezüglich folgender Ansatzpunkte:

o   Integration eines geeigneten Muskelmodells und damit auch Berücksichtigung des zeitlichen Verlaufs der Bewegungen,

o   Entwicklung und Integration eines leistungsfähigen Ermüdungsmodells unter Verwendung eines geeigneten Gütekriteriums zur Bewertung des Ermüdungsgrades /56/, /58/, /105/, /118/,

o   Berücksichtigung von Exzentritäten sowie von Reibung und Dämpfung in den Gelenken,

o   Untersuchung der Einflüsse der Parameter: Geschlecht, Alter, rechter/linker Arm, Belastung der Hand, frei beweglicher Oberkörper, Zufassungsgriffe und Kontaktgriffe, Greifrichtung, aufgestützter Unterarm und Bewegungsgeschwindigkeit auf das Bewegungsverhalten der Probanden,

o   Definition von maximal zulässigen Belastungen in den Gelenken des Hand-Arm-Systems und Ableitung von mittel- und langfristigen Auswirkungen bestimmter Lastniveaus über der Zeit auf die Gelenke (z. B. Arthrosis deformans),

o   Einbeziehung von Bewegungen außerhalb der Sichtkontrolle und

o   Untersuchung einer größeren repräsentativen Stichprobe.

Dieser Beitrag zur Synthese und Simulation menschlicher Hand-Arm-Bewegungen soll weitere Entwicklungen im Sinne einer besseren und humaneren Arbeitswelt initiieren.

6   Literatur

/1/   Abele, E. (et al): Einsatzmöglichkeiten von flexibel automatisierten Montagesystemen in der industriellen Produktion (Montagestudie).
Frankfurt: Campus, 1984. (Schriftenreihe HdA, Band 61).

/2/   An, K. N. (et al): Normative Model of Human Hand for Biomechanical Analysis.
In: Journal of Biomechanics, Vol. 12, (1979), S. 775 - 788.

/3/   Andrews, J. G.: A General Method for Determining the functional role of a Muscle.
In: Transactions of the ASME, Vol. 107, (1985), Nr. 11, S. 348 - 353.

/4/   Armstrong, W. W.; Green, M.; Lake, R.: Near-Real-Time Control of Human Figure Models.
In: IEEE Computer Graphics & Applications (1987), Nr. 6, S. 52 - 61.

/5/   Atkeson, C. G.; Hollerbach, J. M.: Kinematic features of Unrestrained Vertical Arm Movements.
In: The Journal of Neuroscience, Vol. 5, (1985), Nr. 9, S. 2318 - 2330.

/6/   Audu, M. L.; Davy, D. T.: The Influence of Muscle Model Complexity in Musculoskeletal Motion Modeling.
In: Journal of Biomechanical Engineering, Vol. 107, (1985), Nr. 5, S. 147 - 157.

/7/   Ayoub, M. M.; El-Bassoussi, M. M.: Dynamic biomechanical model for sagittal lifting activities.
In: Proccedings of the 6th Congress of International Ergonomics Association.
University of Maryland.
Maryland, Kalifornien: Human Factors Society, 1976.

/8/   Ayoub, M. M.; Walvekar, M.; Petruno, M.: A Biomechanical Model for the Upper Extremity Using Optimization Techniques.
Technical Paper Series, SAE 7402744.
Warrendale, Pennsylvania: Society of Automotive Engineers, 1974.

/9/   Badler, N. I.: Task-Oriented Computer Animation of Human Figures.
Nato AC/243, Panel 8, Research Group. Workshop on Application of Human Performance Models to System Design, Orlando, 6/1988.

/10/   Badler; N. I.: Computer Animation Techniques.
        Wissensbasierte Systeme: 2. Internationaler GI-Kongreß.
        Berlin: Springer, 1987, S. 22 - 34. (Informatik-Fachberichte 155).

/11/   Blume, C.; Jakob, W.: Programming Languages for Industrial Robots.
        Berlin: Springer, 1986.

/12/   Boff, K. R. et al.: Handbook of Perception and Human Performance.
        New York: John Wiley & Sons, 1987.

/13/   Bonney, M. C.; et al: Using SAMMIE Computer Aided Design System for Work-
        place Design. Institute of Management Services Cambridge: Summer School, 1980.

/14/   Braune, W.; Fischer, O.: Die Rotationsmomente der Beugemuskeln am Ellbogenge-
        lenk des Menschen, Abh. d. math.-phys. Kl. d. Kgl. Saechs. Ges. d. Wiss. 15, Nr. III
        (1889).

/15/   Brenner, W.; Florian, H.-J.; Stollenz, E.; Valentin, H.: Arbeitsmedizin aktuell.
        Stuttgart: Gustav Fischer, 1989.

/16/   Bronstein, I. N.; Semendjajew, K. A.: Taschenbuch der Mathematik.
        Leipzig; Frankfurt: Harri, 1979 .

/17/   Brunn, A.; Lay, K.: An Interactive 3D-Graphics User Interface for Engineering
        Design. Proceedings of the 2. Interact Conference, North-Holland, Amsterdam, 1987.

/18/   Bullinger, H.-J. (Hrsg): Systematische Montageplanung.
        München; Wien: Carl Hanser, 1986.

/19/   Bullinger, H.-J.; Lay, K.; Menges, R.: GRIBS - An Approach to a Realtime Simula-
        tion of Human Arm Motion.
        Ergonomics of Hybrid Automated Systems I: Proceedings of The First International
        Conference on Ergonomics of Advanced Manufacturing and Hybrid Automated Sy-
        stems, Louisville, Kentucky, USA, August 15-18, 1988/Ed. by W. Karwowski u. a.
        Amsterdam. u. a.: Elsevier, 1988, S. 599 - 606.

/20/ Bullinger, H.-J.; Lorenz, D.: Ergonomic Work Design by using CAD and VIDEO Systems.
Trends in Ergonomic/Human Factors IV. S. S. Asfour (Editor).
Amsterdam: Elsevier, 1987, S. 741 - 747.

/21/ Bullinger, H.-J.; Lorenz, D.; Bauer, W.: CAD and Video Somatography: A Liaison for creating ergonomic work systems.
In: Int. Journal of Production Research, Vol. 26, (1988), Nr. 10, S. 1573 - 1578.

/22/ Bullinger, H.-J.; Menges, R.; Warschat, J.: GROSS - Graphic Robot Simulation System. Proceedings of the Third International Conference on CAD/CAM Robotics and Factory of the Future. Southfield, Michigan, USA, August 14-17, 1988, S. 476 - 482.

/23/ Burandt, U.: Ergonomie für Design und Entwicklung.
Köln: Dr. Otto Schmidt, 1978.

/24/ Chaffin, D. B.; Baker, W. H.: A Biomechanical Model for Analysis of symmetric sagittal plane lifting.
In: IEEE Transactions, Vol. II, (1970), No. 1, S. 16 - 27.

/25/ Chaffin, D. B.; Freivalds, A.; Evans, S. M.: On the Validity of an Isometric Biomechanical Model of Worker Strenghts.
In: IIE Transactions, Volume 19, (1987), Number 3, S. 280 - 288.

/26/ Chaffin, D. B.; Kilpatrick, K. E.; Hancock, W. M.: A Computer Assisted Manual Work-Design Model.
In: AIIE Transactions Industrial Engineering Research and Development, Volume II, (1970), No. 4.

/27/ Chaffin, D.-B.; Andersson, G.-B.-J.: Occupational Biomechanics.
New York: John Wiley & Sons,1984.

/28/ Chen, H. C.; Ayoub, M. M.: Dynamic Biomechanical Model for Asymmetrical Lifting. Trends in Ergonomics/Human Factors V.
Amsterdam: Elsevier, 1988.

/29/ Clark, F. J.; Horch, K. W.: Kinesthesia
In: Handbook of Perception and Human Performance.
New York: John Wiley & Sons, 1987.

/30/ Craig, J.: Introduction to Robotics; Mechanics & Control.
Reading, Massachusetts: Addison-Wesley Publishing Company, 1986.

/31/ Cruse, H. (et al): On the Cost Functions for the Control of the Human Arm
Movement.
Eingereicht bei Biological Cybernetics, Sept. 1989.

/32/ Cruse, H.: Constraints for Joint Angle Control of the Human Arm.
In: Biological Cybernetics, (1986), S. 125 - 132.

/33/ Cruse, H.; Brüvver, M.: The Human Arm as a Redundant Manipulator: The Control
of Path and Joint Angles.
In: Biological Cybernetics, (1987), S. 137 - 144.

/34/ Cutkosky, M. R.: On Grasp choice Grasp Models and the Design of Hands for
Manufacturing Tasks.
In: IEEE Transactions on Robotics and Automation, Vol 5., (1989), No. 3,
S. 269 - 279.

/35/ Delleman, N. J.: Test der Genauigkeit eines VICON Systems.
Interner Prüfbericht, TNO-NIPG, Leiden, Niederlande, 1989.

/36/ Dempster, W. T.: Space Requirements of the Seated Operator.
Geometrical, Kinematic and Mechanical Aspects of the Body with special Reference
to the limbs.
Technical report WADC 55 - 159. Wright-Patterson Air Force Base.
Ohio: Wright Air Development Center, 1955.

/37/ Denavit, J.; Hartenberg, R.: A Kinematic Notation for Lower Pair Mechanics Based
on Matrices.
In: Transactions of the ASME, Vol. 77 (1955).

/38/ DIN (Hrsg.): DIN 33401: Stellteile (Begriffe, Eignung, Gestaltungshinweise), 1977.

/39/   DIN (Hrsg.): DIN 33402 - Teil 1: Körpermaße des Menschen (Begriffe, Meßverfahren), 1978.
DIN (Hrsg.): DIN 33402 - Teil 2: Körpermaße des Menschen (Werte), 1986.
DIN (Hrsg.): Beiblatt zu DIN 33402 - Teil 2: Werte, Anwendung von Körpermaßen in der Praxis, 1984.

/40/   DIN (Hrsg.): DIN 33408 - Teil 1: Körperumrißschablone, 1987.
Deutsches Institut für Normung (DIN), Berlin: Beuth, 1987.
DIN (Hrsg.): DIN 33408 - Teil 1: Körperumrißschablonen für Sitzplätze, 1987.
DIN (Hrsg.): DIN 33408 - Beiblatt 1 zu Teil 1: Körperumrißschablone (Seitenansicht für Sitzplätze, Anwendungsbeispiele), 1981.

/41/   DIN (Hrsg.): DIN 33414 - Teil 1: Ergonomische Gestaltung von Warten (Sitzarbeitsplätze, Begriffe, Grundlagen, Maße), 1985.

/42/   Dooley, M.: Anthropometric Modeling Programs, A Survey.
In: IEEE Computer Graphics & Applications, (1982), Nr. 2, S. 17 - 25.

/43/   Dreyfuss, H.: The Measure of Man.
New York: Whitney, 1960.

/44/   Elias, H. J.: Istanbuli, S.: Technische Hilfsmittel zur ergonomischen Arbeitsplatzgestaltung.
Köln: Institut der deutschen Wirtschaft, 1987, (PRODIS Report Nr. 7).

/45/   Elias, M. J.: Ergonomische Simulation auf CAD mit Franky.
In: CAD/CAM (1986), Nr. 4, S. 73 - 85.

/46/   Engin, A. E.: On the Biomechanics of the Shoulder Complex.
In: Journal of Biomechanics, Vol. 13, (1980), S. 575 - 590.

/47/   Engin, A. E.; Chen, S.-M.: Statistical Data Base for the Biomechanical Properties of the Human Shoulder Complex.
I: Kinematics of the Shoulder Complex, S. 215 - 221.
II: Passive Resitive Properties Beyond the Shoulder Complex Sinus.
Transactions of the ASME, Vol. 108, 8/1986, S. 222 - 227.

/48/   Eppler, R.: Technische Mechanik I, II und III.
Manuskript zur Vorlesung, Universität Stuttgart, Institut A für Mechanik, Stuttgart, 1986.

/49/   Evans, S. M.: Use of Biomechanical Static Strength Models In Workspace Design.
In: Nato Workshop on Human Performance Models in Systems Design.
Orlando, Florida: Mai 1988.

/50/   Fähnrich, K.-P.; Kern, P.; Solf, J. J.: Ergonomische Kenngrößen für Umfassungsgreifarten.
Bremerhaven: Wirtschaftsverlag NW, 1983. (Bundesanstalt für Arbeitsschutz und Unfallforschung Dortmund, Forschungsbericht Nr. 331).

/51/   Fick, R.: Handbuch der Anatomie und Mechanik der Gelenke in 3 Bänden.
I: Anatomie der Gelenke. Band 1
Jena: Gustav Fischer, 1904.
II: Allgemeine Gelenk- und Muskelmechanik. Band 2
Jena: Gustav Fischer, 1910.
III: Spezielle Gelenk- und Muskelmechanik. Band 3
Jena: Gustav Fischer, 1911.

/52/   Fischer, T.: Entwicklung eines kinetischen Modells für das menschliche Hand-Arm-System.
Unveröffentlichte Studienarbeit Nr. 101/1828, Institut für Industrielle Fertigung und Fabrikbetrieb, Universität Stuttgart, 1988.

/53/   Freemann, H.: Computer Graphics.
In: Handbook of Perception and Human Performance.
New York: John Wiley & Sons, 1987.

/54/   Ginsberg, C. M.; Maxwell, D.: Graphical Marionette:
Motion: Representation und Perception.
ACM SIGRAPH/SIGART, Interdisciplinary Workshop, 1983.

/55/   Girard, M.: Interactive Design of 3D-Computer-Animated Legged Animal Motion.
In: IEEE Computer Graphics & Applications, (1987), Nr. 6, S. 39 - 51.

/56/   Grandjean, E.: Fatigue in Industry.
In: British Journal of Industrial Medicine, (1979), Nr. 36, S. 175 - 186.

/57/   Grandjean, E.: Physiologische Arbeitsgestaltung.
        München: Oft, 1967.

/58/   Habes, D.; Carlson, W.; Badgaer, D.: Muscle fatique associated with repetitive arm
        lifts: effects of height, weight and reach.
        In: Ergonomics, Vol. 28, (1985), No. 2, S. 471 - 488.

/59/   Haslegrave, C. M.: Characterizing the Anthropometric Extremes of the Population.
        In: Ergonomics, (1986), Nr. 2, S. 281 - 301.

/60/   Hatze, H.: A complete set of control Equations for the Human Musculo-Skeletal Sy-
        stem.
        In: Journal of Biomechanics, Vol. 10, (1977), S. 799 - 805.

/61/   Hatze, H.: A Comprehensive Model for Human Motion Simulation and its applica-
        tion to the Take-off Phase of the Long jump.
        In: Journal of Biomechanics, Vol. 14, (1981), No. 3, pp. 135 - 142, .

/62/   Hatze, H.: biomlib - Software directory and program descriptions.
        Wien: Research Center Biomechanik, 1988.

/63/   Hatze, H.: Computerized optimization of sports motions: an overview of possibilities,
        methods and recent developments.
        In: Journal of Sports Sciences, (1983), Nr. 1, S. 3 - 12.

/64/   Hatze, H.: Neuromusculoskeletal Control Systems Modeling - A Critical Survey of
        Recent Developments.
        In: IEEE Transactions on Automatic Control, Vol. AC-25, (1980), No. 3.

/65/   Hatze, H.: Quantitative Analysis, Synthesis and Optimization of Human Motion.
        In: Human Movement Science, (1984), Nr. 3, S. 5 - 25.

/66/   Hatze, H.: Sportbiomechanische Modell und myokybernetische Bewegungsoptimie-
        rung.
        In: Sportwissenschaft, 8 (1978), Nr. 4.

/67/ Hatze, H.; Buys, J. D.: Energy-Optimal Controls in the Hammilian Neuromuscular System.
In: Biological Cybernetics, (1977), Nr. 27, S. 9 - 20.

/68/ Heindl, J.; Hirzinger, G.: Kraft-Momenten-Sensorgriff und Verfahren zum kombinierten Programmieren von Roboterbewegungen und Bearbeitungskräften bzw.-momenten.
Patent P3240251.1, US-Patent erteilt am 20.05.1986.

/69/ Hennion, P.-Y.; Mollard, R.; Lornet, P.: An experimental analysis of the kinematics of the upper limb.
In: SPIE, Biostereometrics 85, (1985), Vol. 602.

/70/ Hettinger, T.; Kamminsky, G.; Schmale, H.: Ergonomie am Arbeitsplatz.
Ludwigshafen: Kiehl, 1980.

/71/ Hickey, D. T.; Pierrynowski, M. R.: Man-modeling CAD Programs for Workspace Evaluation.
Toronto: University of Toronto, 1985.

/72/ Hiller, M.: Dynamik technischer Systeme I.
Manuskript zur Vorlesung, Universität Stuttgart, Institut A für Mechanik, Stuttgart, 1985.

/73/ Hiller, M.: Mechanische Systeme.
Berlin: Springer, 1983.

/74/ Hogan, N.: An organizing principle for a class of voluntary movements.
In: Journal of Neuroscience, (1984), Nr. 4, S. 2745 - 2754.

/75/ Holzhausen, K.-P.: Beitrag zur Ergonomischen Arbeitsplatzanalyse durch rechnergestützte Bewegungsstudien.
Düsseldorf: VDI-Verlag, 1985.
(Fortschrittsberichte VDI, Reihe 17: Biotechnik; Nr. 26).

/76/   Jenner, R.-D.; Kaufmann, H.; Schäfer, D.: Bosch-Arbeitshilfen für die ergonomische
        Arbeitsplatzgestaltung.
        Bosch-Industrieausrüstung (Hrsg.), Stuttgart: Eigenverlag, 1985.

/77/   Kaminsky, T.; Gentile, A. M.: Joint Control Strategies and Hand Trajectories in
        Multijoint Pointing Movements.
        In: Journal of Motor Behavior, Vol. 18, (1986), Nr. 3, S. 261 - 278.

/78/   Kapandji, I. A.: Funktionelle Anatomie der Gelenke.
        Band 1 Obere Extremität.
        Stuttgart: Enke, 1984.

/79/   Kaphingst, W.; Nietert, M.: Grundlagen der Biomechanik für Orthopädietechniker:
        Teil A, B, C und D.
        Dortmund: Orthopädie-Technik, 1988.

/80/   Keele, S. W.: Motor Control
        In: Handbook of Perception and Human Performance.
        New York: John Wiley & Sons, 1987.

/81/   King, A. I.: A Review of Biomechanical Models.
        Journal of Biomechanical Engineering, Vol. 106, (1984), Nr. 5, S. 97 - 104.

/82/   Kirchner, J.-H.; Baum, E.: Mensch-Maschine-Umwelt.
        Köln: Beuth, 1986.
        (Betriebstechnische Reihe RKW/REFA).

/83/   Kirchner, S.: Vorgabezeitermittlung mit Zeitaufnahmeverfahren.
        In: Handwörterbuch der Produktionswirtschaft. Hrsg.: W. Kern.
        Stuttgart: Poeschel, 1979.

/84/   Kloke, W. B.: Entwicklung eines rechnergestützten Werkzeugs für ergonomische
        Gestaltung.
        In: Zeitschrift für Arbeitswissenschaft 41 (13NF) (1987), Nr. 3, S. 153 - 156.

/85/   Korein, J. U.: A Geometric investigation of Reach.
        An ACM Distinguished Dissertation.
        Cambridge: MIT Press, 1987.

/86/ Kroemer, K. H. E. (et al): Ergonomic Models of Anthropometry, Human Biomechanics and Operator-Equipment Interfaces.
Washington D. C.: National Academy Press, 1988.

/87/ Kromodihardjo, S.; Mital, A.: Biomechanical Analysis of Manual Lifting tasks.
In: Transaction of the ASME, Vol. 109, (1987), Nr. 5.

/88/ Kugler, P. N.; Turvey, M. T.: Information, Natural Law, and the Self-assembly of
Rhythmic Movement.
Hilssdale, New Jersey: Lawrence Erlbaum Associates Publishers, 1987.

/89/ Lange, W.: Kleine ergonomische Datensammlung.
Köln: TÜV Rheinland, 1985.

/90/ Lanz, T. von; Wachsmuth, W.: Praktische Anatomie.
Band I. 3. Teil: Arm.
Berlin: Springer, 1935.

/91/ Lay, K.: Die Arbeitsraumgestaltung manueller Montagearbeitsplätze mit graphischen
und wissensbasierten Methoden.
Stuttgart: Universität, Dissertation, 1988.

/92/ Lee, K. S.; Chaffin, D. B.; Waiker, A. M.; Aghazadeh, F.: Prediction of lower back
muscle forces in pushing and pulling.
In: Trends in Ergonomics/Human Factors III.
Amsterdam: North-Holland, 1986, S. 683 - 691.

/93/ Lee, Y.-H. T.: Modeling of manual lifting Using an Optimization Approach.
Lubbock, Texas: Texas Tech University, Ph. D. Dissertation, 1988.

/94/ Lindholm, L.-E; Öberg, K. E. T.: An Opto-Electronic Instrument for Remote On-
Line Movement Monitoring.
In: Bioelemetry 2.
Basel: P. A. Neukomm, 1975.

/95/ Lippmann, R.: Arbeitsgestaltung mit CAD und Anybody.
In: REFA-Nachrichten (1988), Nr. 2, S. 5 - 13.

/96/ Lorenz, D.: Gestaltung von Maschinenarbeitsplätzen mit Hilfe der Video-Somatographie.
In: FhG-Berichte Nr. 3/4, (1983).

/97/ Lotter, B.: Wirtschaftliche Montage.
Düsseldorf: VDI, 1986.

/98/ Menges, R.: Planung manueller Montagearbeitsplätze am Bildschirm.
In: Montage, (1989), Nr. 1, S. 37 - 42.

/99/ Menges, R.: Simulation von Montageprozessen und ihrer Elemente: Bewegungssi-
mulation des menschlichen Hand-Arm-Systems und des kinematisch-dynamischen
Verhaltens von Robotern.
Graphische Unterstützung der Planung und Steuerung in der Produktion: Fachkon-
greß, 3.-4. Oktober 1988, München.
München: Techno Congreß, 1988, S. 2 - 27.

/100/ Menges, R.:, Schweizer, W.; Warschat, J.: Simulationsstudien unter Einbeziehung
des Menschen im Arbeitsprozeß.
In: Simulation in der Fertigungstechnik/Hrsg.: K. Feldmann; B. Schmidt.
Berlin u. a.: Springer, 1988, S. 171 - 197.

/101/ Milberg, J.; Pfrang, W.: MTM am Bildschirm.
In: Montage, (1989), Nr. 2, S. 12 - 16.

/102/ Mollard, R.; Coblentz, A.; Fossier, E.: Contribution of infrared stroba photogram-
metry in movements analysis - Applications.
SPIE, Biostereometrics, (1985), Vol. 602, S. 23 - 30.

/103/ Morasso, P.: Three Dimensional Arm Trajectories.
In: Biological Cybernetics,(1983), Nr. 48, S. 187 - 194.

/104/ Nelson, W.: Physical Principles for economies of skilled movements.
In: Biological Cybernetics, (1983), Nr. 46, S. 135 - 147.

/105/ Nitsch, J. R.: Das Ermüdungsproblem in kybernetischer Sicht.
In: Arbeit und Leistung, 26 (1972), Nr. 8, S. 201 - 203.

/106/   o. V.: 8052 EMUF Manual - 3.07.89 -.
        Pöcking: Ing. Büro W. Kanis GmbH, 1989.

/107/   o. V.: Handbuch der Ergonomie.
        Bundesanstalt für Wehrtechnik und Beschaffung.
        München: Carl Hanser, 1975.

/108/   o. V.: Kieler Puppe - Körperumrißschablone nach DIN 33408.
        Denkendorf: IWS, F. Riehle GmbH, 1979.

/109/   o. V.: REFA - Methodenlehre des Arbeitsstudiums, Teil 1 - Teil 5.
        München: Carl Hanser, 1972.

/110/   o. V.: VICON Handbücher.
        Oxford: Oxford Metrics, 1989.

/111/   Oborne, D. J.: Ergonomics at work.
        New York: John Wiley & Sons, 1987.

/112/   Pheasant, S.: Bodyspace, Anthropometry, Ergonomics and Design.
        New York: Taylor & Francis, 1986.

/113/   Plagenhoff, S.: Patterns of Human Motion.
        New Jersey: Prentice Hall, 1971.

/114/   Pornschlegel, H. (Hrsg.): Verfahren vorbestimmter Zeiten.
        Köln: Bund, 1968.

/115/   Pross, D.: Rechnergestützte Generierung eines dreidimensionalen biomechanischen
        Modells des Menschen in Abhängigkeit frei wählbarer Gestaltungsparameter.
        Unveröffentlichte Diplomarbeit Nr. 100/1142, Universität Stuttgart, Institut für
        Industrielle Fertigung und Fabrikbetrieb, Stuttgart, 1988.

/116/   Requicha, A. A. G.: Representations for Rigid Solids: Theory, Methods and Systems.
        In: ACM Computing Surveys, Vol. 12, (1980), No. 4.

/117/ Rohmert, W.: Ergonomische Erkenntnissammlung für den Arbeitsschutz mit Informationssystem.
Bremerhaven: Wirtschaftsverlag NW, 1975.
(Bundesanstalt für Arbeitsschutz und Unfallforschung, Forschungsbericht; 142 Bd. III).

/118/ Rohmert, W.; Mainzer, J.; Katrabka, G.: Analyse biomechanischer und physiologischer Engpässe beim Ausüben von Stellungskräften.
In: Zeitschrift für Arbeitswissenschaft, 41 (13NF) (1979), Nr. 2.

/119/ Ruf, A.: Computergestütztes Aufstellen der Bewegungsgleichungen einfacher kinematischer Gelenkketten.
Unveröffentlichte Studienarbeit, Universität Stuttgart, Institut A für Mechanik, Stuttgart, 1988.

/120/ Salvendy, G.: Handbook of Human Factors.
New York: John Wiley & Sons, 1987.

/121/ Sämann, W.: Charakteristische Merkmale und Auswirkungen ungünstiger Arbeitshaltungen.
Berlin: Beuth, 1970.

/122/ Schiehlen, W.: Multibody Systems and Robot Dynamics.
Dynamics Laboratory Report No. DL/90/WOS/1, Department of Mechanical Engineering, Queen's University, Kingston, Ontario, Canada, 1990.

/123/ Schiehlen, W.: Technische Dynamik.
Stuttgart: Teuber, 1986.

/124/ Schmidtke, H.: Ergonomie 1 - Grundlagen menschlicher Arbeit und Leistung.
München: Carl Hanser, 1973.

/125/ Schmidtke, H.: Lehrbuch der Ergonomie.
München: Carl Hanser, 1981.

/126/ Schnelle, H. H.: Längen-, Umfangs- und Bewegungsmaße des menschlichen Körpers. 3. Auflage.
Leipzig: Barth, 1960.

/127/ Soechting, J. F.; Lacquaniti, F.: Invariant Characteristics of a pointing Movement in Man.
In: Journal of Neuroscience, Vol. 1, (1981), Nr. 7, S. 710 - 720.

/128/ Sommer, H. J.; Miller, N. R.: A Technique for kinematic Modeling of Anatomical Joints.
In: Journal of Biomechanical Engineering, Vol. 102, (1980), Nr. 11, S. 311 - 317.

/129/ Stein, W.: Eine Übersicht zum Stand der Bedienermodelle.
Spektrum der Anthropotechnik, Festschrift des Forschungsinstituts für Anthropotechnik, Wachtberg-Werthoven, 1987.

/130/ Stoer, J.: Einführung in die Numerische Mathematik I.
Berlin: Springer, 1979.

/131/ Tsotsis, G.: Entwicklung eines biomechanischen Modells des Hand-Arm-Systems: Lagebestimmung und die Statik seiner Glieder als geschlossene, kinematische Gelenkkette.
Berlin: Springer, 1987.

/132/ Wilhelms, J.: Using Dynamic Analysis for Realistic Animation of Articulated Bodies.
In: IEEE Computer Graphics & Applications, (1987), Nr. 6, S. 12 - 27.

/133/ Wilson, J. R.; Corlett, E. N.; Manenica, I.: New Methods in Applied Ergonomics.
In: Proceedings of the International Occupation Ergonomics Symposium, Tampere University of Technology, Finnland, 1987, S. 82 - 87.

/134/ Winter, D. A.: Biomechanics of Human Movement.
New York: John Wiley & Sons, 1979.

/135/ Winters, J. M.; Bagley, A. M.: Biomechanical Modeling of Muscle-Joint Systems.
In: IEEE Engineering in Medicine and Biology Magazine, (1987), Nr. 9.

/136/ Wörnle, C.: Ein systematisches Verfahren für die Rückwärtstransformation bei Industrierobotern.
In: Robotersysteme (1987), Nr. 3, S. 219 - 228.

Anhang A   Homogene Koordinaten und Koordinatensysteme

Homogene Koordinaten zur Transformation von Koordinatensystemen

Homogene Koordinaten bzw. Transformationen beschreiben die Abbildungen, die ein Koordinatensystem in ein anderes Koordinatensystem, z. B. in das eines benachbarten Gliedes des Hand-Arm-Systems oder in das Inertialsystem überführen.

Diese Abbildungen, die damit die Position und Orientierung eines Koordintanesystems relativ zu einem Bezugskoordinatensystem kennzeichnen, werden mit Hilfe spezieller 4 x 4-Matrizen, sogenannter Denavit-Hartenberg-Matrizen, /11/, /37/ durchgeführt, die folgende Form besitzen:

$$\underline{T} = \begin{bmatrix} \underline{\underline{R}} & \underline{v} \\ 0 \ \ 0 \ \ 0 \ \ 1 \end{bmatrix} \qquad (A\text{-}1)$$

Darin ist $\underline{v}$ der 3x1-Verschiebungsvektor und $\underline{R}$ die 3 x 3-Rotationsmatrix. Ist ein Punkt im Koordinatensystem (Frame) j durch den Ortsvektor $\underline{p}_j$ gegeben, so erhält man seine Darstellung $\underline{p}_i$ im System i, wenn $\underline{T}_{i,j}$ die Transformation zwischen den beiden Frames beschreibt durch:

$$\begin{bmatrix} \underline{p}_i \\ 1 \end{bmatrix} = \begin{bmatrix} \underline{\underline{R}}_{i,j} & \underline{v}_{i,j} \\ 0 \ \ \ 0 \ \ \ 0 \ \ \ 1 \end{bmatrix} * \begin{bmatrix} \underline{p}_j \\ 1 \end{bmatrix} \qquad (A\text{-}2)$$

Für solche Rechnungen muß demnach den 3 x 1-Ortsvektoren eine "1" als letztes Element hinzugefügt werden, so daß die für die Multiplikation mit der Transformationsmatrix benötigten 4 x 1-Vektoren entstehen. Diese Darstellung wird auch als Darstellung in homogenen Koordinaten bezeichnet.

Die kinematischen Eigenschaften der Gelenke und ihre mathematische Behandlung mit Hilfe homogener Transformationen sind bei der Modellierung des Hand-Arm-Systems von besonderem Interesse. Die Bewegungen der Glieder in den Drehgelenken sind reine Drehungen um einen relativ zu den beteiligten Gliedern festen gemeinsamen Gelenkmittelpunkt. Daraus folgt, daß die Abstände zwischen benachbarten Gelenken konstant sind. Die Kinematik des Hand-Arm-Systems wird damit durch ein Modell mit Gliedern konstanter Länge beschrieben.

Die Bewegungen, die ein Glied in einem Kugelgelenk mit drei Freiheitsgraden ausführen kann, lassen sich durch Hintereinanderschalten von drei Elementardrehungen um drei verschiedene Achsen beschreiben.

In Bild A-1 ist dies für zwei Glieder i-1 und i, die mit einem Kugelgelenk verbunden sind, dargestellt. Die Position und die Orientierung des proximalen Gliedes i-1 im Raum sind durch das gliedfeste Frame i-1 gegeben, das im Drehpunkt des proximalen Gelenks i-1 liegt. Die z-Achse von Frame i-1, z_{i-1} fällt mit der Verbindungsgeraden der Drehpunkte von Gelenk i-1 und i zusammen und zeigt in distaler Richtung zum Gelenk i. Das Frame i, Init ist ebenfalls mit dem Glied i-1 verbunden, liegt aber im Drehpunkt des distalen Gelenks i und weist im allgemeinen eine andere Orientierung auf als Frame i-1. In der Ausgangslage (Grundstellung) stimmt die Lage des Gliedes i, d. h. des körperfesten Frames i mit der des Frames i, Init überein (Bild A-1a). Die durch die konstante Matrix $^I\underline{T}_i$ (I = Init) beschriebene Transformation, die Frame i-1 in i, Init überführt, beschreibt damit die Grundstellung des Gliedes i in bezug auf das Glied i-1. In dieser Stellung sind die Gelenkkoordinaten (Variablen der Freiheitsgrade) des Gelenks i definitionsgemäß gleich Null.

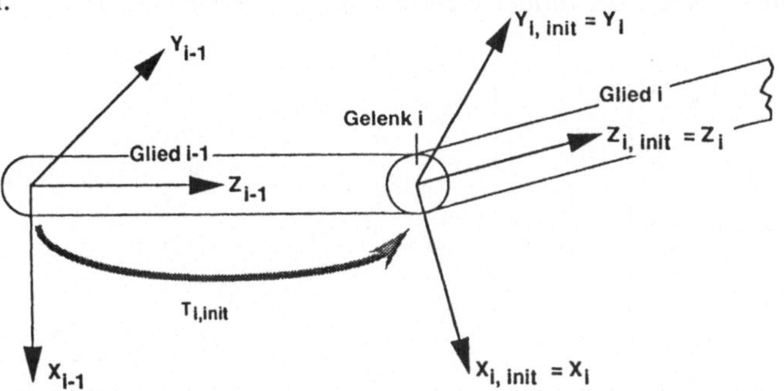

a) Ausgangslage

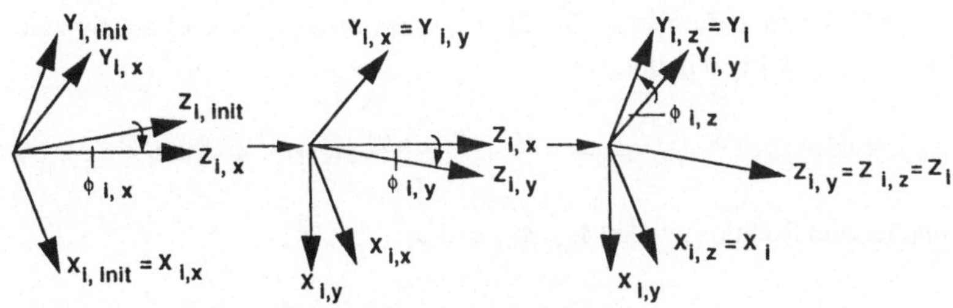

b) Definition der Elementardrehungen und der Drehwinkel

<u>Bild A-1:</u>   Definition der Elementardrehungen und der Drehwinkel für ein Kugelgelenk mit drei Freiheitsgraden

Bei der Auslenkung des Gliedes i aus der Grundstellung sind die Werte der Gelenkkoordinaten durch die Drehwinkel der Elementardrehungen gegeben. Zur Beschreibung der drei Elementardrehungen müssen die Hilfskoordinatensysteme i,x, i,y und i,z eingeführt werden, wie in Bild A-1b gezeigt wird. Das Koordinatensystem i,x entsteht durch eine Drehung des Frames i, Init um die $x_{i\text{-Init}}$-Achse um den Winkel $\phi_{i,x}$ (erster Freiheitsgrad bzw. erste Gelenkkoordinate). Diese Transformation wird durch die Matrix:

$$\underline{\underline{T}}_{i,x} = \begin{bmatrix} 1 & 0 & 0 & 0 \\ 0 & \cos\phi_{i,x} & -\sin\phi_{i,x} & 0 \\ 0 & \sin\phi_{i,x} & \cos\phi_{i,x} & 0 \\ 0 & 0 & 0 & 1 \end{bmatrix} \qquad (A\text{-}3)$$

beschrieben.

Analog dazu folgen die Drehungen um die $y_{i\text{-}1}$-Achse um $\phi_{i,y}$ (zweiter Freiheitsgrad) und um die $z_{i,z}$-Achse um den Winkel $\phi_{i,z}$ (dritter Freiheitsgrad). Dazu gehören die Rotationsmatrizen:

$$\underline{\underline{T}}_{i,y} = \begin{bmatrix} \cos\phi_{i,y} & 0 & \sin\phi_{i,y} & 0 \\ 0 & 1 & 0 & 0 \\ -\sin\phi_{i,y} & 0 & \cos\phi_{i,y} & 0 \\ 0 & 0 & 0 & 1 \end{bmatrix} \qquad \underline{\underline{T}}_{i,z} = \begin{bmatrix} \cos\phi_{i,z} & -\sin\phi_{i,z} & 0 & 0 \\ \sin\phi_{i,z} & \cos\phi_{i,z} & 0 & 0 \\ 0 & 0 & 1 & 0 \\ 0 & 0 & 0 & 1 \end{bmatrix} \qquad (A\text{-}4), (A\text{-}5)$$

Das daraus resultierende Hilfskoordinatensystem i,z beschreibt schließlich die Lage des Gliedes i. Es stellt deshalb gleichzeitig das körperfeste Frame i dieses Gliedes dar. Damit ergibt sich die Gesamttransformation, die die Lage des distalen Gliedes relativ zum proximalen Glied im Gelenk i beschreibt, zu:

$$\underline{\underline{T}}_i(\phi_{i,x}, \phi_{i,y}, \phi_{i,z}) = \underline{\underline{T}}_{i,init} * \underline{\underline{T}}_{i,x}(\phi_{i,x}) * \underline{\underline{T}}_{i,y}(\phi_{i,y}) * \underline{\underline{T}}_{i,z}(\phi_{i,z}) \qquad (A\text{-}6)$$

als Funktion der drei Rotationswinkel $\phi_{i,x}$, $\phi_{i,y}$ und $\phi_{i,z}$.

<u>Einführung zusätzlicher Koordinatensysteme in den Gelenken</u>

Jedem Gelenk sind zwei Koordinatensysteme zugeordnet. Das erste Koordinatensystem, Eingangsbezugssystem j' genannt, liegt an der Schnittstelle des Gelenks zum vorigen Körper in der kinematischen Kette. Das zweite Koordinatensystem, Ausgangsbezugssystem j genannt, liegt an der Schnittstelle zum nächsten Körper in der kinematischen Kette. Für beide Koordinatensysteme wird die z-Achse parallel zur Dreh- bzw. Schubachse des Gelenks gelegt. Die x-Achse des Eingangsbezugssystems wird parallel zum Gemeinlot der Dreh- bzw. Schubachse des Gelenks mit der Achse des davorliegenden Gelenkes ausgerichtet. Die x-Achse des Ausgangsbezugssystems wird dagegen parallel zum Gemeinlot der Dreh- bzw. Schubachse des Gelenks mit der Achse des nächsten Gelenks ausgerichtet.

Der Übergang vom Eingangs- zum Ausgangskoordinatensystem hängt nur vom Winkel $\phi_{j',j}$ ab. Beim Drehgelenk ist dieser Winkel die variable Gelenkgröße, beim Schubgelenk der konstante Winkel zwischen den Verbindungsvektoren des Gelenks mit seinen Nachbarn. Damit ist die Koordinatentransformation im Gelenk definiert.

Der Übergang längs eines Körpers der kinematischen Kette ist wieder durch zwei Koordinatensysteme charakterisiert. In der Schnittstelle zum vorigen Gelenk liegt das Bezugssystem j, in der Schnittstelle zum folgenden Gelenk das Bezugssystem k'. Der Übergang zwischen den beiden Bezugssystemen wird definiert durch den Verschränkungswinkel zwischen den Gelenkachsen $\underline{u}_j$ und $\underline{u}_{k'}$ und dem Differenzvektor zwischen den Gelenken. Die sich daraus ergebende Koordinatentransformation besteht aus einer Drehung und einer Verschiebung und ist beim Drehgelenk konstant und beim Schubgelenk eine Funktion der variablen Gelenkgröße s_j. Diese Gelenkgröße ist identisch mit der z-Komponente des Verschiebungsvektors $\underline{r}_{j,k'}$.

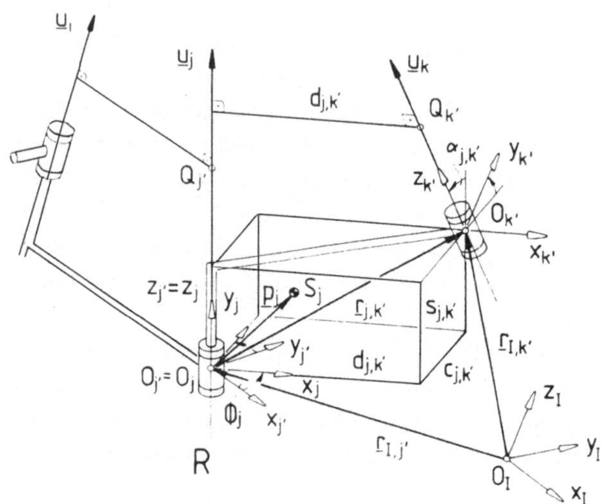

Bild A-2:   Relativbewegung bei Drehgelenken nach /136/

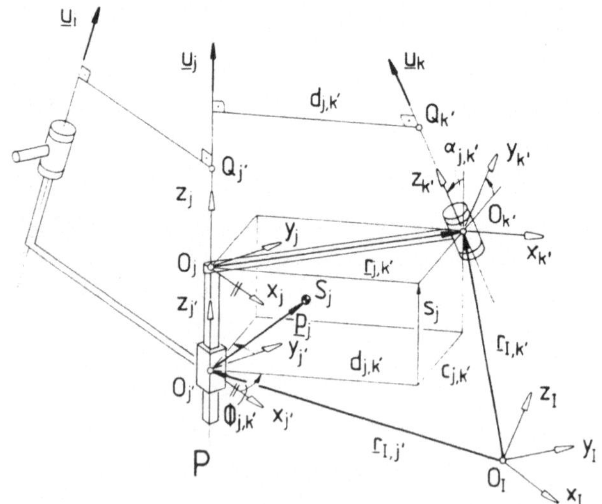

Bild A-3:   Relativbewegung bei Schubgelenken nach /136/

Anhang B   Gleichungen und Quellenangaben zur Dimensionierung des Gesamtmodells

Kopfmodell : MANN

Maße [mm]	Perzentil 5.	50.	95.	Parametrisierung	Quelle
Kopflänge (KL)	182	193	205	$KL = 0.26 * Perzentil + 180.45$ mm	DIN 33402 Maß Nr. 5.3
Kopfhöhe (KH)	215	230	246	$KM = 0.34 * Perzentil + 213.29$ mm	DIN 33402 Maß Nr. 5.4
Kopfbreite (KB)	145	155	165	$KB = 0.22 * Perzentil + 144.30$ mm	DIN 33402 Maß Nr. 5.5
Halsdicke am Kopfansatz (HDK)	116	124	132	$HDK = 0.18 * Perzentil + 115.44$ mm	Annahme : $HDK = 0.8 * KB$

Kopfmodell : FRAU

Maße [mm]	Perzentil 5.	50.	95.	Parametrisierung	Quelle
Kopflänge (KL)	165	180	194	$KL = 0.31 * Perzentil + 164.64$ mm	DIN 33402 Maß Nr. 5.3
Kopfhöhe (KH)	200	221	243	$KH = 0.48 * Perzentil + 197.58$ mm	DIN 33402 Maß Nr. 5.4
Kopfbreite (KB)	138	148	158	$KB = 0.23 * Perzentil + 136.60$ mm	DIN 33402 Maß Nr. 5.5
Halsdicke am Kopfansatz (HDK)	110	118	126	$HDK = 0.18 * Perzentil + 109.28$ mm	Annahme : $HDK = 0.8 * KB$

Halsmodell : MANN

Maße [mm]	Perzentil			Parametrisierung	Quelle
	5.	50.	95.		
Halsdicke am Rumpf (HDR)	116	124	132	HDR = 0.18 * Perzentil + 115.44 mm	DIN 33402 Maß Nr. 5.5
Halslänge (HL)	68	63	54	HL = -0.129 * Perzentil + 69.14 mm	(4)

(4) Annahme: HL = Körperhöhe (DIN 3304 Maß Nr. 1.4) - Schulterhöhe (DIN 3304 Maß Nr. 1.6) - Kopfhöhe (KH)

Halsmodell : FRAU

Maße [mm]	Perzentil			Parametrisierung	Quelle
	5.	50.	95.		
Halsdicke am Rumpf (HDR)	110	118	126	HDR = 0.18 * Perzentil + 109.28 mm	DIN 33402 Maß Nr. 5.5
Halslänge (HL)	82	68	54	HL = - 0.325 * Perzentil + 84.14 mm	(4)

(4) Annahme: HL = Körperhöhe (DIN 3304 Maß Nr. 1.4) - Schulterhöhe (DIN 3304 Maß Nr. 1.6) - Kopfhöhe (KH)

Schlüsselbeinmodell : MANN

Maße [mm]	Perzentil			Parametrisierung	Quelle
	5.	50.	95.		
Schlüsselbeinradius am Oberarm - Schultergelenk (SRS)	39	46	53	SRS = 0.16 * Perzentil + 38.00 mm	Annahme : SRS = 16% der Oberarmlänge (OAL)
Schlüsselbeinlänge (SL)	181	197	212	SL = 0.35 * Perzentil + 179.50 mm	Annahme : SL = 50% der Schulterbreite zwischen den Akromien DIN 33402 Maß Nr. 1.10

Schlüsselbeinmodell : FRAU

Maße [mm]	Perzentil			Parametrisierung	Quelle
	5.	50.	95.		
Schlüsselbeinradius am Oberarm - Schultergelenk (SRS)	35	41	47	SRS = 0.16 * Perzentil + 38.00 mm	Annahme : SRS = 16% der Oberarmlänge (OAL)
Schlüsselbein- länge (SL)	161	177	193	SL = 0.35 * Perzentil + 159.50 mm	Annahme : SL = 50% der Schulterbreite zwischen den Akromien DIN 33402 Maß Nr. 1.10

Armlänge: MANN

Maße [mm]	Perzentil			Parametrisierung	Quelle
	5.	50.	95.		
Armlänge bis Fingerspitze (AL)	676	735	791	AL = 1.283 * Perzentil + 669.6mm	(1)
Armlänge bis Griffachse (ALG)	591	642	691	ALG = 1.111 * Perzentil + 585.4mm	(2)

(1) Annahme: AL = 50% der Summe: Reichweite nach oben, Griffachse (DIN 34002, Maß Nr. 1.3) + Handlänge (DIN 34002, Maß Nr. 3.15) - Höhe der Griffachse über der Standhöhe (DIN 34002, Maß Nr. 1.9)

(2) Annahme: ALG = 50% der Summe: Reichweite nach oben, Griffachse (DIN 34002, Maß Nr. 1.3)Höhe der Griffachse über der Standhöhe (DIN 34002, Maß Nr. 1.9)

Armlänge: FRAU

Maße [mm]	Perzentil			Parametrisierung	Quelle
	5.	50.	95.		
Armlänge bis Fingerspitze (AL)	621	653	693	AL = 1.800 * Perzentil + 617.5mm	(1)
Armlänge bis Griffachse (ALG)	542	566	598	ALG = 0.628 * Perzentil + 538.9mm	(2)

(1) Annahme: AL = 50% der Summe: Reichweite nach oben, Griffachse (DIN 34002, Maß Nr. 1.3) + Handlänge (DIN 34002, Maß Nr. 3.15) - Höhe der Griffachse über der Standhöhe (DIN 34002, Maß Nr. 1.9)

(2) Annahme: ALG = 50% der Summe: Reichweite nach oben, Griffachse (DIN 34002, Maß Nr. 1.3)Höhe der Griffachse über der Standhöhe (DIN 34002, Maß Nr. 1.9)

Oberarmmodell : MANN

Maße [mm]	Perzentil			Parametrisierung	Quelle
	5.	50.	95.		
Oberarmlänge (OAL)	264	286	309	OAL = 0.50 * Perzentil + 261.14 mm	(3) OAL = 39% der Armlänge (AL)
Oberarmradius am Schultergelenk (ORS)	42	46	49	ORS = 0.08 * Perzentil + 41.84 mm	(3) ORS = 16% der Oberarmlänge (OAL)
Oberarmradius am Ellbogengelenk (ORE)	31	34	37	ORE = 0.06 * Perzentil + 31.38 mm	(3) ORE = 12% der Oberarmlänge (OAL)

(3) Nach G. Tsotsis Entwicklung eines biomechanischen Modells des Hand-Arm-Systems, Springer, 1987

Oberarmmodell : FRAU

Maße [mm]	Perzentil			Parametrisierung	Quelle
	5.	50.	95.		
Oberarmlänge (OAL)	242	256	270	OAL = 0.31 * Perzentil + 240.83 mm	(3) OAL = 39% der Armlänge (AL)
Oberarmradius am Schultergelenk (ORS)	39	41	43	ORS = 0.05 * Perzentil + 38.47 mm	(3) ORS = 16% der Oberarmlänge (OAL)
Oberarmradius am Ellbogengelenk (ORE)	29	31	33	ORE = 0.04 * Perzentil + 29.38 mm	(3) ORE = 12% der Oberarmlänge (OAL)

(3) Nach G. Tsotsis Entwicklung eines biomechanischen Modells des Hand-Arm-Systems, Springer, 1987

Unterarmmodell : MANN

Maße [mm]	Perzentil			Parametrisierung	Quelle
	5.	50.	95.		
Unterarmlänge (UAL)	237	257	277	UAL = 0.45 * Perzentil + 234.35 mm	(3) UAL = 35% der Gesamtlänge (AL)
Unterarmradius am Ellbogengelenk (URE)	42	46	49	ORS = 0.08 * Perzentil + 41.84 mm	(3) URE = 12% der Oberarmlänge (OAL)
Handgelenk- umfang (HGU)	161	175	189	HGU = 0.32 * Perzentil + 158.92 mm	DIN 33402 Maß Nr. 3.22
Unterarmbreite am Handgelenk (UBH)	62	68	74	UBH = 0.13 * Perzentil + 61.34 mm	(3) UBH = 39% des Handgelenk- umfangs (HGU)
Unterarmdicke am Handgelenk (UDH)	38	42	45	UDH = 0.08 * Perzentil + 37.62 mm	(3) UDH = 24% des Handgelenk- umfangs (HGU)

(3) nach G. Tsotsis, Entwicklung eines biomechanischen Modells des Hand-Arm-Systems, Springer, 1987.

Unterarmmodell : FRAU

Maße [mm]	Perzentil			Parametrisierung	Quelle
	5.	50.	95.		
Unterarmlänge (UAL)	217	230	243	UAL = 0.28 * Perzentil + 216.13 mm	(3) UAL = 35% der Gesamtarmlänge
Unterarmradius am Ellbogengelenk (URE)	39	41	43	ORS = 0.05 * Perzentil + 38.47 mm	(3) URE = 12% der Oberarmlänge
Handgelenk- umfang (HGU)	145	161	177	HGU = 0.36 * Perzentil + 143.46 mm	DIN 33402 Maß Nr. 3.22
Unterarmbreite am Handgelenk (UBH)	56	63	69	UBH = 0.14 * Perzentil + 55.28 mm	(3) UBH = 39% des Handgelenk- umfangs (HGU)
Unterarmdicke am Handgelenk (UDH)	35	39	43	UDH = 0.09 * Perzentil + 23.55 mm	(3) UDH = 24% des Handgelenk- umfangs (HGU)

(3) nach G. Tsotsis, Entwicklung eines biomechanischen Modells des Hand-Arm-Systems, Springer, 1987.

Handmodell (Flache Hand) : MANN					
Maße [mm]	**Perzentil**			**Parametrisierung**	**Quelle**
	5.	**50.**	**95.**		
Handgelenksbreite am Unterarm (HBU)	62	68	74	HBU = 0.13 * Perzentil + 61.34 mm	HBU = 39% des Handgelenkumfanges DIN 33402 Maß Nr. 3.22
Handgelenksdicke am Unterarm (HDU)	38	42	45	HDU = 0.08 * Perzentil + 37.62 mm	HDU = 24% des Handgelenkumfanges DIN 33402 Maß Nr. 3.22
Handbreite an den Fingergrundgelenken (HBFG)	78	85	93	HBFG = 0.17 * Perzentil + 77.17 mm	DIN 33402 Maß Nr. 3.19
Handdicke an den Fingergrundgelenken (HDFG)	24	28	32	HDFG = 0.09 * Perzentil + 23.56 mm	DIN 33402 Maß Nr. 3.17
Handbreite an den Fingerspitzen (HBFS)	63	68	76	HBFS = 0.14 * Perzentil + 62.28 mm	Annahme: HBFS = Summe der distalen Fingerbreiten DIN 33402 Maße Nr. 3.2, 3.4, 3.6, 3.8
Handdicke an den Fingerspitzen (HDFS)	14	17	19	HDFS = 0.06 * Perzentil + 13.73 mm	(3) HDFS = 61% der Handdicke an den Fingergrundgelenken
Handflächenlänge (HFL)	101	109	117	HFL = 0.18 * Perzentil + 100.11 mm	DIN 33402 Maß Nr. 3.14
Handlänge (HL)	170	186	201	HL = 0.35 * Perzentil + 168.28 mm	DIN 33402 Maß Nr. 3.15
Daumendicke (DD)	20	23	25	DD = 0.06 * Perzentil + 19.73 mm	DIN 33402 Maß Nr. 3.16
Daumenlänge (DL)	115	122	135	DL = 0.23 * Perzentil + 113.89 mm	Annahme: DL = 50% der Handflächenlänge (HFL) + Daumenlänge (DL) DIN 33402 Maß Nr. 3.13

(3) nach G. Tsotsis, Entwicklung eines biomechanischen Modells des Hand-Arm-Systems, Springer, 1987.

Handmodell (Flache Hand) : FRAU				
Maße [mm]	**Perzentil**		**Parametrisierung**	**Quelle**
	5.	50.	95.		
Handgelenksbreite am Unterarm (HBU)	56	63	69	HBU = 0.14 * Perzentil + 55.28 mm	HBU = 39% des Handgelenkumfanges DIN 33402 Maß Nr. 3.22
Handgelenksdicke am Unterarm (HDU)	35	39	43	HDU = 0.09 * Perzentil + 34.55 mm	HDU = 24% des Handgelenkumfanges DIN 33402 Maß Nr. 3.22
Handbreite an den Fingergrundgelenken (HBFG)	72	80	85	HBFG = 0.15 * Perzentil + 71.28 mm	DIN 33402 Maß Nr. 3.19
Handdicke an den Fingergrundgelenken (HDFG)	21	26	31	HDFG = 0.11 * Perzentil + 20.45 mm	DIN 33402 Maß Nr. 3.17
Handbreite an den Fingerspitzen (HBFS)	51	57	65	HBFS = 0.15 * Perzentil + 50.23 mm	Annahme: HBFS = Summe der distalen Fingerbreiten DIN 33402 Maße Nr. 3.2, 3.4, 3.6, 3.8
Handdicke an den Fingerspitzen (HDFS)	13	16	18	HDFS = 0.06 * Perzentil + 12.73 mm	(3) HDFS = 61% der Handdicke an den Fingergrundgelenken
Handflächenlänge (HFL)	91	100	108	HFL = 0.19 * Perzentil + 90.06 mm	DIN 33402 Maß Nr. 3.14
Handlänge (HL)	159	174	190	HL = 0.35 * Perzentil + 157.28 mm	DIN 33402 Maß Nr. 3.15
Daumendicke (DD)	16	19	21	DD = 0.06 * Perzentil + 15.73 mm	DIN 33402 Maß Nr. 3.16
Daumenlänge (DL)	97	110	123	DL = 0.29 * Perzentil + 95.56 mm	Annahme: DL = 50% der Handflächenlänge (HFL) + Daumenlänge (DL) DIN 33402 Maß Nr. 3.13

(3) nach G. Tsotsis, Entwicklung eines biomechanischen Modells des Hand-Arm-Systems, Springer, 1987.

Handmodell (Umfassungsgriff) : MANN					
Maße [mm]	Perzentil			Parametrisierung	Quelle
	5.	50.	95.		
Handgelenkumfang (HGU)	155	171	188	HGU = 0.367 * Perzentil + 153.2mm	(1) HDE Maß Nr. B-1.2.65(b)
Handgelenksbreite am Unterarm (HBU)	60	67	73	HBU = 0.143 * Perzentil + 59.7mm	(3) HBU = 39% des Handgelenkumfangs HGU
Handgelenksdicke am Unterarm (HDU)	37	41	45	HDU = 0.088 * Perzentil + 36,8mm	(3) HDU = 24% des Handgelenkumfangs HGU
Handbreite an den Fingergrundgelenken (HBFG)	77	85	92	HBFG = 0.167 * Perzentil + 76,2mm	(1) HDE Maß Nr. B-1.2.63 (a)
Handdicke an den Fingergrundgelenken (HDFG)	22	25	28	HDFG = 0.067 * Perzentil + 21.7mm	(1) HDE Maß Nr. B-1.2.64
Handbreite an den Fingerspitzen (HBFS)	66	70	76	HBFS = 0.111 * Perzentil + 65.4mm	(1) HDE Summe der Fingerbreiten Maß Nr. B-1.2.71 (b-e)
Handdicke an den Fingerspitzen (HDFS)	13	15	17	HDFS = 0.044 * Perzentil + 12.8mm	(3) HDFS = 61% der Handdicke HDFG
Handflächenlänge (HFL)	101	109	118	HFL = 0.189 * Perzentil + 100.1mm	(1) HDE Maß Nr. B-1.2.62(b)
Handlänge (HL)	168	184	201	HL = 0.367 * Perzentil + 166.2mm	(1) HDE Maß Nr. B-1.2.62(a)
Daumenradius (DR)	10	11	12	DR = 0.022 * Perzentil + 9.9mm	HDE berechnet aus Maß Nr. B-1.2.72 (Daumenumfang)
Greifdurchmesser Innenmaß (GDI)	39	44	50	GDI = 0.122 * Perzentil + 38.4mm	(1) HDE Maß Nr. B-1.2.67(a)

(1) Handbuch der Ergonomie, Bundesamt für Wehrtechnik und Beschaffung, Carl Mauser Verlag, München, 1975.
(3) nach G. Tsotsis, Entwicklung eines biomechanischen Modells des Hand-Arm-Systems, Springer, 1987.

Handmodell (Umfassungsgriff) : FRAU				
Maße [mm]	**Perzentil** 5. | 50. | 95.		**Parametrisierung**	**Quelle**
Handgelenkumfang (HGU)	147 | 160 | 177		$HGU = 0.333 * Perzentil + 145.3mm$	(1) HDE Maß Nr. B-1.2.65(b)
Handgelenksbreite am Unterarm (HBU)	57 | 63 | 69		$HBU = 0.130 * Perzentil + 56.7mm$	(3) HBU = 39% des Handgelenk- umfangs HGU
Handgelenksdicke am Unterarm (HDU)	35 | 39 | 42		$HDU = 0.080 * Perzentil + 34.9mm$	(3) HDU = 24% des Handgelenk- umfangs HGU
Handbreite an den Fingergrundgelenken (HBFG)	72 | 79 | 87		$HBFG = 0.167 * Perzentil + 71.2mm$	(1) HDE Maß Nr. B-1.2.63 (a)
Handdicke an den Fingergrundgelenken (HDFG)	21 | 26 | 31		$HDFG = 0.111 * Perzentil + 20.4mm$	(1) HDE Maß Nr. B-1.4.64
Handbreite an den Fingerspitzen (HBFS)	50 | 57 | 65		$HBFS = 0.167 * Perzentil + 49.2mm$	(1) HDE Summe der Fingerbreiten Maß Nr. B-1.4.71 (b-e)
Handdicke an den Fingerspitzen (HDFS)	13 | 16 | 19		$HDFS = 0.067 * Perzentil + 12.7mm$	(3) HDFS = 61% der Handdicke HDFG
Handflächenlänge (HFL)	91 | 99 | 107		$HFL = 0.178 * Perzentil + 90.1mm$	(1) HDE Maß Nr. B-1.4.62(b)
Handlänge (HL)	160 | 174 | 188		$HL = 0.311 * Perzentil + 158.4mm$	(1) HDE Maß Nr. B-1.4.62(a)
Daumenradius (DR)	9 | 10 | 11		$DR = 0.022 * Perzentil + 8.9mm$	HDE berechnet aus Maß Nr. B-1.4.72 (Daumenumfang)
Greifdurchmesser Innenmaß (GDI)	34 | 39 | 44		$GDI = 0.111 * Perzentil + 33.4mm$	(1) HDE Maß Nr. B-1.4.67(a)

(1) Handbuch der Ergonomie, Bundesamt für Wehrtechnik und Beschaffung, Carl Mauser Verlag, München, 1975.
(3) nach G. Tsotsis, Entwicklung eines biomechanischen Modells des Hand-Arm-Systems, Springer, 1987.

Modell des Rumpfoberteils : MANN

Maße [mm]	Perzentil			Parametrisierung	Quelle
	5.	50.	95.		
Rumpfhöhe (RH)	570	617	662	RH = 1.03 * Perzentil + 564.89 mm	DIN 33402 Maß Nr. 2.3
Rumpfoberteilhöhe (ROH)	380	411	442	ROH = 0.69 * Perzentil + 376.59 mm	Annahme: ROH = 67% der Rumpfhöhe (RH)
Rumpfbreite an den Schultern (RBS)	362	394	425	RBS = 0.7 * Perzentil + 359.00 mm	DIN 33402 Maß Nr. 1.10
Rumpfdicke an den Schultern (RDS)	181	197	213	RDS = 0.35 * Perzentil + 179.50 mm	Annahme: RDS = 50% der Rumpfbreite an den Schultern (RBS)
Rumpfbreite an der Lende (RBL)	248	275	302	RBL = 0.60 * Perzentil + 244.80 mm	DIN 33402 Maß Nr. 1.11
Rumpfdicke an der Lende (RDL)	190	217	247	RDL = 0.63 * Perzentil + 186.84 mm	Annahme: RDL = 80% der Körpertiefe DIN 33402 Maß Nr. 1.2
Halsdicke am Rumpfansatz (HDR)	116	124	132	HDR = 0.18 *Perzentil + 115.44 mm	Annahme: HDR = 80% der Kopfdicke DIN 33402 Maß Nr. 5.5

Modell des Rumpfunterteils : MANN

Maße [mm]	Perzentil			Parametrisierung	Quelle
	5.	50.	95.		
Rumpfunterteil- höhe (RUH)	190	206	221	RH = 0.35 * Perzentil + 188.30 mm	Annahme: RUH = 33% der Rumpfhöhe DIN 33402 Maß Nr. 2.3
Rumpfbreite an der Lende (RBL)	248	275	302	RBL = 0.60 * Perzentil + 244.80 mm	Annahme : RBL = 80 % der Hüftbreite DIN 33402 Maß Nr. 1.11
Rumpfdicke an der Lende (RDL)	190	217	247	RDL = 0.63 * Perzentil + 186.84 mm	Annahme : RDL = 80 % der Körpertiefe DIN 33401 Maß Nr. 1.2
Rumpfbreite an der Hüfte (RBH)	310	344	377	RBH = 0.75 * Perzentil + 306.00 mm	DIN 33402 Maß Nr. 1.11
Rumpfdicke an der Hüfte (RDH)	186	206	226	RDH = 0.45 * Perzentil + 183.60 mm	Annahme : RDH = 60 % der Rumpfbreite an der Hüfte (RBH)
Rumpfbreite an d. Oberschenkeln (RBO)	310	344	377	RBO = 0.75 * Perzentil + 306.00 mm	Annahme: RBO = Rumpfbreite an der Hüfte (RBH))
Rumpfdicke an d. Oberschenkeln (RDO)	155	172	189	RDO = 0.375 * Perzentil + 153.00 mm	RDO = 50 % der Rumpfbreite an den Oberschenkeln (RBO)

Modell des Rumpfoberteils : FRAU

Maße [mm]	Perzentil			Parametrisierung	Quelle
	5.	50.	95.		
Rumpfhöhe (RH)	540	588	637	RH = 1.08 * Perzentil + 534.08 mm	DIN 33402 Maß Nr. 2.3
Rumpfoberteilhöhe (ROH)	360	392	425	ROH = 0,72 * Perzentil + 356.15 mm	Annahme: ROH = 67% der Rumpfhöhe (RH)
Rumpfbreite an den Schultern (RBS)	322	354	386	RBS = 0.7 * Perzentil + 319.00 mm	DIN 33402 Maß Nr. 1.10
Rumpfdicke an den Schultern (RDS)	161	177	193	RDS = 0.35 * Perzentil + 159.50 mm	Annahme: RDS = 50% der Rumpfbreite an den Schultern (RBS)
Rumpfbreite an der Lende (RBL)	251	287	323	RBL = 0.80 * Perzentil + 247.02 mm	DIN 33402 Maß Nr. 1.11
Rumpfdicke an der Lende (RDL)	185	228	271	RDL = 0.96 * Perzentil + 186,20 mm	Annahme: RDL = 80% der Körpertiefe DIN 33402 Maß Nr. 1.2
Halsdicke am Rumpfansatz (HDR)	110	118	126	HDR = 0.18 * Perzentil + 109.28 mm	Annahme: HDR = 80% der Kopfdicke DIN 33402 Maß Nr. 5.5

Modell des Rumpfunterteils : FRAU

Maße [mm]	Perzentil			Parametrisierung	Quelle
	5.	50.	95.		
Rumpfunterteil- höhe (RUH)	180	196	212	RH = 0.36 * Perzentil + 178.05 mm	Annahme: RUH = 33% der Rumpfhöhe DIN 33402 Maß Nr. 2.3
Rumpfbreite an der Lende (RBL)	251	287	323	RBL = 0.80 * Perzentil + 247.02 mm	Annahme : RBL = 80 % der Hüftbreite DIN 33402 Maß Nr. 1.11
Rumpfdicke an der Lende (RDL)	185	228	271	RDL = 0.96 * Perzentil + 180,20 mm	Annahme : RDL = 80 % der Körpertiefe DIN 33401 Maß Nr. 1.2
Rumpfbreite an der Hüfte (RBH)	314	359	404	RBH = 0.75 * Perzentil + 309.00 mm	DIN 33402 Maß Nr. 1.11
Rumpfdicke an der Hüfte (RDH)	188	215	242	RDH = 0.60 * Perzentil + 185.40 mm	Annahme : RDH = 60 % der Rumpfbreite an der Hüfte (RBH)
Rumpfbreite an d. Oberschenkeln (RBO)	314	359	404	RBO = 1.00 * Perzentil + 309.00 mm	Annahme: RBO = Rumpfbreite an der Hüfte (RBH))
Rumpfdicke an d. Oberschenkeln (RDO)	157	179	202	RDO = 0.50 * Perzentil + 154.50 mm	RDO = 50 % der Rumpfbreite an den Oberschenkeln (RBO)

Oberschenkelmodell : MANN

Maße [mm]	Perzentil			Parametrisierung	Quelle
	5.	50.	95.		
Oberschenkel- durchnesser in der Hüfte (ODH)	155	172	189	ODH = 0.375 * Perzentil + 153.00 mm	Annahme: ODH = 50% der Hüftbreite DIN 33402 Maß Nr. 1.11
Oberschenkel- durchmesser am Knie (ODK)	109	120	132	ODK = 0.25 * Perzentil + 107.00 mm	Annahme: ODK= 70% des Oberschenkel- durchmessers an der Hüfte
Oberschenkel- länge (OSL)	301	328	355	OSL = 0.60 * Perzentil + 298.00 mm	Annahme: OSL= 40% der Schritthöhe DIN 33402 Maß Nr. 1.8

Oberschenkelmodell : FRAU

Maße [mm]	Perzentil			Parametrisierung	Quelle
	5.	50.	95.		
Oberschenkel- durchmesser in der Hüfte (ODH)	157	179	202	ODH = 0.50 * Perzentil + 154,50 mm	Annahme: ODH = 50% der Hüftbreite DIN 33402 Maß Nr. 1.11
Oberschenkel- durchmesser am Knie (ODK)	110	126	141	ODK = 0.35 * Perzentil + 108.00 mm	Annahme: ODK= 70% des Oberschenkel- durchmessers an der Hüfte
Oberschenkel- länge (OSL)	312	334	357	OSL = 0.49 * Perzentil + 310.00 mm	Annahme: OSL= 43% der Schritthöhe DIN 33402 Maß Nr. 1.8

Unterschenkelmodell : MANN				
Maße [mm]	Perzentil		Parametrisierung	Quelle
	5. | 50. | 95.			
Unterschenkel-durchmesser am Knie (UDK)	109 | 120 | 132		UDK = 0.25 * Perzentil + 107.00 mm	Annahme : UDK = 70% des Ober-schenkeldurchmessers an der Hüfte (ODM)
Unterschenkel-durchmesser am Fuß (UDF)	48 | 51 | 54		UDF = 0.07 *Perzentil + 47.39 mm	Annahme : UDF = 50% der Fußbreite (DIN 33402 Maß Nr. 4.2)
Unterschenkellänge (UL)	376 | 410 | 446		UL = 0.78 * Perzentil + 372.10 mm	Annahme: USL = 50% der Schritthöhe DIN 33402 Maß Nr. 1.8

Unterschenkelmodell : FRAU				
Maße [mm]	Perzentil		Parametrisierung	Quelle
	5. | 50. | 95.			
Unterschenkel-durchmesser am Knie (UDK)	110 | 126 | 141		UDK = 0.35 * Perzentil + 108.00 mm	UDK = 70% des Ober-schenkeldurchmessers an der Hüfte (ODM)
Unterschenkel-durchmesser am Fuß (UDF)	46 | 49 | 53		UDF = 0.08 * Perzentil + 45.44 mm	Annahme : UDF = 50% der Fußbreite (DIN 33402 Maß Nr. 4.2)
Unterschenkellänge (UL)	347 | 373 | 402		UL = 0.61 * Perzentil + 343.90 mm	Annahme: USL = 50% der Schritthöhe DIN 33402 Maß Nr. 1.8

Fußmodell : MANN				
Maße [mm]	Perzentil		Parametrisierung	Quelle
	5. | 50. | 95.			
Fußlänge (FL)	240 | 261 | 281		FL = 0.46 * Perzentil + 237.68 mm	DIN 33402 Maß Nr. 4.3
Fußbreite (FB)	95 | 102 | 108		FB = 0.15 * Perzentil + 94.87 mm	DIN 33402 Maß Nr. 4.2
Fußhöhe am Sprunggelenk (FHS)	75 | 82 | 88		FHS = 0.15 * Perzentil + 74.22 mm	Annahme : FHS = 10% der Schritthöhe DIN 33402 Maß Nr. 1.8
Unterschenkeldurchmesser am Fuß (UDF)	48 | 51 | 54		UDF = 0.07 * Perzentil + 47.39 mm	Annahme : UDF = 50% der Fußbreite DIN 33402 Maß Nr. 4.2
Zehenhöhe (ZH)	19 | 21 | 22		ZH = 0.04 * Perzentil + 18.83 mm	Annahme : ZH = 50% der Fußhöhe am Sprunggelenk (FHS)

Fußmodell : FRAU				
Maße [mm]	Perzentil		Parametrisierung	Quelle
	5. | 50. | 95.			
Fußlänge (FL)	222 | 243 | 265		FL = 0.48 * Perzentil + 219.61 mm	DIN 33402 Maß Nr. 4.3
Fußbreite (FB)	92 | 99 | 107		FB = 0.17 * Perzentil + 90.86 mm	DIN 33402 Maß Nr. 4.2
Fußhöhe am Sprunggelenk (FHS)	73 | 78 | 85		FHS = 0.13 * Perzentil + 72.33 mm	Annahme : FHS = 10% der Schritthöhe DIN 33402 Maß Nr. 1.8
Unterschenkeldurchmesser am Fuß (UDF)	46 | 49 | 53		UDF = 0.07 * Perzentil + 45.44 mm	Annahme : UDF = 50% der Fußbreite DIN 33402 Maß Nr. 4.2
Zehenhöhe (ZH)	17 | 19 | 21		ZH = 0.04 * Perzentil + 17.23 mm	Annahme : ZH = 50% der Fußhöhe am Sprunggelenk (FHS)

Anhang C   Gemessene Körpermaße des Probandenkollektivs

Proband Nr.:	Armlänge bis Griff- achse (Ø 60 mm) [mm]	Körper- höhe [mm]	Schulter- breite zwischen den Akromien [mm]	Unter- armdicke dorsal- volar [mm]	Hand- dicke [mm]	Unterarm- breite am Ellen- bogen [mm]	Alter [Jahre]
1	670	1820	424	39	32	67	29
2	690	1832	416	41	31	69	25
3	700	1846	407	40	29	67	26
4	665	1803	379	41	33	70	27
5	715	1980	436	46	33	78	28
6	690	1790	387	41	31	70	21
7	690	1795	419	45	32	64	25
8	665	1750	395	41	32	69	28
9	665	1730	400	41	31	64	27
10	675	1790	395	41	31	73	23

Anhang D   Berechnung der Greifkugelpositionen am Experimentalaufbau

Die nachfolgend dargestellte Vorschrift zur Berechnung der Greifkugelpositionen am Experimentalaufbau in Abhängigkeit der Körpermaße der Probanden orientiert sich an Richtwerten aus der Literatur zur ergonomisch richtigen Gestaltung von Arbeitsplätzen /89/, /76/, /23/ bzw. an den Körpermaßen von Männern des 5. und des 95. Perzentils. Etliche Werte sind willkürlich gewählt.

Die Schulterhöhe über der Arbeitsfläche SHT ergibt sich gemäß Bild D-1a durch Vorgabe des Neigungswinkels φ des ausgestreckten, die Arbeitsfläche berührenden Armes. Der Abstand d der Schulter von der Tischhöhe wurde nach /23/ und /41/ festgelegt.

Der Abstand der beiden vertikalen Kugelreihen von der Schulter berechnet sich gemäß Bild D-1b über die Skalierung der Armlänge AL mit SK_{AL}. Die Einstellhöhen der unteren und oberen Kugelreihen ergeben sich ausgehend von der Schulterhöhe SHT mit der skalierten Armlänge AL unter einem Winkel 0° und α.

Die Positionen der vertikalen Kugeln in x-Richtung lassen sich gemäß Bild D-1d mit der halben Schulterbreite SB/2 über die skalierte Armlänge unter den Winkeln γ_1 und γ_2 finden. Die daraus resultierende z-x-Ansicht zeigt Bild D-1c.

Der Abstand der horizontalen Kugelreihen von der Tischvorderkante ergibt sich gemäß Bild D-1e ausgehend von der Schulterhöhe SHT unter einem Winkel von β_1 bzw. β_2. Die Positionen der horizontalen Kugeln in x-Richtung lassen sich gemäß Bild D-1f wiederum mit der halben Schulterbreite SB/2 und der skalierten Armlänge unter den Winkeln δ_1 und δ_2 bestimmen.

Die einzelnen Gleichungen zur Berechnung der jeweiligen Greifkugelpositionen sind in Bild D-2 zusammengefaßt.

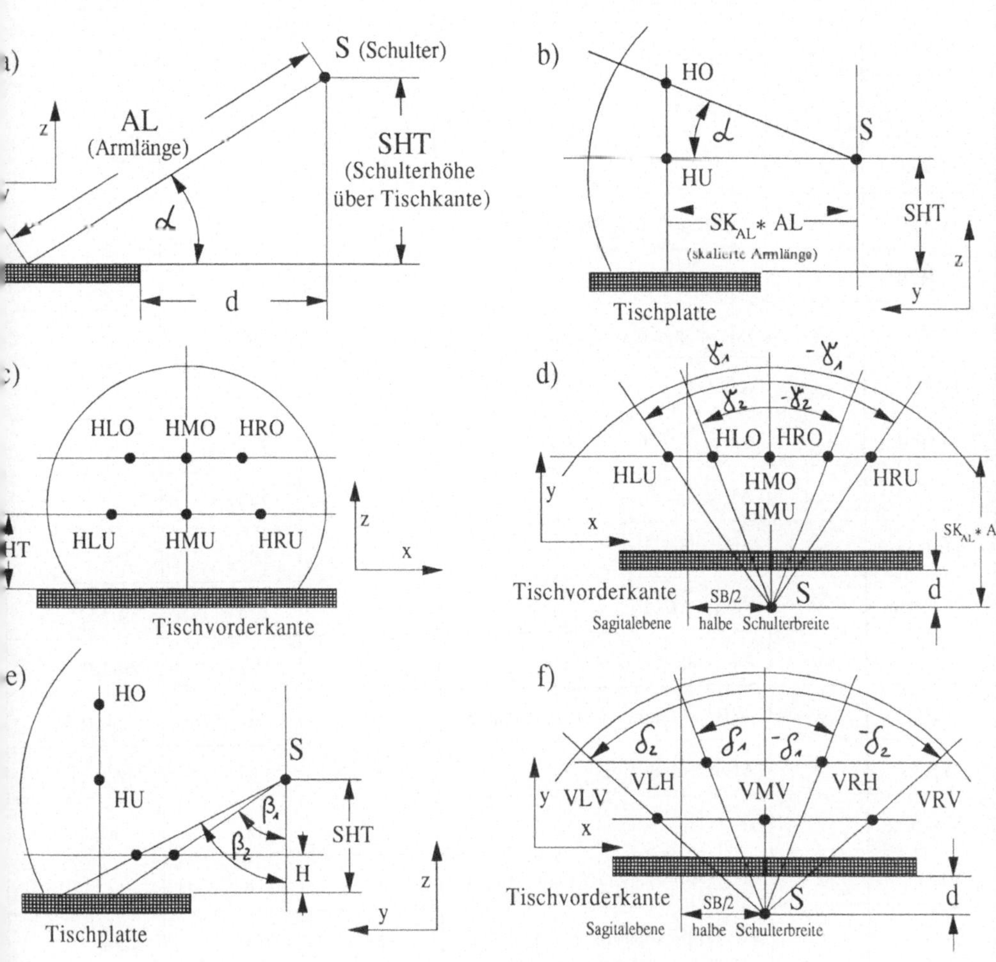

Bild D-1a-f: Berechnung der Greifkugelpositionen am Experimentalaufbau in Abhängigkeit der Körpermaße der Probanden

Greif-kugel	Koordi-nate	Gleichung	gemäß Bild Nr. D-1	Minima und Maxima [mm] 5. Perz.	95. Perz.
HLU	x	$+SB/2-(+)\tan\gamma_1 \cdot SK_{AL} \cdot AL$	c	-40 (407)	-48 (476)
(HRU)	y	$SK_{AL} \cdot AL-d$	b	238	303
H=hinten R=rechts U=unten	z	$AL \cdot \sin\varphi$	b	273	319
HLO	x	$+SB/2-(+)\tan\gamma_2 \cdot SK_{AL} \cdot AL$	c	42 (325)	49 (379)
(HRO)	y	$SK_{AL} \cdot AL-d$	b	238	303
O=oben	z	$AL \cdot \sin\varphi + SK_{AL} \cdot AL \cdot \tan\alpha$	b	497	581
HMU	x	$SB/2$	c	184	214
M=mittig	y	$SK_{AL} \cdot AL-d$	b	238	303
	z	$AL \cdot \sin\varphi$	b	273	319
HMO	x	$SB/2$	c	184	214
O=oben	y	$SK_{AL} \cdot AL-d$	b	238	303
	z	$AL \cdot \sin\varphi + SK_{AL} \cdot AL \cdot \tan\alpha$	b	497	581
VLV	x	$+SB/2-(+)\tan\delta_2 \cdot (AL \cdot \tan\beta_1 \cdot \sin\varphi)$	f	-207(574)	-241(640)
(VRV)	y	$AL \cdot \tan\beta_1 \cdot \sin\varphi-d$	e	123	169
V=vorne	z	H	e	100	100
VLH	x	$+SB/2-(+)\tan\delta_1(AL \cdot \tan\beta_2 \cdot \sin\varphi)$	f	-18 (385)	-22 (450)
(VRH)	y	$AL \cdot \tan\beta_2 \cdot \sin\varphi-d$	e	200	258
H=hinten	z	H	e	100	100
	x	$SB/2$	f	184	214
VMV	y	$AL \cdot \tan\beta_1 \cdot \sin\varphi-d$	e	123	169
	z	H	e	100	100

<u>Bild D-2:</u> Gleichungen zur Berechnung der Greifkugelpositionen

Die verwendeten Werte für die verschiedenen Parameter sind in Bild D-3 zusammengestellt.

Parameter	Bezeichnung	Wert	Einheit
φ	Neigungswinkel Arm	28	[Grad]
SK_{AL}	Skalierungsfaktor für die Armlänge	0.66	[-]
γ_1	Winkel zwischen Schulterebene und Greifkugeln rechts/links, vertikal	30	[Grad]
γ_2	Winkel zwischen Schulterebene und Greifkugeln rechts/links, vertikal	20	[Grad]
α	Winkel zwischen Schulterebene und Greifkugeln oben, vertikal	30	[Grad]
β_1	Winkel zwischen Schulterebene und Greifkugeln vorne/hinten, horizontal	45	[Grad]
β_2	Winkel zwischen Schulterebene und Greifkugeln vorne/hinten, horizontal	52	[Grad]
δ_1	Winkel zwischen Schulterebene und Greifkugeln rechts/links, horizontal	30	[Grad]
δ_2	Winkel zwischen Schulterebene und Greifkugeln rechts/links, horizontal	55	[Grad]
d	Abstand der Schulter von der Tischkante	150	[mm]
H	Höhe der horizontalen Greifkugeln über der Tischplatte	70	[mm]

Bild D-3:   Werte für die in Bild D-2 verwendeten Parameter

Anhang E   Anbringen der Marker auf die Haut der Probanden und Ermittlung von Lage und Orientierung der Gelenke aus den gemessenen Markerpositionen

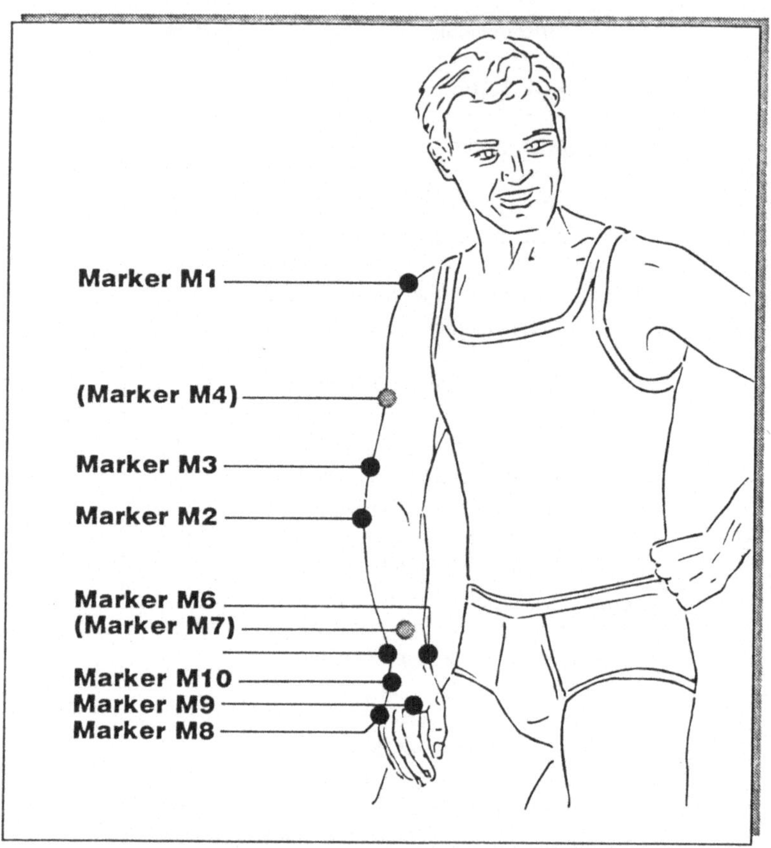

Bild E-1:   Markernamen und Markerpositionen auf dem Hand-Arm-System

Brustbein-Schlüsselbeingelenkposition

Der Proband sitzt auf dem Stuhl des Versuchsstandes. Der Oberkörper ist mit einem Gurt in y-Richtung fixiert, d. h. an die Rückenlehne gepreßt. Die Sitzhöhe wurde berechnet und eingestellt. Über die Meßvorrichtung (Bild E-2) wird die Position des Brustbein-Schlüsselbeingelenks gemessen:

$$\underline{B}_m = (B_{xm}, B_{ym}, B_{zm}) \qquad (m = gemessen) \qquad (E-1)$$

Bild E-2:   Vorrichtung zur Messung der Position des Brustbein-Schlüsselbeingelenks

B_{xm}, B_{ym} und B_{zm} stimmen gemäß Bild E-2 mit der tatsächlichen Lage des Brustbein-Schlüsselbeinglenks $\underline{B} = (B_x, B_y, B_z)$ im Rahmen der Meßgenauigkeit der Meßvorrichtung überein, wobei B_{ym}, auf der Haut des Probanden gemessen (das Brustbeingelenk läßt sich von außen ertasten), im Atemrhythmus variiert.

$$
\begin{aligned}
B_x &= B_{xm} \\
B_y &= B_{ym} - \frac{1}{2} D_s \\
B_z &= B_{zm}
\end{aligned}
\tag{E-2}
$$

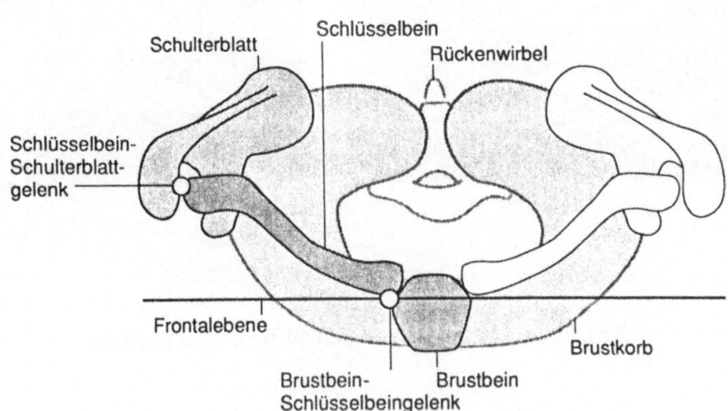

Bild E-3:   Lagerung des Schlüsselbeins am Brustbein-Schlüsselbeingelenk

Schultergelenkposition (1. Marker)

Bei ruhendem, herabhängendem Arm wird im Sitzen der 1. Marker M1 gemäß Bild E-4 auf dem höchsten lateralen Punkt des Akromiums gesetzt. Das VICON-System liefert direkt die Koordinaten aller Marker Mi : $\underline{M1} = (M1_x, M1_y, M1_z)$. $M1_x$ und $M1_y$ stimmen im Rahmen der Meßgenauigkeit mit der tatsächlichen Lage des Schultergelenks bezüglich S_x und S_y überein. $M1_z$ liegt über dem Schultergelenksmittelpunkt S_z auf der Haut des Probanden und muß entsprechend korrigiert werden. Nach /113/ liegt der tatsächliche Gelenkmittelpunkt bei herabhängendem Arm um den Abstand AAS (ca. 50 mm) unterhalb des höchsten lateralen Punkts des Akromiums (Bild E-6). Damit gilt:

$$S_x = M1_x$$
$$S_y = M1_y \qquad\qquad \underline{S} = (S_x, S_y, S_z) \qquad\qquad (E-3)$$
$$S_z = M1_z - 50 \text{ mm}$$

Aufgrund der Kinematik des Schultergürtels (E-5) gilt das Maß AAS mit hinreichender Genauigkeit auch beim Heben und Senken des Schulterblatts.

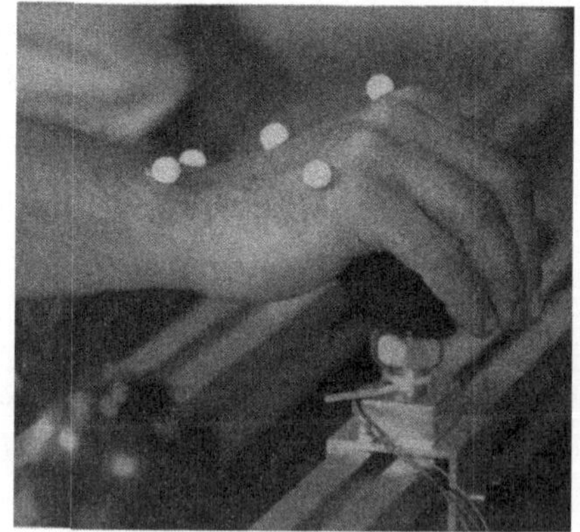

Bild E-4: Arm eines Probanden mit den aufgesetzten Markern

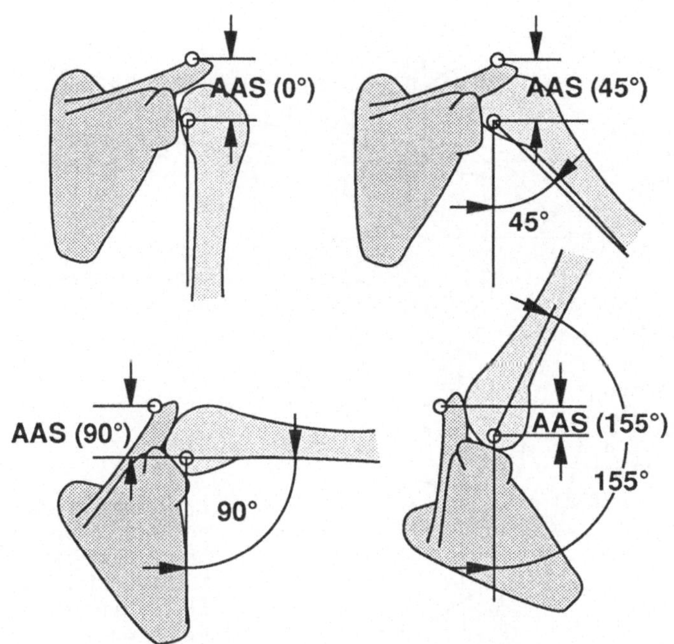

<u>Bild E-5:</u>   Vertikaler Abstand des Schultergelenks vom Akromium beim Heben und Senken des Schulterblattes

<u>Ellenbogengelenkposition (2. Marker)</u>

Bei ruhendem, distal herabhängendem Oberarm, den Unterarm 90° angewinkelt und die Ellenbogengelenkachse in lateraler Richtung wird gemäß Bild E-4 der 2 Marker M2 : $\underline{M2}$ = $(M2_x, M2_y, M2_z)$ am äußersten lateralen Rand der distalen Oberarmbeinverdickung gesetzt. Nach /113/ liegt dieser Punkt mit hinreichender Genauigkeit auf der Achse des Ellenbogengelenks.

<u>Ellenbogenposition und Ellenbogengelenksrichtung (3. und 4. Marker)</u>

Bei ruhenden Arm (siehe Ellenbogenposition) werden auf der in dieser Armstellung gedachten Verbindungslinie zwischen den Markern M1 und M2 (laterale Oberarmseite) der Marker M3 : $\underline{M3}$ = $(M3_x, M3_y, M3_z)$ und optional der Marker M4 : $\underline{M4}$ = $(M4_x, M4_y, M4_z)$ gesetzt (siehe Bild E-4 und Bild E-6). M4 wird nicht direkt zur Berechnung von Lage und Orientierung der Gelenkachsen benötigt und kann zur Überprüfung der Berechnungen herangezogen werden.

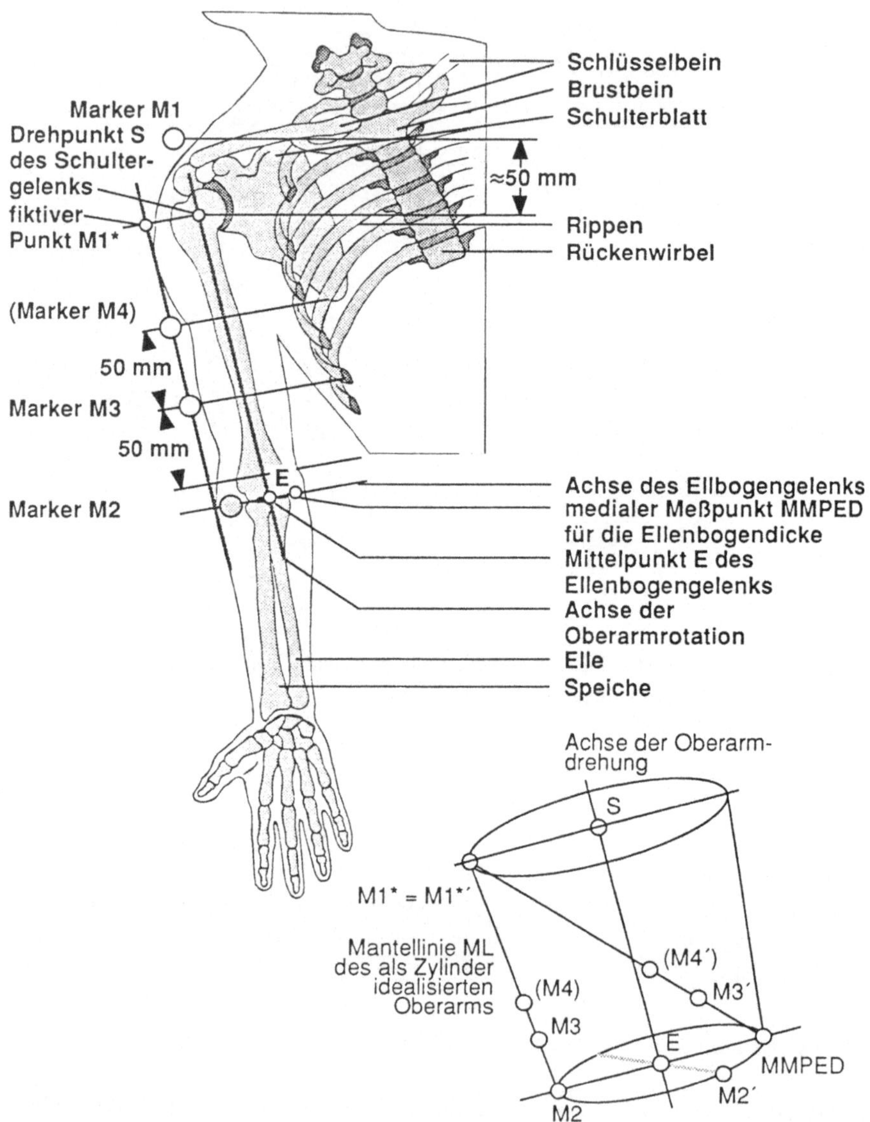

<u>Bild E-6:</u>   Aufsetzen der Marker M3 und M4 auf der lateralen Oberarmseite

Die Marker M3 und M4 bilden so eine Linie parallel zum Oberarmknochen (Humerus) und schneiden demgemäß die Drehachse des Ellenbogengelenks.

Um störende Hautbewegungen bei der Oberarmrotation zu vermeiden, werden die Marker M3 und M4 soweit wie möglich (Auflösungsvermögen der Bewegungsmeßeinrichtung VICON) in distaler Richtung zum Ellenbogengelenk hin verschoben, so daß der Marker M3 50 mm proximal über dem Marker M2 und der Marker M4 100 mm proximal über dem Marker M2 sitzt.

Die Verbindungslinie Schultergelenk - Ellenbogengelenk bildet gemäß Bild 5.3.2-6 die Drehachse für die Oberarmrotation. Die Marker M1, M3, M4 und M2 sowie der fiktive Punkt M1* liegen dabei alle in einer Ebene (x-z-Ebene). Die Punkte S, M1*, M2 und E bestimmen die Mantellinie, bzw. bei Rotation um die Achse SE die Mantelfläche) eines konischen Zylinders, der den Oberarm approximiert. Die Oberarmrotation um die Achse SE wird realisiert durch eine Rotation der Ellenbogengelenkachse EM2 um die Achse SE bei unveränderter Position von M1*. Dabei wandern die Marker M2, M3 und M4 auf der Mantelfläche des Zylinders nach M2', M3' und M4'. Die Strecke M3'M4' zeigt wie zuvor M3M4 auf den Marker M2' bzw. M2 und ist damit nach wie vor auf die Drehachse des Ellenbogengelenks gerichtet.

<u>Ellenbogengelenkstellung (5., 6. und 7. Marker)</u>

Bei ruhendem Arm (siehe Ellenbogengelenkposition), den Unterarm auf der Tischfläche aufgelegt, die dorsale Handseite nach oben, den Unterarm parallel zur ventralen Körperseite und die Finger zur lockeren Faust geschlossen, werden die Marker M5 : $\underline{M5}$ = (M5$_x$, M5$_y$, M5$_z$), M6 : $\underline{M6}$ = (M6$_x$, M6$_y$, M6$_z$) und optional M7 : $\underline{M7}$ = (M7$_x$, M7$_y$, M7$_z$) gemäß Bild E-6 und Bild E-7 wie folgt gesetzt: der Marker M5 sitzt auf der dorsalen Unterarmseite am äußersten lateralen Punkt der distalen Ellenverdickung. Der Marker M6 sitzt ebenfalls auf der dorsalen Unterarmseite am äußersten medialen Punkt der distalen Speichenverdickung. Der Marker M7 sitzt auf der Mittellinie der dorsalen Unterarmseite (Mittelsenkrechte der Strecke M5M6), im senkrechten Abstand von 50 mm von der Strecke M5M6 und kann wie der Marker M4 zur Überprüfung der aus den Markerpositionen berechneten Gelenkpositionen und -orientierungen herangezogen werden.

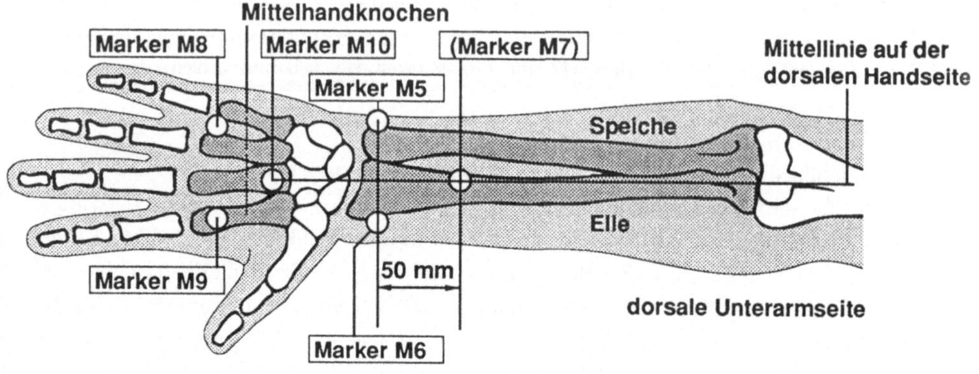

Bild E-7: Aufsetzen der Marker M5 bis M10 auf der dorsalen Unterarm- und Handseite

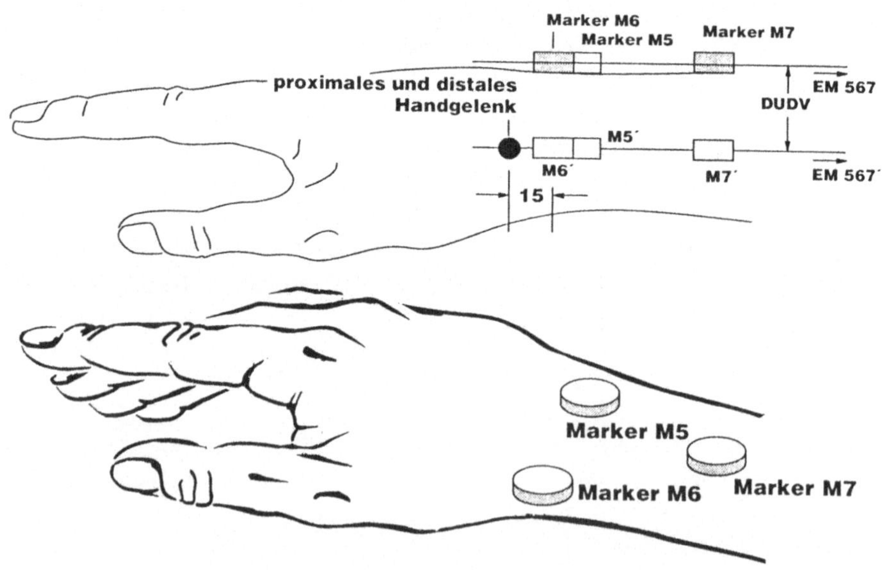

Bild E-8: Ermittlung der Position des proximalen und distalen Handgelenks

Die Marker M5 und M6 spannen zusammen mit dem Marker M2 bzw. dem Marker M7 eine Ebene EM562 bzw. EM567 auf. Das Handgelenk H liegt jedoch in einer in volarer Richtung parallelen Ebene (Bild E-8). Der Abstand der beiden Ebenen wird jeweils durch die halbe Unterarmdicke dorsal - volar DUDV der Probanden approximiert. Die Position des Handgelenks ergibt sich gemäß /113/ im distalen Abstand von 15 mm vom Mittelpunkt der Strecke M5'M6'.

<u>Handgelenksrichtung und Handgelenksposition (8., 9. und 10. Marker)</u>

Bei ruhendem Arm (siehe Ellenbogengelenkstellung), die Finger jedoch ausgestreckt und leicht gespreizt, das distale Ende des lateralen Mittelhandknochens (kleine Fingerseite) mit einem Zylinder mit Durchmesser 20 mm unterstützt, werden die Marker M8 : $\underline{M8} = (M8_x, M8_y, M8_z)$, M9 : $\underline{M9} = (M9_x, M9_y, M9_z)$ und M10 : $\underline{M10} = (M10_x, M10_y, M10_z)$ gemäß Bild E-4 wie folgt gesetzt: der Marker M8 sitzt auf der dorsalen Handseite, zwischen den distalen Enden der beiden lateralen Mittelhandknochen. Der Marker M9 sitzt auf der dorsalen Handseite, zwischen den distalen Enden der beiden medialen Mittelhandknochen. Der Marker M10 sitzt auf der dorsalen, proximalen Handseite, so daß sich mit den Markern M8 und M9 ein gleichschenkeliges Dreieck ergibt. Hierbei muß darauf geachtet werden, daß die Handrichtung parallel zur Unterarmrichtung ist, daß heißt M8M9/M5M6 (Mittelfinger zeigt in Richtung der Achse der Unterarmdrehung AUD).

<u>Berechnung der Gelenkpositionen und -orientierungen sowie der Gelenkwinkel aus den gemessenen Markerkoordinaten</u>

<u>Position des Brustbein-Schlüsselbeingelenks</u>

Die gemessene Position des Brustbein-Schlüsselbeingelenks $\underline{B}_m$ wird in y-Richtung gemäß Bild E-3 um den halben Durchmesser des medialen Schlüsselbeinendes korrigiert. Nach /113/ beträgt dieser Wert ca. 7,5 mm

$$\underline{B} = \underline{B}_m + \underline{V}_B \qquad \text{mit} \qquad \underline{V}_B = (0, -7.5, 0) \qquad (E-4)$$

<u>Position des Schultergelenks</u>

Die Position des Schultergelenks $\underline{S}$ ergibt sich nach /113/ aus der Position des Markers M1 und dem konstanten Korrekturvektor $\underline{V}_S$:

$$\underline{S} = \underline{M1} + \underline{V}_S \qquad \text{mit} \qquad \underline{V}_S = (0, 0, -50) \qquad (E-5)$$

Schlüsselbeinlänge

Rechnerisch ergibt sich die Schlüsselbeinlänge L_{SB} aus dem Betrag des Abstandes zwischen dem Brustbein-Schlüsselbeingelenk $\underline{B}$ und dem Schultergelenk $\underline{S}$:

$$L_{SB} = |\underline{S} - \underline{B}| \tag{E-6}$$

Oberarmlänge

Die Oberarmlänge L_{OA} ergibt sich aus der Position des Schultergelenks $\underline{S}$ und der Position des Markers M2 mit der individuell gemessenen Ellenbogenbreite B_{EB} (Bild E-6)

$$L_{OA} = \sqrt{(\underline{M2} - \underline{S})^2 - 0.25 \cdot B_{EB}^2} \tag{E-7}$$

Unterarmlänge

Die Unterarmlänge ergibt sich nach /113/ und gemäß Bild E-8 aus dem Abstand der Marker M2 und M5 und einer konstanten Verschiebung in distaler Richtung um 15 mm:

$$L_{UA} = |\underline{M5} - \underline{M2}| + V_U \tag{E-8}$$

$$\text{mit} \quad V_U = \frac{15(\underline{M5} - \underline{M2})}{|\underline{M5} - \underline{M2}|}$$

Weiteres Vorgehen

Um die Lage der einzelnen Glieder aus den gemessenen Markerpositionen zu berechnen, wird das mit den bereits berechneten Gliedlängen dimensionierte Modell des Hand-Arm-Systems (siehe Kapitel 3) sukzessive aus einer definierten Nullage (die lokalen z-Achsen der Glieder zeigen in Richtung der Gliederlängsachse vom Oberkörper weg, die lokalen y-Achsen zeigen in ventraler Richtung) beim Schlüsselbein beginnend in die den gemessenen Markerpositionen entsprechende Lage transformiert. In der Nullage ergibt sich für die Lage von Schlüsselbein, Oberarm und Unterarm folgende Darstellung, bezogen auf die Lage des nächstliegenden Gelenks in proximaler Richtung:

$$\begin{aligned}
\underline{s}_0 &= (L_{SB}, 0, 0) \\
\underline{o}_0 &= (0, 0, -L_{OA}) \\
\underline{u}_0 &= (0, 0, -L_{UA})
\end{aligned} \tag{E-9}$$

Die Freiheitsgrade des Brustbein-Schlüsselbeingelenks

Der Vektor des Schlüsselbeins, d. h. der Abstand zwischen Brustbein-Schlüsselbeingelenk und Schulterblatt-Oberarmgelenk, der als invariant angenommen wird, ergibt sich aus:

$$\underline{s} = \underline{S} - \underline{B} \qquad \text{(E-10)}$$

Die beiden Freiheitsgrade des Schlüsselbeins, die hier verwendet werden um den Vektor $\underline{s}_o$ in den Vektor $\underline{s}$ überzuführen, drehen im lokalen Koordinatensystem des Schlüsselbeins um die x- und y-Achse. Im globalen Koordinatensystem entspricht dies der z-Achse für die erste und der y-Achse für die zweite Drehung. Es ergeben sich dann folgende Transformationsmatrizen im Inertialsystem:

$$T_1 = \begin{bmatrix} c1 & -s1 & 0 \\ s1 & c1 & 0 \\ 0 & 0 & 1 \end{bmatrix} \; ; \qquad T_2 = \begin{bmatrix} c2 & 0 & -s2 \\ 0 & 1 & 0 \\ s2 & 0 & c2 \end{bmatrix} \qquad \text{(E-11)}$$

$$\begin{aligned} \text{mit} \quad c1 &= \cos(\phi_1) & s1 &= \sin(\phi_1) & \text{Drehung um} \;\; -z \\ c2 &= \cos(\phi_2) & s2 &= \sin(\phi_2) & \text{Drehung um} \quad y \end{aligned}$$

Daraus ergibt sich folgende Gesamttransformation:

$$T_{12} = T_1 * T_2 = \begin{bmatrix} c1*c2 & -s1 & -c1*s2 \\ s1*c2 & c1 & -s1*s2 \\ s2 & 0 & c2 \end{bmatrix} \qquad \text{(E-12)}$$

Zwischen $\underline{s}$ und $\underline{s}_o$ herrscht also im Idealfall folgender Zusammenhang:

$$\underline{s} = T_{12} * \underline{s}_o \qquad \text{(E-13)}$$

Da aufgrund von Idealisierungen im Modell und von Messfehlern die Beträge der Vektoren aber im allgemeinen nicht übereinstimmen, wird mit den normierten Vektoren weitergearbeitet.

$$\underline{s}^e = T_{12} * \underline{s}_o^e$$

$$\begin{aligned} \text{mit} \quad \underline{s}^e &= \text{Einheitsvektor von } \underline{s} \\ \text{und} \quad \underline{s}_o^e &= \text{Einheitsvektor von } \underline{s}_o \end{aligned} \qquad \text{(E-14)}$$

Aus der unteren Zeile des Gleichungssystems, das sich daraus ergibt, kann eine Gleichung vom Typ a $*$ cos (ϕ_2) + b $*$ sin (ϕ_2) + c = 0 abgeleitet werden.

Dabei ist:

$$
\begin{aligned}
a &= s^e_{oz} &&= z - \text{Komponente des Vektors } \underline{s}^e_o \\
b &= s^e_{ox} &&= x - \text{Komponente des Vektors } \underline{s}^e \\
c &= -s^e_z &&= -z - \text{Komponente des Vektors } \underline{s}^e
\end{aligned}
\qquad \text{(E-15)}
$$

Daraus ergibt sich ϕ_2 zu:

$$
\cos(\phi_2) \;=\; \frac{a * c \overset{+}{-} b * \sqrt{a^2 + b^2 - c^2}}{a^2 + b^2}
$$

$$
\sin(\phi_2) \;=\; \frac{-b * c \overset{-}{+} a * \sqrt{a^2 + b^2 - c^2}}{a^2 + b^2}
\qquad \text{(E-16)}
$$

$$
\phi_2 \;=\; a\cos(\cos(\phi_2)) * \operatorname{sign}(\sin(\phi_2))
$$

Die Werte für Cosinus und Sinus werden dann in eine der beiden übriggebliebenen Gleichungen des LGS (E-14) eingesetzt und die sich ergebende Gleichung für ϕ_1 nach dem gleichen Schema ausgewertet. Dabei entsteht eine zweifache Lösungsmanigfaltigkeit, die durch Ausprobieren mit der dritten Gleichung des LGS (E-14) reduziert werden kann.

<u>Ellenbogenposition und Freiheitsgrade des Schulter- und Ellenbogengelenks</u>

Mit den beiden zuvor berechneten Gelenkwinkeln ϕ_1 und ϕ_2 wird nun die Nullage korrigiert. Die folgenden Glieder werden mit der Transformationsmatrix (E-12) in die neue Lage gebracht. Diese Lage ist für die folgende Rechnung die neue Nullage. Die zweite Möglichkeit besteht darin die Nullage konstant zu halten und die gemessenen Markerpositionen und deren Folgeergebnisse mit der inversen Transformation zurückzudrehen.

Mit beiden Varianten ist es möglich, die Optimierungsrechnung aus dem Programmsystem GRIBS zu nutzen, um die Gelenkwinkel des Schultergelenks und des Ellenbogens zu berechnen. Dabei werden mit dieser reduzierten Kinematik die gemessenen Positionen der Marker sowie die Positionen der Marker in der Nullage vorgegeben, so daß die Optimierungsrechnung die Marker aus der Nullage so dreht, daß sie möglichst genau mit der gemessenen Lage übereinstimmen. Da hierbei keine Redundanzen auftreten, ist eine im Rahmen der Meßgenauigkeit eindeutige Lösung möglich.

Ergebnis sind die Werte für die vier Freiheitsgrade des Schulter- und Ellenbogengelenks und damit die Positionen und Orientierungen der Drehachsen des Schultergelenks, des Ellenbogengelenks und des Unterarmdrehgelenks.

Unterarmverdrehung und Position der Handwurzel

Zur Berechnung der Unterarmverdrehung und der Position der Handwurzel dient der Richtungsvektor zwischen den Markern M5 und M6. Dieser Vektor liefert zum einen die Verdrehung des Unterarms bezüglich der Nullage, in der diese Richtung parallel zur Achse des Ellenbogengelenks verläuft. Der Verdrehwinkel kann direkt aus dem Skalarprodukt der beiden Richtungsvektoren berechnet werden. Um Zweideutigkeiten auszuschließen wird hier mit einem Drehtensor gearbeitet. Der o. a. Richtungsvektor ist im Rahmen der Meßgenauigkeit parallel zum Achsvektor des ersten Handgelenks und liefert dessen Richtung direkt.

Handgelenksfreiheitsgrade

Aus den drei Markern auf der dorsalen Handseite läßt sich gemäß Bild E-9 der Normalenvektor NE_{EM8910} der Handfläche berechnen. Dieser Vektor liefert verglichen mit der Nullage die Drehung des Handwurzelgelenks. Fällt man vom Marker M10 aus das Lot auf die Strecke M8M9, so erhält man den Vektor, der die zweite Handwurzeldrehung charakterisiert.

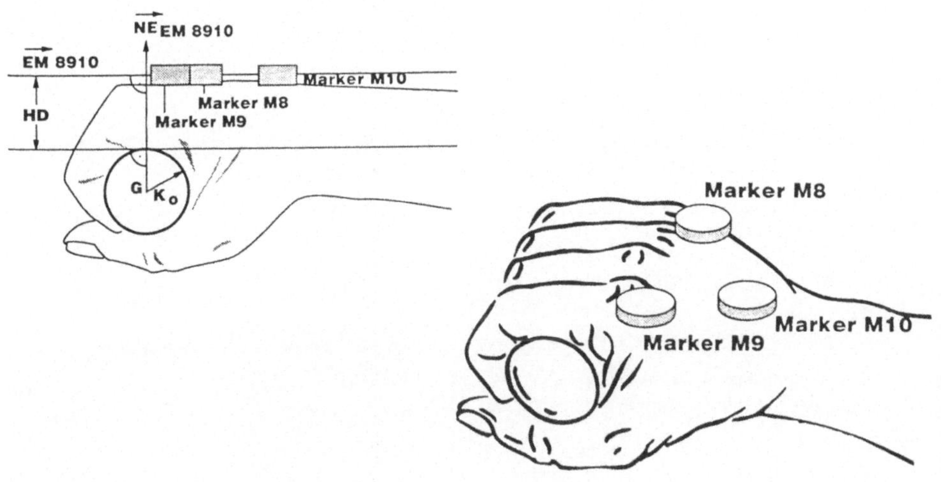

<u>Bild E-9:</u>   Ermittlung des Greifpunktes der Hand

<u>Greifpunkt</u>

Gemäß Bild E-9 kann der Greifpunkt der Hand ausgehend vom Mittelpunkt der Strecke M8M9 berechnet werden. Medial in Richtung des Normalenvektors NE_{EM8910} auf der Ebene EM8910 im Punkt M_{M8M9} wird zunächst die mittlere Handdicke abgetragen und danach zusätzlich der Radius des zu greifenden Objektes K_O (Kugelradius: $K_O = 30$ mm).

Anhang F Hard- und Softwarevoraussetzungen

Hardware

Bei dem eingesetzten Rechner (Bild F-1) handelt es sich um eine Workstation vom Typ VAXstation 3500 von der Firma DEC (Digital Equipment Corporation) mit 8 MB Hauptspeicher, 270 MB Harddisk, Bandlaufwerk TK 70 und Netzanschluß (DECNET).

Die zur manuellen Bewegungssteuerung eingesetzte 3D-Sensorkugel stammt von der DFVLR (Deutsche Forschungs- und Versuchsanstalt für Luft- und Raumfahrt) /68/. Es handelt sich um einen nachgiebigen Kraft-Momentensensor auf optischer Basis mit wählbarer Steifigkeit (Federkonstruktion), der von der Firma CIS, München vertrieben wird.

Die Mechanik des Experimentalaufbaus wurde mit Profilen und Komponenten des "Modularen Montagesystems" von der Firma Kemmler & Riehle realisiert. Die Elektronik des Experimentalaufbaus wurde zum größten Teil selbst entworfen und gebaut. Unter anderem kam dabei ein Basic programmierbarer Einplatinencomputer vom TYP EMUF 8052 von der Firma Kanis, München zum Einsatz.

Die Bewegungsmeßeinrichtung VICON VCI 350/VX 1050 zur Durchführung der Experimente wurde als Komplettlösung von der Firma Oxford Metrics, Oxford, Großbritannien bezogen /110/. Das System ist mit 3 schwarz-weiß Kameras Electronic-Shutter, 2:1 Interlaced, 50 Hz, mit 8 mm f/1.8 Linsen ausgestattet. Weiterhin gehören je Kamera eine Lichtquelle (40 Watt), die VICON Etherbox (VIDEO-Multiplexer) mit Ethernet-Controller, eigenem Prozessor, 4 MB Memory, Analog-Digital-Wandler und Synchronisations-Controller sowie 2 schwarz-weiß Monitore dazu.

Software

Das gesamte Programmsystem GRIBS zur Bewegungssimulation wurde in der Programmiersprache C kodiert. Dazu wurde der Standard C-Compiler von DEC (VAX) eingesetzt. Das Programm läuft unter dem Betriebssystem VMS (Virtual Memory System).

Zur Graphischen Darstellung wurde das am IAO entwickelte 3D-Graphikpaket IAOGRAPH eingesetzt /17/.

Die Software zur Kommunikation zwischen dem Einplatinencomputer EMUF und dem Experimentalaufbau während der Durchführung der Experimente wurde ebenso wie alle Berechnungsalgorithmen speziell entworfen und in der Programmiersprache Basic kodiert. Numerische Programmbibliotheken wurden nicht eingesetzt.

Zur Betreibung der Bewegungsmeßeinrichtung VICON ist die von Oxford Metrics bereitgestellte Software AMASS (ADTECH Motion Analysis Software System) sowie ADG (ADTECH Graphics Display Program) erforderlich.

Bild F-1: VAXstation 3500 mit 3D-Sensorkugel

Anhang G   Matrixschaltungen zur Auswertung der Tastsensorsignale von den Greifkugeln am Experimentalaufbau

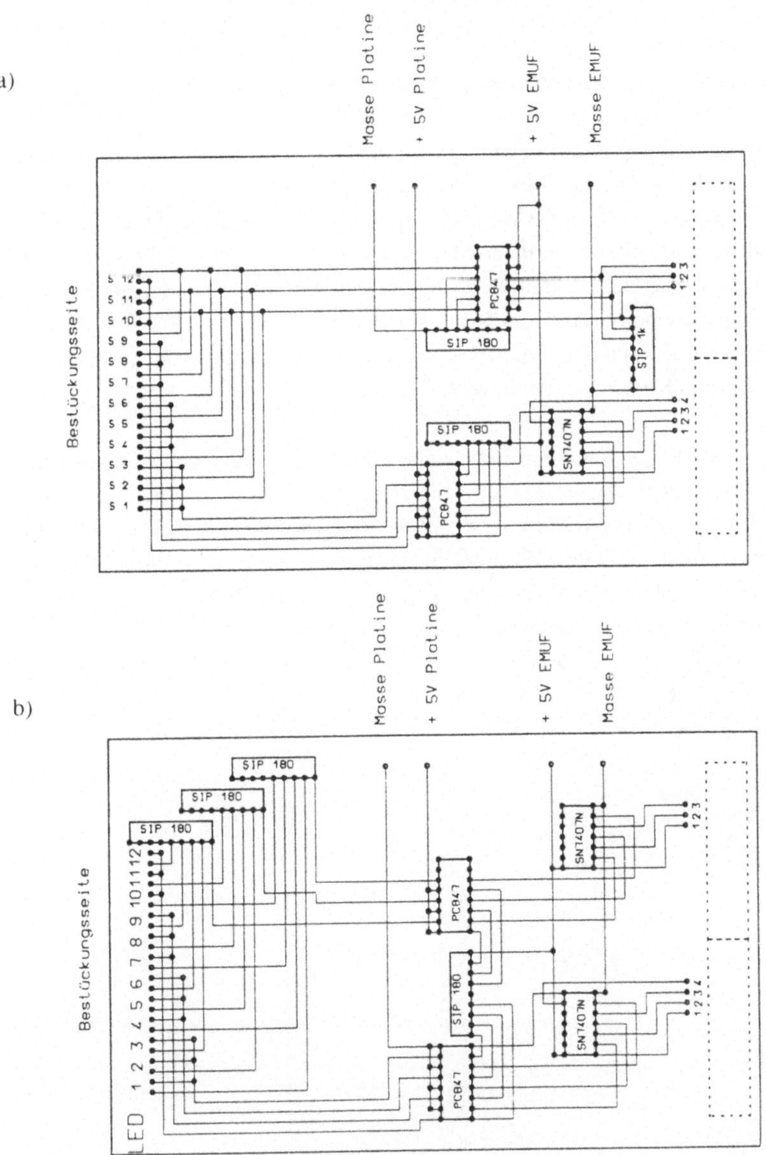

Bild G-1a-b: Aufbau der beiden Matrix-Schaltungen zur Auswertung der Sensorsignale von den Tastsensoren der Greifkugeln (a) und (b)

Anhang H   Aufbereitung der in den Experimenten gewonnenen Meßdaten

Die Aufbereitung der Meßdaten umfaßt die Schritte 2 bis 8 aus Bild H-1.

Die Umrechnung der 2D-Video-Rohdaten in Segmente von 3D-Markerkoordinaten, d. h. in ununterbrochene Abschnitte der Bewegungsspur eines Markers erfolgt mit Hilfe der von VICON bereitgestellten Software AMASS (Anhang F). Diese dient ebenfalls dazu, die einzelnen Segmente zu identifizieren, ihnen Markernamen zuzuweisen und damit die Segmente zu einem Bewegungszyklus zu kombinieren. Lücken zwischen den einzelnen Segmenten werden dabei bis zu einer Größe von 2/10 Sekunden automatisch interpoliert. Solche Lücken können entstehen, wenn z. B. Marker in Randbereichen des Versuchsraumes nicht mehr von mindestens zwei Kameras erkannt werden können.

Bild H-2 und Bild H-3 zeigen einen Bewegungszyklus vor und nach der Identifikation der Segmente und der Zuweisung der Marker. Bild H-4 zeigt einen Abschnitt aus diesem Bewegungszyklus (Frame 225 bis 475) in der x-y-Projektion nach der Identifikation der Marker. Das Wort Frame steht in diesem Zusammenhang für ein, aus je einer Aufnahme der drei VICON Kameras kombiniertes Bild, d. h. für je eine Position der Marker. Ein Frame entspricht der von VICON in 1/50 Sekunden gelieferten Information.

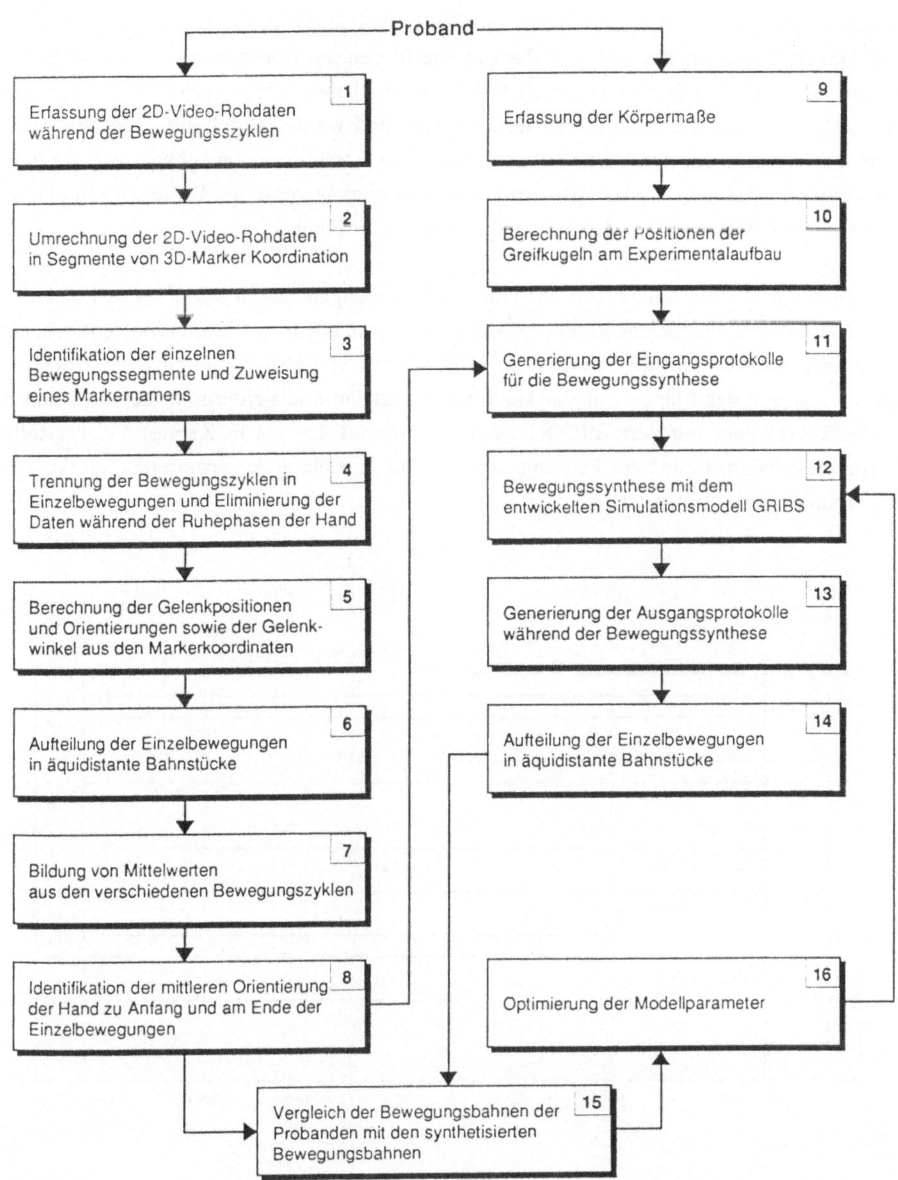

Bild H-1: Flußdiagramm zur Aufbereitung und Auswertung der mit der Bewegungsmeßeinrichtung VICON gemessenen Rohdaten und deren Vergleich mit den synthetisierten Bewegungen des Modells

Damit liegt ein Datensatz vor, der für jeden Marker und für die gesamte Versuchsdauer während der die Videokameras liefen, 50 Positionen je Sekunde enthält. Ruhezeiten der Hand an den Greifkugeln, während der sich die Markerpositionen nur um kleinste Beträge ändern, sind dabei teilweise eingeschlossen. Diese Phasen während der keine Bewegung stattfindet, sind für die Auswertung uninteressant und werden durch ein Programm eliminiert, das die schrittweise Veränderungen der Markerpositionen berechnet und mit einem Schwellwert vergleicht. Damit läßt sich auch der Übergang von einer Bewegung in eine Ruhephase und damit das Ende der Bewegung eindeutig festlegen.

Die Berechnung der Gelenkpositionen und Orientierungen aus den Markerpositionen und damit verbunden der Gelenkwinkel erfolgt gemäß Anhang E mit Hilfe eines entsprechend gestalteten Berechnungsprogramms. Zur Minimierung von Fehlern durch Ungenauigkeiten beim Aufsetzen der Marker auf der Haut der Probanden und Fehlern bei der Messung der Markerkoordinaten mit dem VICON System werden Teile des in Kapitel 4 dargestellten Optimierungsalgorithmus zur Prüfung und ggf. zur Korrektur der ermittelten Winkelwerte der Freiheitsgrade eingesetzt.

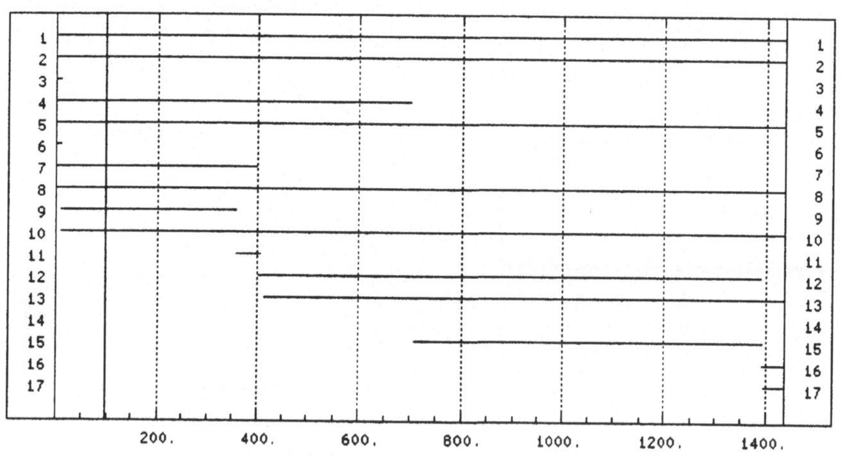

Bild H-2:   Segmente der 3D-Markerkoordinaten eines Bewegungszyklus vor der Identifikation

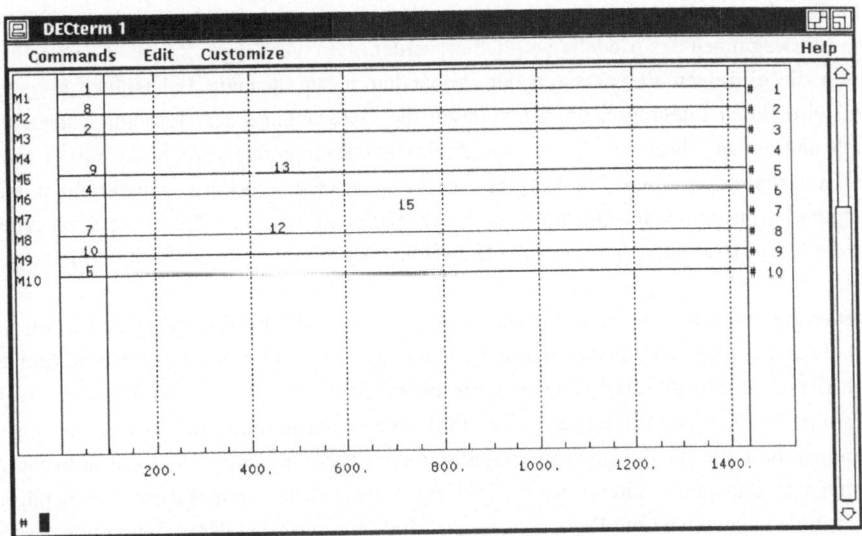

Bild H-3: Segmente der 3D-Markerkoordinaten eines Bewegungszyklus nach der Identifikation und Zuweisung der Markernamen

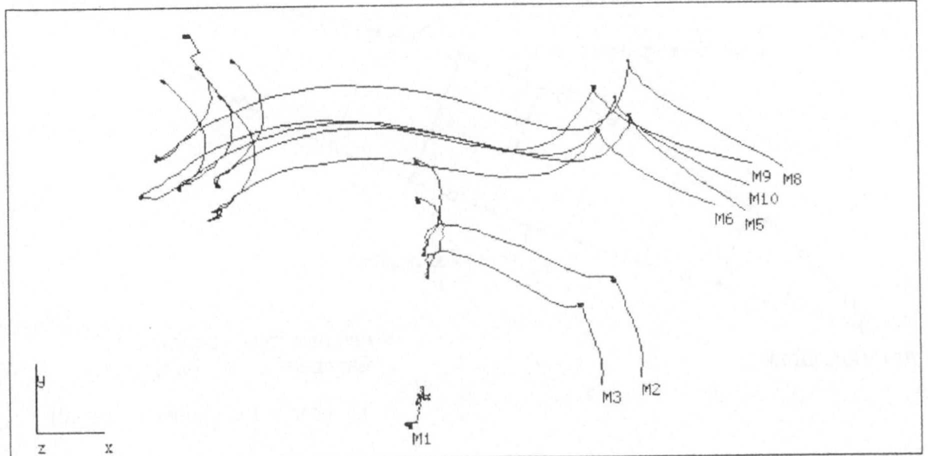

Bild H-4: Ausschnitt aus einem Bewegungszyklus (Frame 225 - 475, x-y-Projektion)

Gemäß Kapitel 4.3 wird der definierte Bewegungszyklus von jedem Probanden zehnmal ausgeführt. Da der zeitliche Verlauf der einzelnen Bewegungszyklen $\phi(t)$ eines Probanden in der Regel verschieden ist, können diese nicht direkt untereinander und mit den synthetisierten Bewegungen des Modells verglichen werden. Um die Vergleichbarkeit zu erreichen, werden die einzelnen Bewegungen der Probanden in äquidistante Bahnstücke aufgeteilt. Dazu wird durch Integration im Winkelraum die Gesamtlänge der Bewegungsbahnen ermittelt und entlang dieser eine konstante Zahl neuer Bahnpunkte gesetzt, die mit Geradenstücken verbunden werden. Der Vergleich der Winkelwerte von korrespondierenden neuen Bahnpunkten, in Form der Quadratsumme der Abstände zwischen diesen Punkten ermöglicht die Quantifizierung der Unterschiede zwischen zwei Bewegungsbahnen (Bild H-5).

Zur Bildung von Mittelwerten der Bewegungen innerhalb der Bewegungszyklen werden die Winkelwerte an den äquidistanten Bahnpunkten von allen Bewegungszyklen addiert und durch deren Anzahl dividiert. Zuletzt wird die mittlere Orientierung der Hand zu Beginn und am Ende einer jeden Bewegung eines Probanden extrahiert und für die Generierung der Eingangsprotokolle für die Bewegungssynthese bereitgestellt. Damit sind alle notwendigen Schritte zur Datenaufbereitung erfolgt und der Vergleich der gemessenen Bewegungsabläufe mit den synthetisierten Bewegungen des Modells kann nach deren Erzeugung mit dem Simulationsprogramm GRIBS durchgeführt werden.

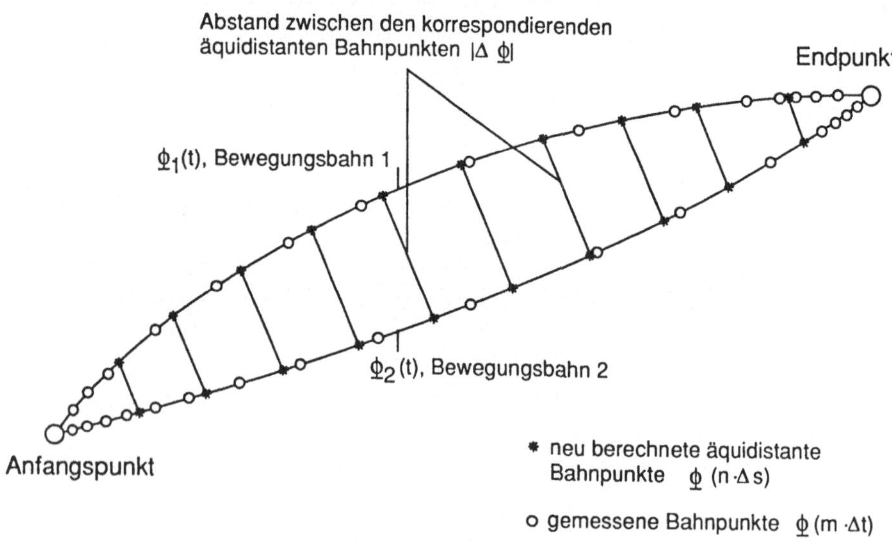

<u>Bild H-5:</u>   Vergleich zweier Bewegungsbahnen durch Bildung der Quadratsumme der Abstände zwischen korrespondierenden Bahnpunkten

Anhang I Ebenen und Richtungen im Raum im Bereich des Körpers

Für die in der vorliegenden Arbeit verwendeten Begriffe für die räumlichen Ebenen und Richtungen im Bereich des menschlichen Körpers gelten gemäß /131/ die in Tabelle I-1 und in Tabelle I-2 dargestellten Definitionen.

Begriff	Erklärung
Medianebene	Ebene, die durch die Vertikal- und Sagittalachse gelegt wird. Sie teilt den Körper in zwei annähernd gleiche Hälften (Symmetrieebene)
Sagittalebene	Ebene parallel zur Medianebene.
Frontalebene	Ebene, die parallel zur Stirn und senkrecht zur Medianebene steht.
Transversalebene	Ebene, die senkrecht zur Medianebene und zu einer Frontalebene steht. Bei aufrechtem Stand liegt sie horizontal.

Tabelle I-1: Ebenen und Richtungen im Bereich des nach /131/

Begriff	Erklärung
distal	rumpffern (körperfern)
dorsal	rückenwärts (handrückenseitig)
frontal	in der Frontalebene
lateral	seitlich (außen)
medial, median	zur Mitte (innen)
proximal	rumpfnah (körpernah)
radial	daumenwärts
sagittal	in der Sagittalebene
transversal	in der Transversalebene
ventral	bauchwärts (vorn)
volar	hohlhandseitig

Tabelle I-2: Richtungen im Raum nach /131/

Anhang J   Hinweise bezüglich der Implementierung des entwickelten Programmsystems GRIBS (Graphisch interaktive Bewegungssynthese des Hand-Arm-Systems)

Durch die in der vorliegen-den Arbeit beschriebenen Zusammenhänge ist eine Realisierung auf einem Rechner nicht in allen Einzelheiten festgelegt. Zum einen muß bei der Programmierung auf die jeweiligen speziellen Möglichkeiten der zur Verfügung stehenden Hard ware eingegangen werden. Zum anderen wirken sich auch individueller Programmierstil und verwendete Programmiersprache stark auf das Programm aus.

Dieser Anhang gilt diesen für das Verständnis der Vorgehensweise hilfreichen Einzelheiten, deren Erwähnung in den vorangegangenen Kapiteln unterblieb.

Um die folgende Darstellung nicht mit unnötig vielen Details zu überladen, wurden die Erläuterungen auf folgendes repräsentative Beispiel beschränkt:

o   Bewegung des rechten Armes bei festem Oberkörper,

o   der Greifpunkt der rechten Hand soll einen vorgegebenen Zielpunkt erreichen,

o   die Lösung wird mit Hilfe des erweiterten Ansatzes gemäß Kapitel 3.2 ermittelt und

o   bei der Optimierungsrechnung werden die Zielfunktionen 3.1.1 (Quadratsumme der Winkelinkremente) und 3.1.3 (Bewegungsraumgrenzen) berücksichtigt.

J 1   Die wichtigsten Daten

In einem Programm gibt es, unabhängig von der verwendeten Programmiersprache, eine Vielzahl von Variablen und Konstanten, die neben den eigentlich relevanten Daten die unterschiedlichsten Hilfsgrößen zur Daten- oder Programmorganisation repräsentieren. Hier sind kurz diejenigen Größen aufgelistet, die von besonderer Bedeutung für die Optimierungsrechnung und teilweise schon aus Kapitel 3 bekannt sind.

Kurzbezeichnung/ Stichwort	Bedeutung
$\underline{\phi}$	Werte der Zustandsgrößen (unabhängige Größen) des zugrunde-liegenden kinematischen Modells. Im vorliegenden Beispiel sind dies die Winkelwerte der für die Bewegung zur Verfügung stehenden Freiheitsgrade. (Die Tatsache, daß es sich hierbei um Winkelgrößen handelt, ist eine Eigenschaft des verwendeten Modells und ist nicht von grundsätzlicher Natur).
Trafo	Transformationsmatrizen vom Inertialsystem zum jeweiligen lokalen Koordinatensystem. Jedem Körperteil des Gesamtmodells ist ein lokales Koordinatensystem zugeordnet. Die entsprechenden Koordinatentransformationen sind zum Teil konstant, zum Teil hängen sie von den aktuellen Werten der Freiheitsgrade ($\underline{\phi}$) ab. Es können hier nur Verschiebungen und Drehungen des Koordinatensystems vorkommen, die beide zusammen in 4x4-Matrizen (Denavit-Hartenberg-Matrizen) beschrieben werden.
$\underline{\underline{A}}$	Die Transformationsmatrizen (Trafo) beschreiben die Abhängigkeit des Ortes und der Orientierung der einzelnen Körperglieder vom Zustand des Modells, repräsentiert durch $\underline{\phi}$. Für die Optimierung werden jedoch nicht die Augenblickswerte für einen Zustand, sondern die differentiellen Zusammenhänge benötigt, d. h. die partiellen Ableitungen erster Ordnung (Jacobi-Matrix) dieser Größen nach den Gelenkwinkeln.
Zielvektor	Vektor, der angibt, welchen Weg der Greifpunkt der Hand bei der Bewegung zurücklegen soll.
Grenzen	Der Bewegungsraum der Gelenke ist beschränkt. Diese Daten geben an, wo die Grenzen liegen und in welcher Weise sie untereinander verkoppelt sind.
Gewichtung	Ein Optimierungsansatz mit einer Kombination verschiedener Ziel-Funktionen kann nur funktionieren, wenn die Gewichtung dieser Kriterien sinnvoll ist. Sie verkörpert einen wesentlichen Teil der Modelleigenschaften und ist eine der wichtigsten Möglichkeiten, das Simulationsmodell der Realität anzupassen.
P	Zielfunktion, die sich additiv aus den Zielfunktionen P_i der einzelnen Bewertungskriterien zusammensetzt und die alle für die Berechnung des Lösungsinkrements ausschlaggebende Information enthält.

J 2 Programmablauf

Der Ablauf der Bewegungsberechnung wird nachfolgend anhand eines vereinfachten Fluß-
diagramms dargestellt und an einigen Stellen durch nähere Einzelheiten zu den jeweiligen
Berechnungsschritten ergänzt.

J 2.1 Aufruf

Zu Anfang der Bewegungssynthese können verschiedene Programmodule stehen, die ihre
Vorgaben zum Beispiel über die Sensorkugel, durch interaktive Eingabe durch den Benutzer
oder aus vorgegebenen Protokollen erhalten. Die folgende Darstellung setzt an der Stelle
auf, an der die Aufgabenstellung folgende Form angenommen hat:
Gesucht ist eine inkrementelle Änderung der Gelenkwinkel, so daß die Raumkoordinaten
des Greifpunkts sich in sinnvoller Weise auf den durch den "Zielvektor" definierten Punkt
hinbewegen.

$$\boxed{\quad \underline{\phi}, \text{ Zielvektor, Grenzen, Gewichtung, } \underline{A}, \dots \quad}$$

J 2.2 Aufstellung der einzelnen Zielfunktionen

Da die eigentliche Zielfunktion additiv aus mehreren einzelnen Kriterien zusammengesetzt
ist, kann für jedes dieser Kriterien die entsprechende Komponente separat ermittelt werden.

Das Kriterium "Minimale Quadratsumme der Winkelinkremente" hängt nur von den konstanten Gewichtungsfaktoren und nicht vom augenblicklichen Zustand des Modells ab.

Die Problemstellung bei Freiheitsgraden mit gekoppelten Bewegungsraumgrenzen wird für
das Kriterium "Berücksichtigung der Bewegungsraumgrenzen" auf das entsprechende Problem bei ungekoppelten Grenzen zurückgeführt, um dann zusammen mit den restlichen
Freiheitsgraden mit den entsprechenden Gewichtungen den zweiten Teil der Zielfunktion
berechnen zu können.

Bei Freiheitsgraden mit ungekoppelten Bewegungsraumgrenzen genügt neben der Angabe der unteren und der oberen Begrenzung des Bewegungsraumes die Festlegung einer "bequemsten" Winkelstellung zur Definition einer asymmetrischen Bewegungscharakteristik (Bild J-1). Soll bei gekoppelten Bewegungsraumgrenzen eine solche Charakteristik auf analoge Weise definiert werden, muß dies bei der Zurückführung auf den eindimensionalen Fall besonders berücksichtigt werden.

Die Vorgehensweise ist in Bild J-1 erläutert: das äußere Gitter repräsentiert die drei erwähnten Größen für jede Dimension. In dieses Gitter ist die Ellipse der Bewegungsraumgrenze einbeschrieben. Zusätzlich enthält sie zwei Halbellipsen, die in der skizzierten Form an den jeweiligen Geraden der "bequemsten" Lagen anliegen. Für eine bestimmte Position innerhalb der Bewegungsraumgrenzen (Kreis) ergeben sich die "entkoppelten" Werte, indem die Schnittpunkte der Horizontalen bzw. der Vertikalen mit den Ellipsen bzw. Halbellipsen gebildet werden. Auf diese Weise wird die Aufstellung der Zielfunktion für alle Freiheitsgrade gleich gestaltet.

Betrachtet sei nun weiter ein einzelner Freiheitsgrad mit vorgegebenen Werten für die obere und untere Grenze, der "bequemsten" Lage und dem Augenblickswert ϕ_i. Der Wert für die "bequemste" Lage teilt das Intervall in zwei Teile. Derjenige Teil des Intervalls, in dem der Augenblickswert liegt, wird auf den Betrag 1 normiert. Danach wird die entsprechende Zielfunktion (bis auf eine belanglose additive Konstante) definiert. Für die Funktionen F und G aus den Gleichungen (3-21) und (3-22) hat sich folgender Ansatz bewährt:

$$F(\phi_{0i}) \;=\; [\frac{1}{1-\phi_{0i}^2} - 1]\, sign(\phi_{0i}) \;*\; \text{Asymmetrieterm} \tag{J-1}$$

$$G(\phi_{0i}) \;=\; a * \phi_{0i}^3 + b * \phi_{0i} \qquad \text{mit } a + b = 1; \; a, b > 0 \tag{J-2}$$

Die resultierenden Größen werden wieder auf den realen Wertebereich des Bewegungsraums zurücktransformiert, wodurch sich die Koeffizienten der Zielfunktion ergeben. Damit die Asymmetrie sich nicht nur in der Lage der "bequemsten" Stellung niederschlägt, sondern auch die Steilheit der "Flanken" beeinflussen kann, steht in F noch ein weiterer Term, der dem Verhältnis der beiden Teile des zur Verfügung stehenden Intervalls entspricht. Dies hat zur Folge, daß die Flanken im schmaleren Teil steiler und im breiteren Teil flacher werden.

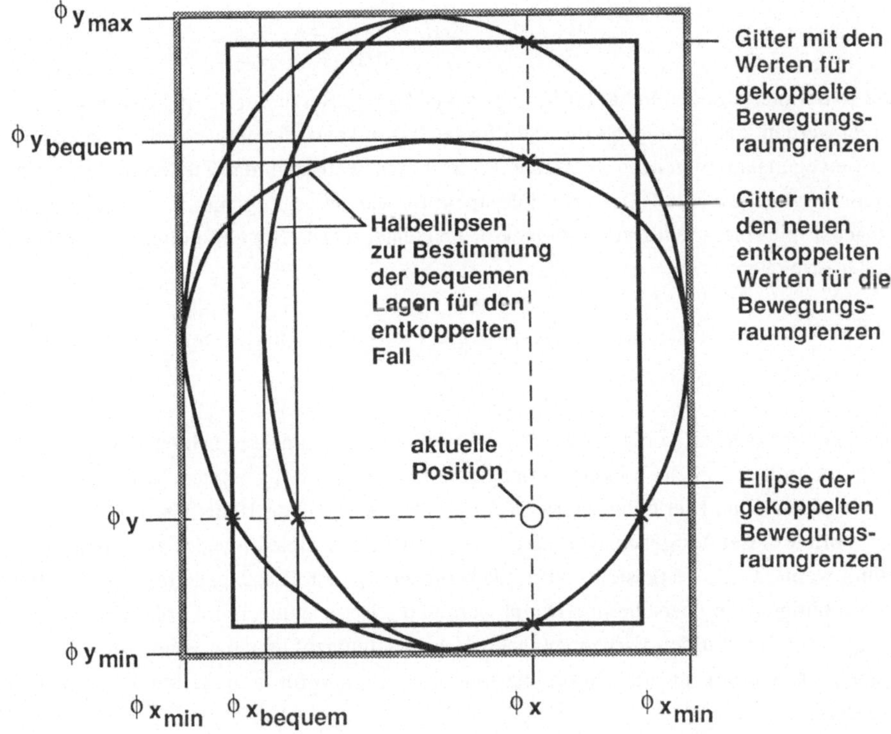

Bild J-1: Lokale Reduktion gekoppelter Bewegungsraumgrenzen auf die eindimensionale Problemstellung

Das Kriterium "Annäherung an den Zielpunkt" enthält ausschließlich abhängige Größen, die die Position des Greifpunktes bzw. dessen Änderung repräsentieren.

Die Bewertung eines Bewegungsinkrements repräsentiert hier die Annäherung an den Zielpunkt. Die Umsetzung dieser Bewertung erfolgt mit einer kugelförmigen Potentialfunktion um den Zielpunkt. Eine solche Funktion hat bereits die gewünschte Form:

$$P = \frac{1}{2}\,\Delta\underline{\phi}^{tr}\,\underline{\underline{W}}\,\Delta\underline{\phi} + \underline{w}^{tr}\,\Delta\underline{\phi} \qquad (J-3)$$

Es sei $\underline{Z}$ der Zielvektor. Dann gilt für die Diagonalmatrix $\underline{\underline{W}}$ und den Vektor $\underline{w}$:

$$W_{ii} = 1 \qquad \text{und} \qquad w_i = -z_i \qquad\qquad \text{(J-4)}$$

Die so definierte Funktion hat ihr Minimum bei $\Delta\underline{\phi} = \underline{z}$. Bei dieser Vorgehensweise muß beachtet werden, daß der Zielvektor einen Betrag haben kann, der aufgrund der Linearisierung die Bewegungsraumgrenzen überschreitet. In diesem Fall kann das Ziel nicht durch ein Inkrement erreicht werden. Das erste Inkrement für die Bewegung zum Zielpunkt wird dann zunächst mit einem reduzierten Zielvektor berechnet. Diese Reduktion läßt sich folgendermaßen erreichen:

$$\underline{z}' = \underline{z} * \left(\frac{a}{\| \underline{z} \|} * ln(1 + \frac{\| \underline{z} \|}{a}) \right) \qquad \text{mit} : a > 0 \qquad\qquad \text{(J-5)}$$

Der Funktionsverlauf von $\underline{z}'$ ist so gewählt, daß kleine $\underline{z}$ annähernd ihren Betrag behalten, während große $\underline{z}$ um einen Faktor reduziert werden, der durch geeignete Wahl von a beeinflußt werden kann. Hier treten Werte in der Größenordnung von 10 bis 100 auf.
Ein Vorteil dieser Vorgehensweise ist, daß sie mehrfach hintereinander ausgeführt werden kann, wenn z. B. festgestellt wird, daß für ein $\underline{z}'$ ein Lösungsinkrement die Bewegungsraumgrenzen überschreitet. Damit werden die Berechnungen in Größenordnungen zurückgeführt, die mit den vorgenommenen Vereinfachungen vereinbar sind. Dies ist bei extremer Annäherung an die Bewegungsraumgrenzen nur für sehr kleine Inkremente gewährleistet.

einzelne Zielfunktionen, Gewichtung, $\underline{\underline{A}}$, Grenzen, $\underline{\phi}$, ...

J 2.3 Addition der einzelnen gewichteten Zielfunktionen

Die Gesamtzielfunktion, die schließlich ein geeignetes Lösungsinkrement für das gegebene Problem liefern soll, ist stets als Summe mehrerer Einzelfunktionen zu verstehen. Dies bezieht sich zum einen auf die Berücksichtigung der einzelnen Kriterien und zum anderen auf die interne Summation in diesen Zielfunktionen für die einzelnen Kriterien. Da also die Bildung der Gesamtzielfunktion zweistufig verläuft, wurde auch die Gewichtung dementsprechend zweistufig aufgebaut.

Die Gewichtung eines Summanden ist unter zwei Gesichtspunkten vorzunehmen. Zum einen gibt es rein numerische Gründe, auf diese Weise gewisse Korrekturen durchzuführen, zum anderen werden dadurch Einflußmöglichkeiten auf die Bewegungscharakteristik geschaffen.

Betrachtet seien z. B. zwei Freiheitsgrade des Modells, von denen der eine durch eine Winkelangabe im Bogenmaß, der andere durch eine Streckenangabe in mm dargestellt werde, so sind bei der Bewertung entsprechender Inkremente die auftretenden Zahlenwerte nicht vergleichbar. Der Betrag des Wertebereichs für eine Größe geht quadratisch in die Rechnung ein. Deshalb wird eine erste Gewichtung mit dem Kehrwert dieses Quadrates, also eine Normierung durchgeführt. Bei den Gelenkwinkeln ist durch die Bewegungsraumgrenzen ein Wertebereich gegeben, so daß der numerische Anteil an der internen Gewichtung der ersten zwei Kriterien ermittelt werden kann. Da es sich beim dritten Kriterium um die Raumkoordinaten des Greifpunktes handelt, sind die entsprechenden Werte nicht direkt anzugeben. Gewichtet man mit dem Kehrwert des Quadrates der Distanz zum vorgegebenen Zielpunkt, so wird zum einen die numerische Größenordnung berücksichtigt, zum anderen ergibt sich ein progressives Verhalten der Gewichtung bei Annäherung an den Zielpunkt. Dies hat als Ursache, daß bei kleinen Bewegungsinkrementen die entsprechenden Inkremente der einzelnen Freiheitsgrade relativ zu dem als Bezug genommenen Wertebereich klein sind, während sich dieses Verhältnis bei den Raumkoordinaten und dem Betrag des Zielvektors bei kleinen Inkrementen nicht ändert.

Die Folge ist, daß in großer Entfernung vom Zielpunkt das Modell die Möglichkeit hat, von der Geraden zwischen Anfangs- und Endpunkt abzuweichen, das Erreichen des Zielpunkts aber dennoch gesichert ist.

Gesamtzielfunktion, $\underline{A}$, Grenzen, $\underline{\phi}$, ...

J 2.4 Berechnung des Lösungsinkrements

An dieser Stelle kommt einer der größten Vorteile des verwendeten Ansatzes zum Tragen. Die Lösung des Optimierungsproblems kann nun geschlossen angegeben werden:

$$\Delta\underline{\phi} = \underline{\underline{W}}^{-1}\underline{\underline{A}}^{tr}(\underline{\underline{A}}\,\underline{\underline{W}}^{-1}\underline{\underline{A}}^{tr})^{-1}(\Delta\underline{x} + \underline{\underline{A}}\,\underline{\underline{W}}^{-1}\underline{w}) - \underline{\underline{W}}^{-1}\underline{w} \qquad \text{(J-6)}$$

Da es sich bei der Matrix $\underline{\underline{W}}$ um eine Diagonalmatrix handelt, ist deren Invertierung trivial. Aufwendiger ist die Matrizenoperation zur Invertierung des ersten Klammerausdrucks. Die Existenz der Inversen ist gesichert, wenn zum einen A den maximalen Rang hat, was mit dem vorliegenden Modell gegeben ist, und zum anderen die Matrix $\underline{\underline{W}}$ positiv definit ist. Letztere Forderung ist erfüllt, wenn bei der Erstellung der Zielfunktion die in Kapitel 3 vereinbarten Einschränkungen eingehalten worden sind.

Das gefundene Lösungsinkrement ist letztendlich die optimale Lösung des linearisierten und vereinfachten Problems.

$\Delta\underline{\phi}$, $\underline{\phi}$, Grenzen, ...

J 2.5 Überprüfung der Bewegungsraumgrenzen

Zur Prüfung wird das gefundene Lösungsinkrement $\Delta\underline{\phi}$ zunächst probeweise zu $\underline{\phi}$ addiert und der neue Zustand durch einfache Überprüfung der Grenzbedingungen auf Zulässigkeit überprüft. Fällt diese Prüfung positiv aus, wird das Lösungsinkrement an die aufrufende Programmeinheit zurückgegeben, wo dann der eigentliche Bewegungsschritt, d. h. die Aktualisierung der Modellvariablen $\underline{\phi}$, Trafo, $\underline{\underline{A}}$, ... und der graphischen Darstellung erfolgt.

Ergibt die Überprüfung ein Überschreiten der Bewegungsraumgrenzen, so deutet dies darauf hin, daß in der augenblicklichen Situation die Berechnung des Lösungsinkrements mit relativ großen Linearisierungs- und Approximationsfehlern behaftet ist und dementsprechend mit kleineren Vorgaben gearbeitet werden muß. In dieser Situation hat sich die Reduktion des Zielvektors bewährt. Bei dieser Vorgehensweise wird zusätzlich das bereits erwähnte progressive Verhalten der Gewichtung des dritten Kriteriums für kleine Beträge des Zielvektors ausgenutzt. Findet der Algorithmus auch für Zielvektoren mit extrem kleinen Beträgen keine Lösung mehr, ist ein Erreichen des Zielpunktes auf diesem Weg nicht mehr möglich. Eine generelle Nichterreichbarkeit läßt sich hieraus noch nicht schließen, da sich das Modell möglicherweise an einem lokalen Optimum befindet von wo aus zumindest eine als relativ ungünstig zu bewertende Teilbewegung durchgeführt werden muß, um in den Einzugsbereich des zum Zielpunkt gehörenden Optimums zu gelangen.

Ein praktisches Beispiel für diese Situation ist das Erreichen aller Punkte auf dem Rücken. Beginnt man von der Schulter her, hat man schnell einen Punkt erreicht, wo der Arm zunächst wieder nach oben genommen werden muß, um von den Lenden aus sich erneut nach oben bewegen zu können.

In jedem Fall stehen dem Algorithmus an dieser Stelle nicht die Informationen zur Verfügung, die für die Ermittlung einer solchen intelligenten Lösung notwendig wären und es wird ein Nullinkrement zurückgegeben werden.

$$\Delta\underline{\Phi}$$

J 2.6 Aufrufende Programmeinheit

Die aufrufende Programmeinheit führt jetzt die nötigen Aktualisierungen durch und setzt ggf. mit dem aktualisierten Zielvektor erneut die Bewegungsberechnung in Gang. Befindet sich das Modell in der Situation, in der eine weitere Annäherung an den Zielpunkt nicht mehr oder nur nach vorhergehenden Befreiungsbewegungen möglich ist, so muß dies auf dieser Ebene berücksichtigt werden. Hier können die einzelnen Bewegungsschritte z. B. zur graphischen Darstellung aufbereitet werden, indem durch Einfügen von Zwischenschritten durch Interpolation oder durch Weglassen überflüssiger Schritte eine flüssige graphische

Darstellung ermöglicht wird. Weiter ist es möglich, ganze Bewegungsabläufe einer Bewertung nach komplexeren Kriterien zu unterziehen. Eine spezielle Aufgabe war hier z. B. der Vergleich ermittelter Bewegungsabläufe mit realen Bewegungen von Probanden, um durch Modifikation der Modellparameter eine hinreichende Übereinstimmung zu erzielen.

3   Informationsflußdiagramme

nformationsflußdiagramm X (Schnittstellenübersicht)

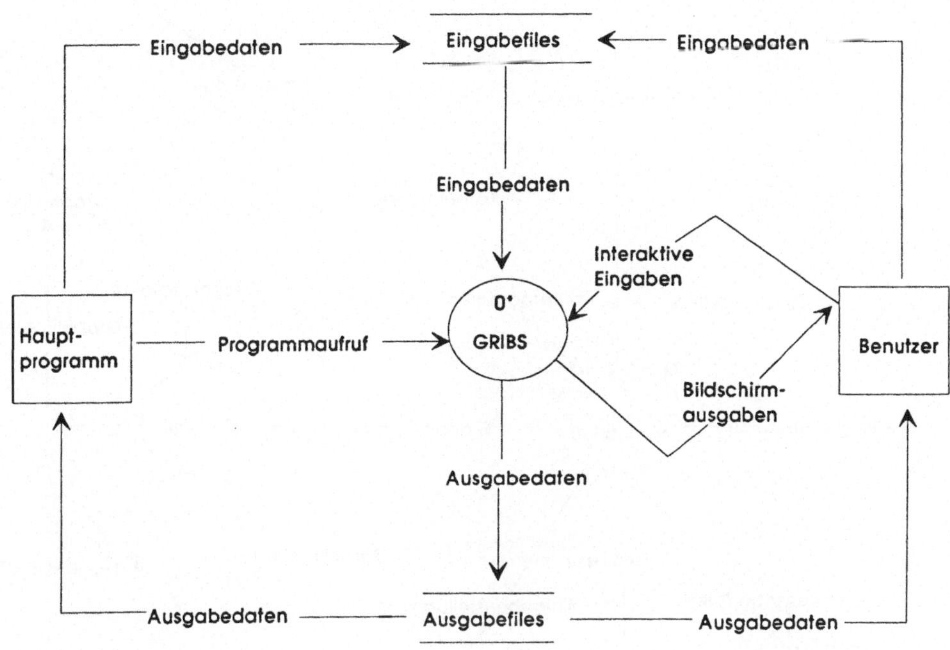

Informationsflußdiagramm 0

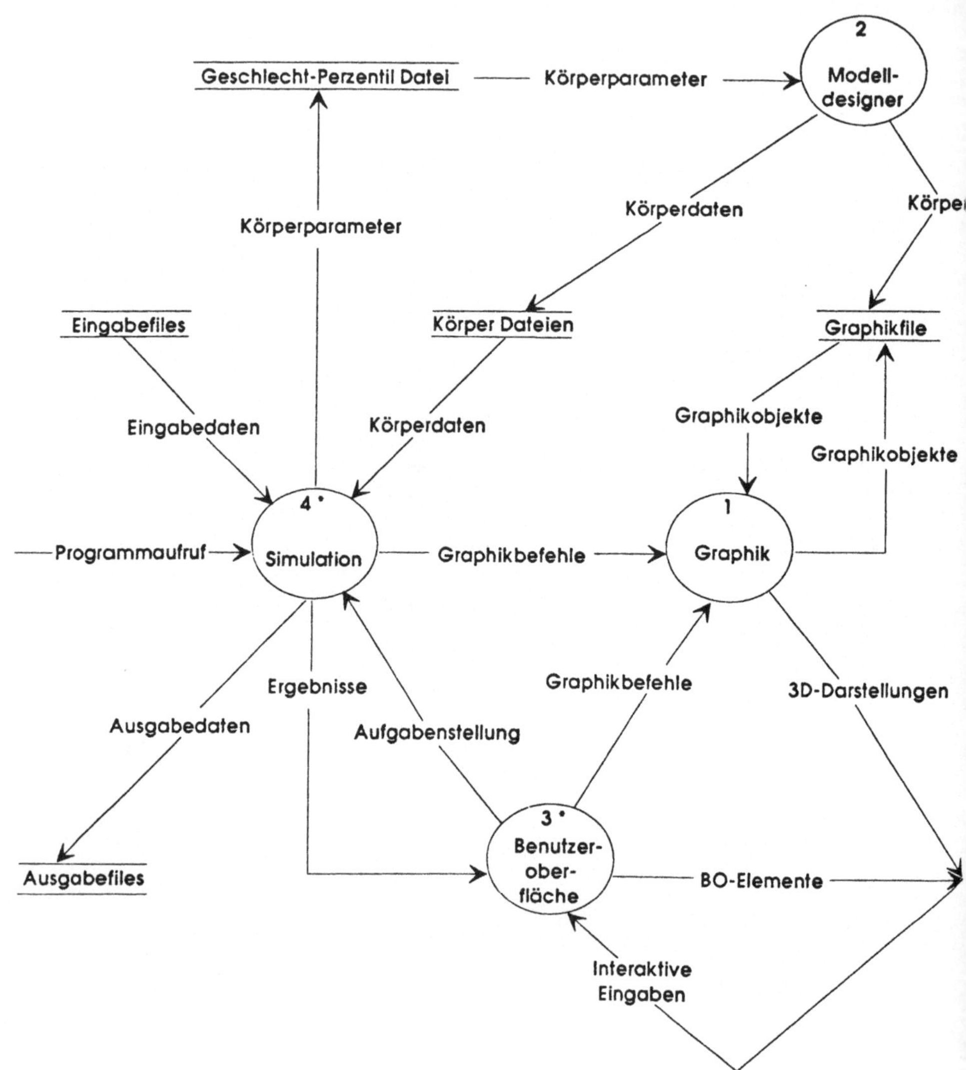

Informationsflußdiagramm 3

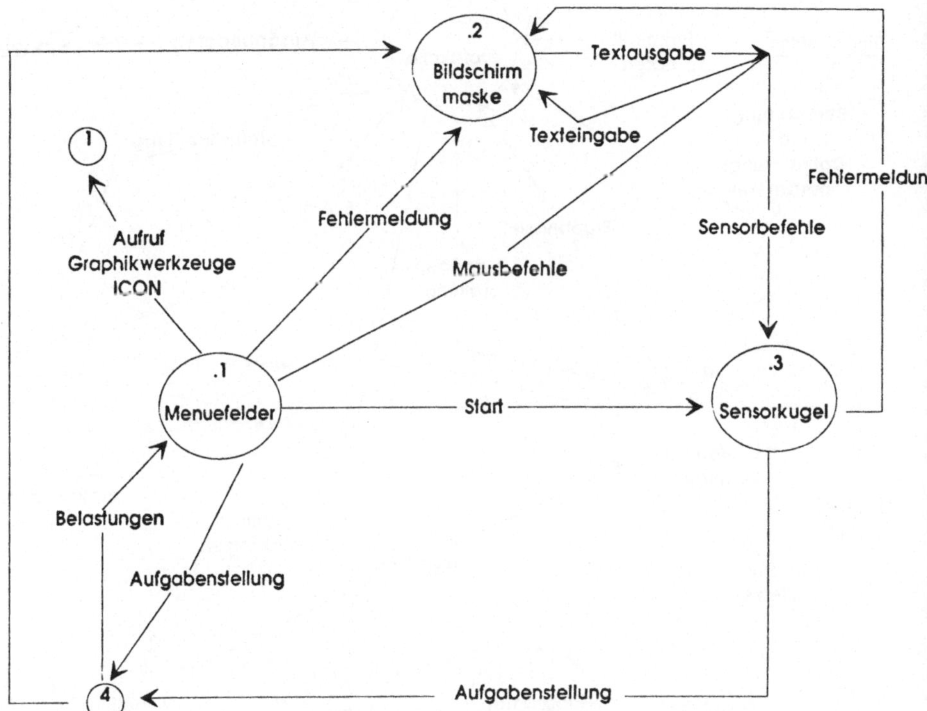

Informationsflußdiagramm 4

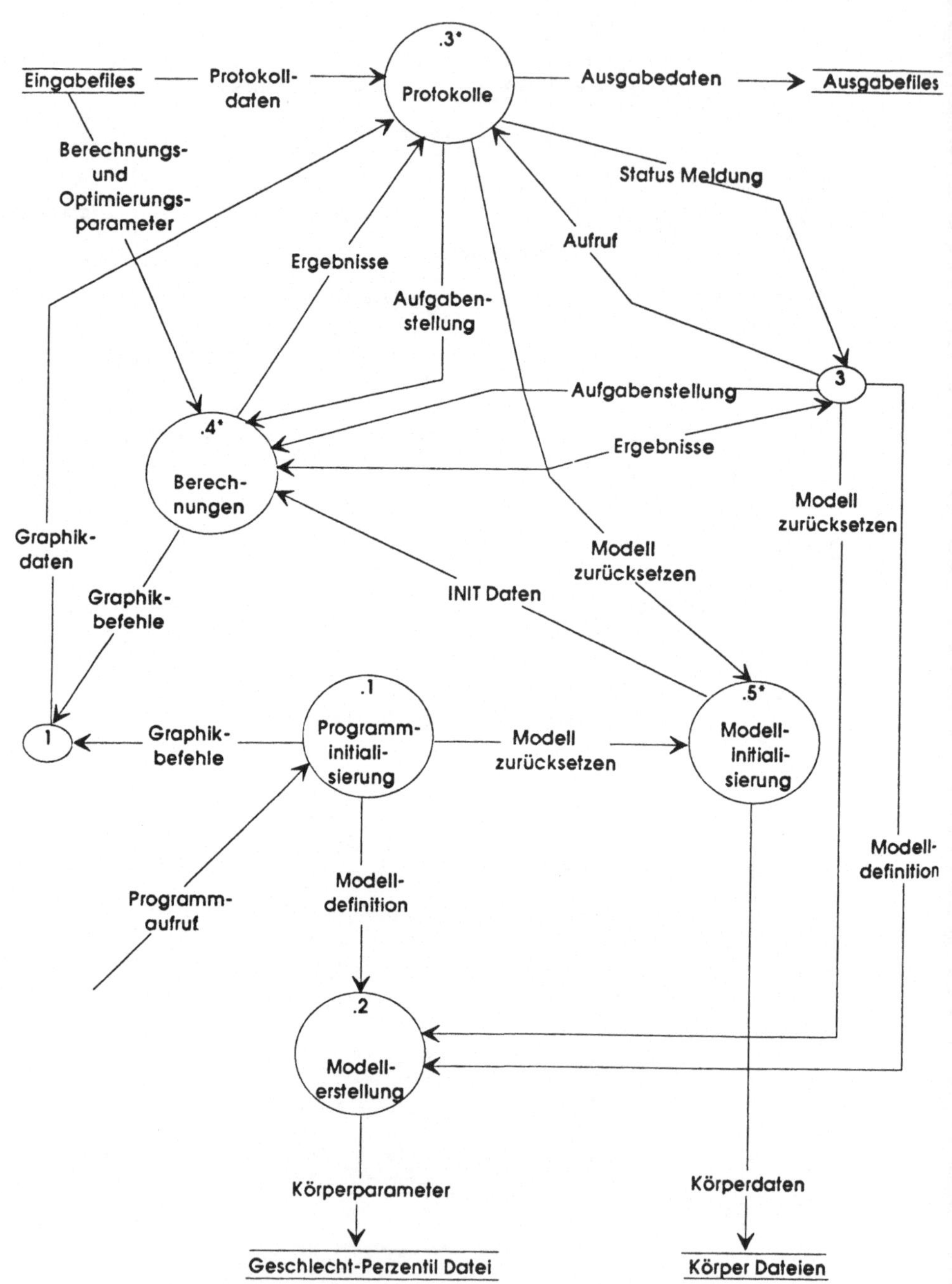

nformationsflußdiagramm 4.3

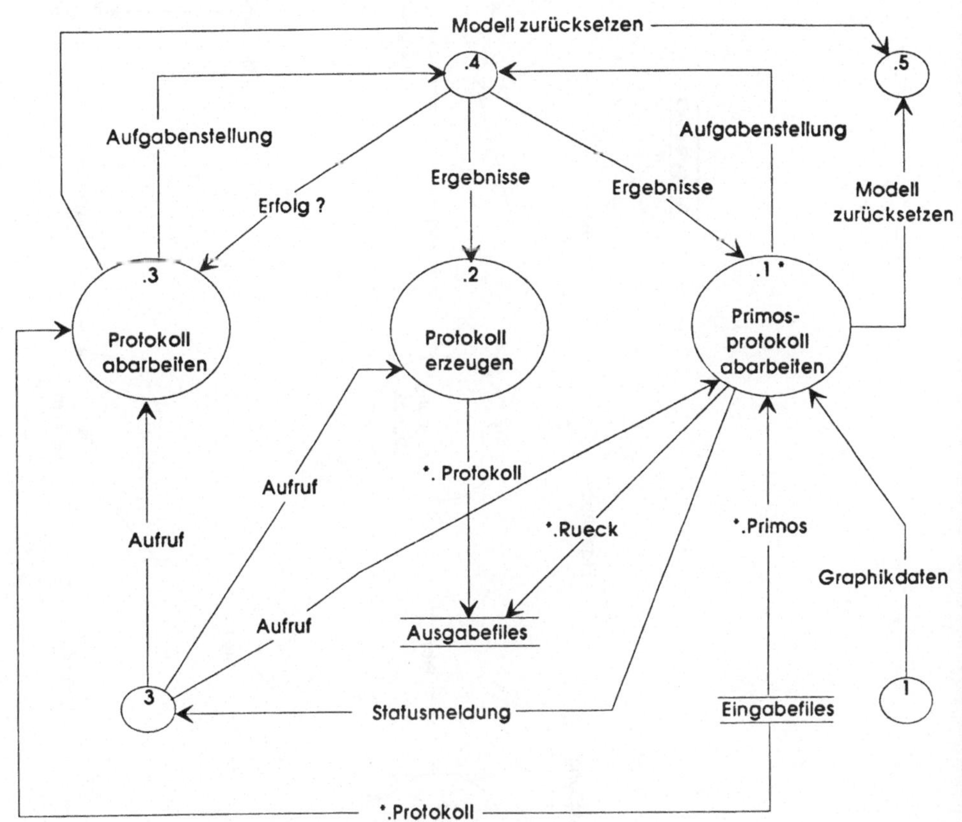

Informationsflußdiagramm 4.3.1

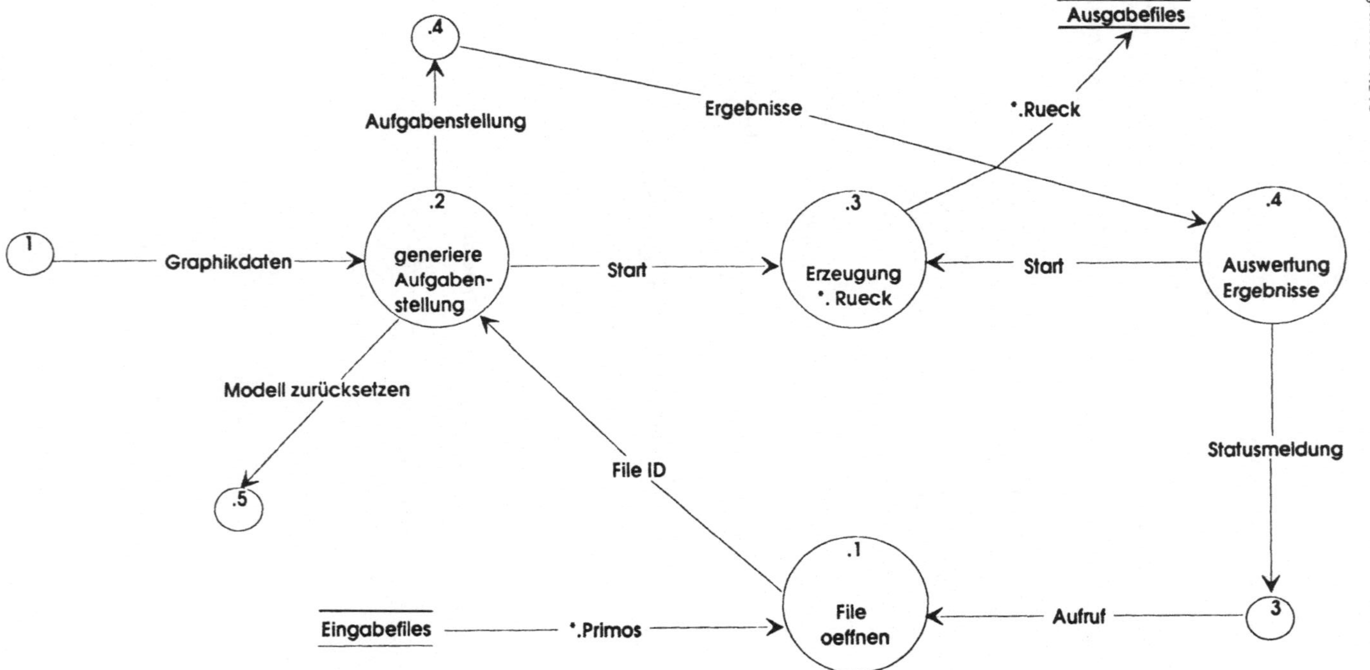

Informationsflußdiagramm 4.4

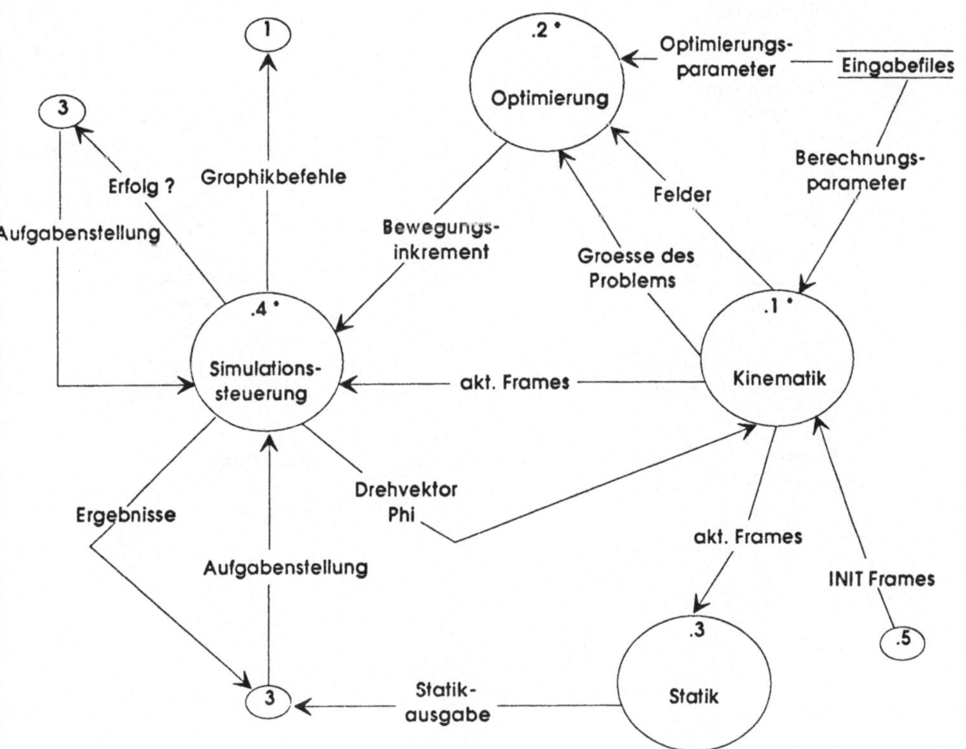

Informationsflußdiagramm 4.4.1

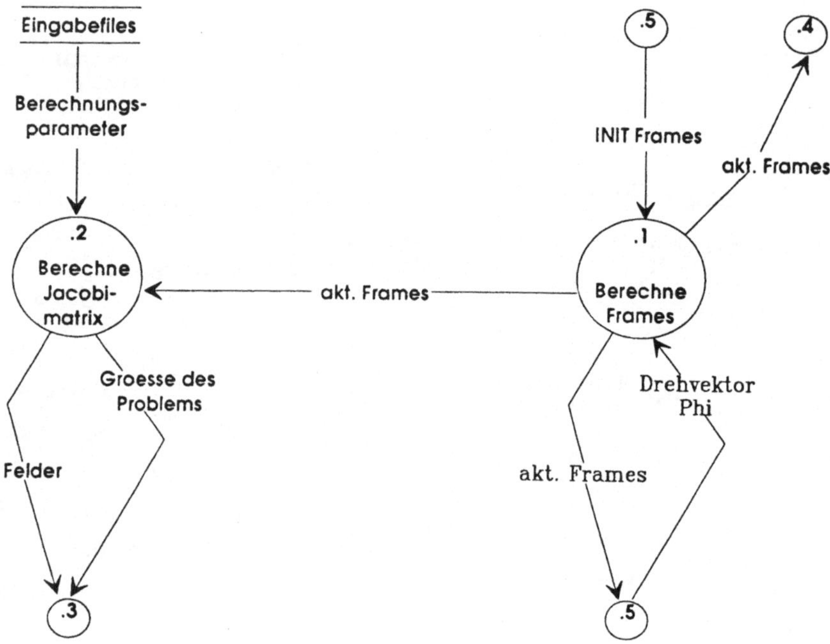

Informationsflußdiagramm 4.4.2

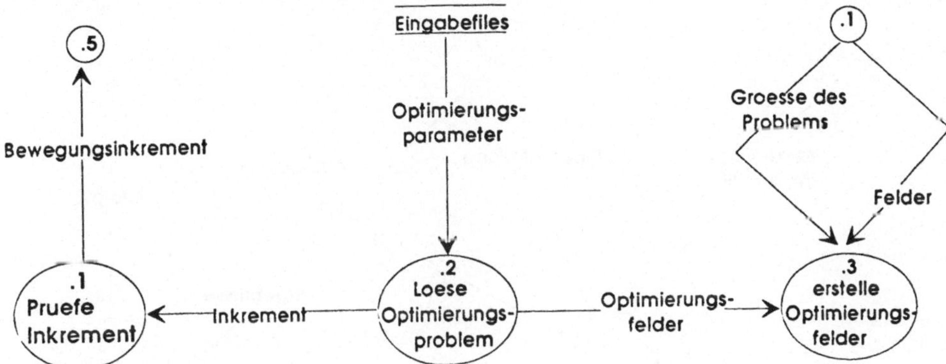

Informationsflußdiagramm 4.4.4

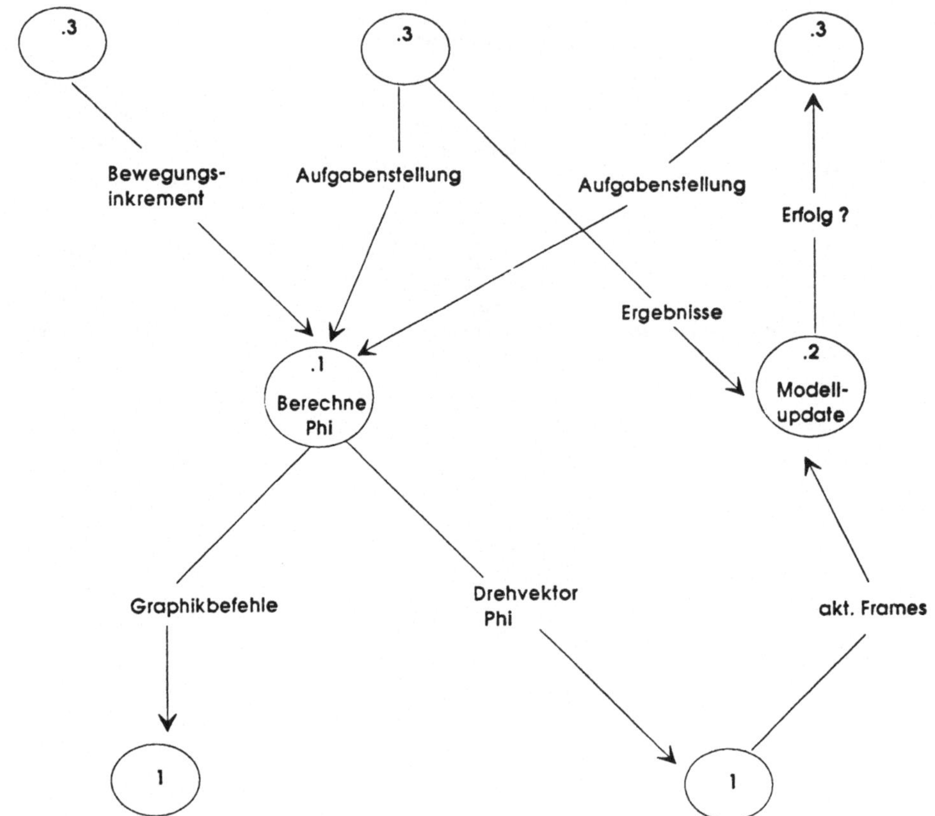

Informationsflußdiagramm 4.5

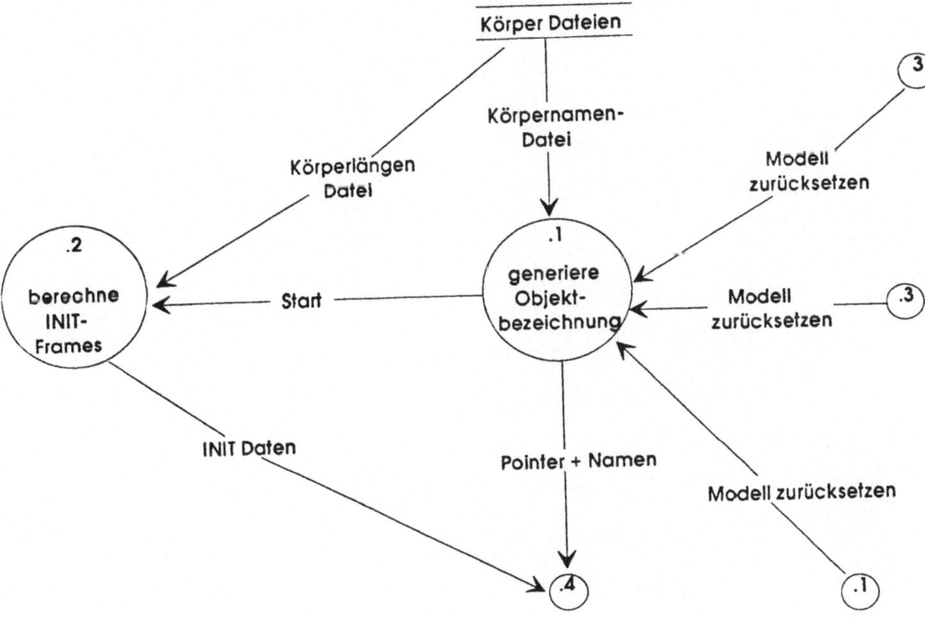

IPA Forschung und Praxis
Schriftenreihe aus dem Institut für Produktionstechnik und Automatisierung, Stuttgart

Herausgeber: Prof. Dr.-Ing. H. J. Warnecke

Datenerfassung im Produktionsbereich
Von E. Bendeich. ISBN 3-7830-0117-8.
1977, 176 Seiten, kartoniert.　　　　54,— DM

Methodenauswahl für die Materialbewirtschaftung in Maschinenbau-Betrieben
Von H. Graf. ISBN 3-7830-0136-6.
1977, 144 Seiten, kartoniert.　　　　54,— DM

Systematische Auswahl von Förderhilfsmitteln für den innerbetrieblichen Materialfluß
Von W. Rau. ISBN 3-7830-0139-0.
1977, 103 Seiten, kartoniert.　　　　40,— DM

Grundlagen zur Planung von Ersatzteilfertigungen
Von E. Schulz. ISBN 3-7830-0138-2.
1977, 98 Seiten, kartoniert.　　　　40,— DM

Rechnerunterstützte Fabrikplanung
Von B. Minten. ISBN 3-7830-0116-1.
1977, 124 Seiten, kartoniert.　　　　38,— DM

Eine Planungsmethode für automatische Montagesysteme
Von H.-G. Lohr. ISBN 3-7830-0120-X.
1977, 108 Seiten, kartoniert.　　　　32,— DM

Planung und Bewertung von Arbeitssystemen in der Montage
Von H. Metzger. ISBN 3-7830-0131-5.
1977, 108 Seiten, kartoniert.　　　　40,— DM

Klassifizierungssystem für Prüfmittel der industriellen Längenprüftechnik
Von R. Czetto. ISBN 3-7830-0144-7.
1978, 181 Seiten, kartoniert.　　　　64,— DM

Rechnerunterstützte Montageplanung
Von O. Hirschbach. ISBN 3-7830-0149-8.
1978, 146 Seiten, kartoniert.　　　　52,— DM

Rechnerunterstützte Entwicklung von Simulationsmodellen für Unternehmensplanspiele
Von A. Moker. ISBN 3-7830-0147-1.
1978, 181 Seiten, kartoniert.　　　　64,— DM

Arbeitsplatzanalysen zur Ermittlung der Einsatzmöglichkeiten und Anforderungen an Industrieroboter
Von G. Herrmann. ISBN 37830-0151-X.
1978, 113 Seiten, kartoniert.　　　　40,— DM

MFSP — Ein Verfahren zur Simulation komplexer Materialflußsysteme
Von G. Stemmer. ISBN 3-7830-0118-8.
1977, 140 Seiten, kartoniert.　　　　60,— DM

Berührungslose Erkennung durch Positionsbestimmung von Objekten durch inkohärent-optische Korrelation
Von M. Konig. ISBN 3-7830-0137-4.
1977, 110 Seiten, kartoniert.　　　　40,— DM

Auslegung von Störungspuffern in kapitalintensiven Fertigungslinien
Von R. v. Stetten. ISBN 3-7830-0140-4.
1977, 154 Seiten, kartoniert.　　　　56,— DM

Flexible Transportablaufsteuerung
Von G. Romer. ISBN 3-7830-0114-5.
1977, 188 Seiten, kartoniert.　　　　60,— DM

Rechnergestützte Realplanung von Fabrikanlagen
Von T.-K. Sauter. ISBN 3-7830-0119-6.
1977, 108 Seiten, kartoniert.　　　　32,— DM

Systematisches Auswählen und Konzipieren von programmierbaren Handhabungsgeräten
Von R. D. Schraft. ISBN 3-7830-0115-3.
1977, 108 Seiten, kartoniert.　　　　32,— DM

Auslandsproduktion
Von W. Cypris. ISBN 3-7830-0145-5.
1978, 126 Seiten, kartoniert.　　　　42,— DM

Wirtschaftlicher Einsatz von Mehrkoordinatenmeßgeräten
Von M. Dietzsch. ISBN 3-7830-0148-X.
1978, 142 Seiten, kartoniert.　　　　52,— DM

Fertigungssteuerung bei flexiblen Arbeitsstrukturen
Von K.-G. Lederer. ISBN 3-7830-0146-3.
1978, 128 Seiten, kartoniert.　　　　42,— DM

Untersuchungen zum Polieren und Entgraten durch elektrochemisches Oberflächenabtragen
Von K. Zerweck. ISBN 3-7830-0150-1.
1978, 110 Seiten, kartoniert.　　　　40,— DM

Stufenweise Ableitung eines praktischen Planungssystems für den Entwicklungsbereich
Von R. Hichert. ISBN 3-7830-0149-8.
1978, 151 Seiten, kartoniert   52.— DM

Produktionsplanung mit Auftragsfamilien
Von U. W. Geitner. ISBN 3-7830-0161 7
1979, 110 Seiten, kartoniert   45.— DM

Thermisch-chemisches Entgraten
Von T. Wagner. ISBN 3-7830-0164-1
1979, 111 Seiten, kartoniert   45.— DM

Untersuchung der Materialflußkosten bei ausgewählten Systemen der Zentralen Arbeitsverteilung
Von R. Wenzel. ISBN 3-7830-0162-5
1979, 168 Seiten, kartoniert   86.— DM

Anpassung und Einführung eines Planungssystems für die Ablaufplanung im Konstruktionsbereich
Von W. Dangelmaier. ISBN 3-7830-0163-3
1979, 168 Seiten, kartoniert   80.— DM

Längenmessungen an bewegten Teilen mit berührungslos wirkenden Aufnehmern
Von H. Lang. ISBN 3-7830-0157-9
1979, 89 Seiten, kartoniert   42.— DM

Untersuchung multistabiler Strömungselemente und ihr Einsatz in sequentiellen Steuerungen
Von A. Ernst. ISBN 3-7830-0157-9
1979, 122 Seiten, kartoniert   48.— DM

Taktile Sensoren für programmierbare Handhabungsgeräte
Von M. Schweizer. ISBN 3-7830-0158-7
1979, 91 Seiten, kartoniert   42.— DM

Die rechnerunterstützte Prüfplanung
Von P. Blasing. ISBN 3-7830-0152-8
1979, 100 Seiten, kartoniert   44.— DM

Verfahren zur Fabrikplanung im Mensch-Rechner-Dialog am Bildschirm
Von W. Ernst. ISBN 3-7830-0156-0
1979, 218 Seiten, kartoniert   72.— DM

Rechnerunterstütztes Verfahren zur Leistungsabstimmung von Mehrmodell-Montagesystemen
Von M. Gorke. ISBN 3-7830-0155-2
1979, 139 Seiten, kartoniert   50.— DM

Standortbezogene Betriebsmittel
Von G. Pflieger. ISBN 3-7830-0167-6
1979, 127 Seiten, kartoniert   52.— DM

Die betriebswirtschaftliche Beurteilung neuer Arbeitsformen
Von B.-H. Zippe. ISBN 3-7830-0168-4
1979, 350 Seiten, kartoniert   98.— DM

Untersuchung des Arbeitsverhaltens programmierbarer Handhabungsgeräte
Von B. Brodbeck. ISBN 3-7830-0169-2
1979, 117 Seiten, kartoniert   48.— DM

Untersuchung eines kohärent-optischen Verfahrens zur Rauheitsmessung
Von N. Rau. ISBN 3-7830-0174-9
1979, 117 Seiten, kartoniert   48.— DM

Entwicklung einer programmierbaren, pneumatischen Steuerung
Von D. Klemenz. ISBN 3-7830-0171-4
1979, 93 Seiten, kartoniert   42.— DM

IPA Forschung und Praxis

Berichte aus dem Fraunhofer-Institut für Produktionstechnik und Automatisierung, Stuttgart, und dem Institut für Industrielle Fertigung und Fabrikbetrieb der Universität Stuttgart

Herausgeber: Prof. Dr.-Ing. H. J. Warnecke

38 Arbeitsgangterminierung mit variabel strukturierten Arbeitsplänen — Ein Beitrag zur Fertigungssteuerung flexibler Fertigungssysteme
Von U. Maier. ISBN 3-540-10213-2.
1980. 111 Seiten mit 45 Abbildungen. — 43.– DM

39 Kapazitätsabgleich bei flexiblen Fertigungssystemen
Von P. S. Nieß. ISBN 3-540-10372-4
1980. 151 Seiten mit 57 Abbildungen — 48.– DM

40 Schichtdickenverteilung auf galvanisierten Paßteilen am Beispiel kleiner abgesetzter Wellen und Bohrungen
Von D. Wolfhard. ISBN 3-540-10373-2.
1980. 177 Seiten mit 83 Abbildungen — 48.– DM

41 Planung von Mehrstellenarbeit unter Berücksichtigung von Umfeldaufgaben
Von S. Haußermann. ISBN 3-540-10374-0.
1980. 136 Seiten mit 59 Abbildungen — 48.– DM

42 Untersuchungen zur Schmierfilmdicke in Druckluftzylindern — Beurteilung der Abstreifwirkung und des Reibungsverhaltens von Pneumatikdichtungen mit Hilfe eines neu entwickelten Schmierfilmdicken-meßverfahrens
Von R. Kohnlechner. ISBN 3-540-10375-9.
1980. 100 Seiten mit 38 Abbildungen und 4 Tabellen. — 43.– DM

43 Typologie zum überbetrieblichen Vergleich von Fertigungssteuerungsverfahren im Maschinenbau
Von G. Rabus. ISBN 3-540-10376-7.
1980. 174 Seiten mit 88 Abbildungen und 21 Tafeln. — 48.– DM

44 System zur Planung des Umlaufbestandes in Betrieben mit Serienfertigung
Von K.-G. Wilhelm. ISBN 3-540-10377-5.
1980. 142 Seiten mit 67 Abbildungen und 15 Tafeln — 48.– DM

45 Rechnerunterstützte Arbeitsplanerstellung mit Kleinrechnern, dargestellt am Beispiel der Blechbearbeitung
Von W. Hoheisel. ISBN 3-540-10505-0.
1981. 169 Seiten mit 74 Abbildungen. — 48.– DM

46 Beitrag zur Verbesserung der Wirtschaftlichkeit EDV-unterstützter Fertigungssteuerungssysteme durch Schwachstellenanalyse
Von J. Lienert. ISBN 3-540-10506-9.
1981. 148 Seiten mit 37 Abbildungen. — 48.– DM

47 Die Abscheidung von Öl an Entlüftungsöffnungen drucklufttechnischer Anlagen
Von W.-D. Kiessling. ISBN 3-540-10604-9.
1981. 117 Seiten mit 48 Abbildungen und 3 Tabellen. — 43.– DM

48 Dynamische Optimierung technisch-ökonomischer Systeme
Von J. Warschat. ISBN 3-540-10717-7.
1981. 132 Seiten mit 60 Abbildungen. — 43.– DM

49 Bildsensor zur Mustererkennung und Positionsmessung bei programmierbaren Handhabungsgeräten
Von H. Geißelmann. ISBN 3-540-10735-5.
1981. 125 Seiten mit 52 Abbildungen. — 43.– DM

50 Verfügbarkeitsberechnung für komplexe Fertigungseinrichtungen
Von Ekkehard Gericke. ISBN 3-540-10779-7.
1981. 132 Seiten mit 71 Abbildungen. — 43.– DM

51 Materialflußgestaltung in Fertigungssystemen
Von Willi Rößner. ISBN 3-540-10888-2.
1981. 149 Seiten mit 76 Abbildungen. — 48.– DM

52 Beitrag zur Analyse der Auswirkungen der Mikroelektronik, dargestellt am Beispiel der Büromaschinen-Industrie
Von Werner Neubauer. ISBN 3-540-10991-9.
1981. 145 Seiten mit 27 Abbildungen und 47 Tabellen. — 43,– DM

53 Modelle von Informationssystemen zur kurzfristigen Fertigungssteuerung und ihre Gestaltung nach betriebsspezifischen Gesichtspunkten
Von Roland Gentner. ISBN 3-540-10992-7.
1981. 181 Seiten mit 69 Abbildungen und 7 Tabellen. — 48.– DM

54 Entwicklung von Verfahren zur Terminplanung und -steuerung bei flexiblen Montagesystemen
Von Jurgen H. Kolle. ISBN 3-540-11227-8.
1981. 132 Seiten mit 64 Abbildungen und 1 Faltplan. — 43.– DM

55 Arbeits- und Kapazitätsteilung in der Montage
Von Stefan Dittmayer. ISBN 3-540-11228-6
1981. 124 Seiten und 56 Abbildungen — 43.– DM

56 Beitrag zur systematischen Planung der Qualitätsprüfung bei Klein- und Mittelserienfertigung
Von Herbert Babic. ISBN 3-540-11325-8
1982. 108 Seiten mit 38 Abbildungen und 7 Tabellen. — 53.– DM

57 **Methode zur rechnerunterstützten Einsatzplanung von programmierbaren Handhabungsgeräten**
Von Uwe Schmidt-Streier. ISBN 3-540-11355-X.
1982, 188 Seiten mit 72 Abbildungen.
53.– DM

58 **Werkstoff- und Energiekennwerte industrieller Lackieranlagen, am Beispiel der Automobilindustrie**
Von Rainer Manfred Thiel. ISBN 3-540-11356-8.
1982, 116 Seiten mit 59 Abbildungen.
53.– DM

59 **Maßnahmen zum Verbessern der pneumatischen Lackzerstäubung – Teilchengrößenbestimmung im Spritzstrahl –**
Von Klaus Werner Thomer. ISBN 3-540-11507-2.
1982, 162 Seiten mit 94 Abbildungen und 1 Tabelle.
53.– DM

60 **Ermittlung und Bewertung von Rationalisierungsmaßnahmen im Produktionsbereich**
Von Jürgen Schilde. ISBN 3-540-11730-X.
1982, 158 Seiten mit 57 Abbildungen.
53.– DM

61 **Untersuchung von Verfahren der Reihenfolgeplanung und ihre Anwendung bei Fertigungszellen**
Von Mohamed Osman. ISBN 3-540-11747-4.
1982, 124 Seiten mit 32 Abbildungen und 3 Tabellen.
53.– DM

62 **Ein Simulationsmodell zur Planung gruppentechnologischer Fertigungszellen**
Von Volker Saak. ISBN 3-540-11747-4.
1982, 134 Seiten mit 53 Abbildungen.
53.– DM

63 **Verfahren zur technischen Investitionsplanung automatisierter Fertigungsanlagen**
Von Günter Vettin. ISBN 3-540-11747-4.
1982, 134 Seiten mit 63 Abbildungen.
53.– DM

64 **Pneumatische Sensoren zur prozeßsimultanen Messung des Werkzeugverschleißes und zur Kollisionsvermeidung beim Messerkopffräsen**
Von Wolfgang Jentner. ISBN 3-540-11747-4.
1982, 126 Seiten mit 47 Abbildungen und 6 Tabellen.
53.– DM

65 **Rechnerunterstützte Gestaltung ortsgebundener Montagearbeitsplätze, dargestellt am Beispiel kleinvolumiger Produkte**
Von Eberhard Haller. ISBN 3-540-12015-7.
1982, 130 Seiten mit 43 Abbildungen.
53.– DM

66 **Fernsehüberwachung von Schutzgasschweißvorgängen mit abschmelzender Elektrode MIG – MAG**
Von Ruprecht Niepold. ISBN 3-540-12181-7.
1983, 178 Seiten mit 73 Abbildungen und 5 Tabellen.
58.– DM

67 **Entwicklung flexibler Ordnungssysteme für die Automatisierung der Werkstückhandhabung in der Klein- und Mittelserienfertigung**
Von Karl Weiss. ISBN 3-540-12455-1.
1983, 116 Seiten mit 68 Abbildungen.
58.– DM

68 **Automatisierte Überwachungsverfahren für Fertigungseinrichtungen mit speicherprogrammierten Steuerungen**
Von Werner Eißler. ISBN 3-540-12456-X.
1983, 128 Seiten mit 66 Abbildungen.
58.– DM

69 **Prozeßüberwachung beim Galvanoformen**
Von Jürgen Wilhelm Böcker. ISBN 3-540-12457-8.
1983, 118 Seiten mit 32 Abbildungen.
58.– DM

70 **LAPEX – Ein rechnerunterstütztes Verfahren zur Betriebsmittelzuordnung**
Von Stephan Mayer. ISBN 3-540-12490-X.
1983, 162 Seiten mit 34 Abbildungen und 2 Tabellen.
58.– DM

71 **Gestaltung eines integrierten Produktionssystems für die Sortenfertigung unter Einsatz der Clusteranalyse**
Von Gerald Weber. ISBN 3-540-12650-3.
1983, 194 Seiten mit 54 Abbildungen.
58.– DM

72 **Gußputzen mit sensorgeführten, programmierbaren Handhabungsgeräten**
Von Eberhard Abele. ISBN 3-540-12651-1.
1983, 133 Seiten mit 66 Abbildungen.
58,– DM

73 **Untersuchungen zur Herstellung und zum Einsatz galvanogeformter Erodierelektroden**
Von Harald Müller. ISBN 3-540-12822-0.
1983, 148 Seiten mit 78 Abbildungen.
58,– DM

74 **Ein Beitrag zur Optimierung der Prozeßführungsstrategien automatisierter Förder- und Materialflußsysteme**
Von Hans Steffens. ISBN 3-540-12968-5.
1983, 161 Seiten mit 60 Abbildungen.
58,– DM

75 **Entwicklung eines Verfahrens zur wertmäßigen Bestimmung der Produktivität und Wirtschaftlichkeit von Personalentwicklungsmaßnahmen in Arbeitsstrukturen**
Von Christian Müller. ISBN 3-540-13041-1.
1983, 129 Seiten mit 34 Abbildungen.
58,– DM

76 **Berechnung der Gestaltänderung von Profilen infolge Strahlverschleiß**
Von Wolfgang Marx. ISBN 3-540-13054-3.
1983, 121 Seiten mit 58 Abbildungen.
58,– DM

77 **Algorithmen zur flexiblen Gestaltung der kurzfristigen Fertigungssteuerung**
Von Rudolf E. Scheiber. ISBN 3-540-13500-6.
1984, 150 Seiten mit 73 Abbildungen und 1 Tabelle.
63.– DM

78 **Galvanisieren mit moduliertem Strom**
Von Jürgen Wolfgang Mann. ISBN 3-540-13733-5.
1984, 145 Seiten und 58 Abbildungen.
63,– DM

79 **Fluoreszenzmeßverfahren zur Schmierfilmdickenmessung in Wälzlagern**
Von Wolfgang Schmutz. ISBN 3-540-13777-7.
1984, 141 Seiten und 66 Abbildungen.
63,– DM

IPA-IAO Forschung und Praxis

Berichte aus dem Fraunhofer-Institut für Produktionstechnik und
Automatisierung (IPA), Stuttgart, Fraunhofer-Institut für Arbeitswirtschaft
und Organisation (IAO), Stuttgart, und Institut für Industrielle Fertigung
und Fabrikbetrieb der Universität Stuttgart

Herausgeber: Prof. Dr.-Ing. H. J. Warnecke und Prof. Dr.-Ing. H.-J. Bullinger

80 **Flexibilität und Kapazität von Werkstückspeichersystemen**
Von Bernhard Graf. ISBN 3-540-13370-2.
1984, 115 Seiten mit 71 Abbildungen. 63.– DM

T1 **Flexible Fertigungssysteme**
17. IPA-Arbeitstagung zusammen mit der 3. Internationalen Konferenz
„Flexible Manufacturing Systems (FMS-3)", ISBN 3-540-13807-2.
1984, 249 Seiten mit zahlreichen Abbildungen. 118.– DM

T2 **Integrierte Bürosysteme**
3. IAO-Arbeitstagung. ISBN 3-540-13978-8.
1984, 633 Seiten mit zahlreichen Abbildungen. 168.– DM

81 **Rechnerunterstützte Planung von Montageablaufstrukturen für Erzeugnisse der Serienfertigung**
Von Ernst-Dieter Ammer. ISBN 3-540-15056-0.
1985, 120 Seiten mit 1 Faltblatt und 33 Abbildungen. 63.– DM

82 **Flexibilität von personalintensiven Montagesystemen bei Serienfertigung**
Von Heinrich Vähning. ISBN 3-540-15093-5.
1985, 152 Seiten mit 49 Abbildungen. 63.– DM

83 **Ordnen von Werkstücken mit programmierbaren Handhabungsgeräten und Werkstückerkennungssensoren**
Von Ingo Schmidt. ISBN 3-540-15375-6.
1985, 111 Seiten mit 66 Abbildungen. 63.– DM

84 **Systematische Investitionsplanung**
Von Jorge Moser. ISBN 3-540-15370-5.
1985, 190 Seiten mit 69 Abbildungen. 63.– DM

T3 **Montage · Handhabung · Industrieroboter**
Internationaler MHI-Kongreß im Rahmen der Hannover-Messe '85. ISBN 3-540-15500-7.
1985, 267 Seiten mit zahlreichen Abbildungen. 128.– DM

85 **Flexible Montagesysteme – Konzeption und Feinplanung durch Kombination von Elementen**
Von Peter Konold / Bernd Weller. ISBN 3-540-15606-2.
1985, 162 Seiten mit 71 Abbildungen und 9 Tabellen. 63.– DM

T4 **Menschen · Arbeit · Neue Technologien**
4. IAO-Arbeitstagung zusammen mit der 2. Internationalen Konferenz
„Human Factors in Manufacturing". ISBN 3-540-15763-8.
1985, 442 Seiten mit zahlreichen Abbildungen. 168.– DM

86 **Leitstandunterstützte kurzfristige Fertigungssteuerung bei Einzel- und Kleinserienfertigung**
Von Lothar Aldinger. ISBN 3-540-15903-7.
1985, 151 Seiten mit 49 Abbildungen und 2 Tabellen. 63.– DM

87 **Bestimmen des Bürstenverhaltens anhand einer Einzelborste**
Von Klaus Przyklenk. ISBN 3-540-15956-8.
1985, 117 Seiten mit 74 Abbildungen. 63.– DM

88 **Montage großvolumiger Produkte mit Industrierobotern**
Von Jörg Walther. ISBN 3-540-16027-2.
1985, 125 Seiten mit 58 Abbildungen. 63.– DM

89 **Algorithmen und Verfahren zur Erstellung innerbetrieblicher Anordnungspläne**
Von Wilhelm Dangelmaier. ISBN 3-540-16144-9.
1986, 268 Seiten mit 79 Abbildungen. 68.– DM

90 **Bewertung der Instandhaltung von Fertigungssystemen in der technischen Investitionsplanung**
Von Hagen U. Uetz. ISBN 3-540-16166-X.
1986, 129 Seiten mit 38 Abbildungen. 68.– DM

91 **Entgraten durch Hochdruckwasserstrahlen**
Von Manfred Schlatter. ISBN 3-540-16172-4.
1986, 167 Seiten mit 89 Abbildungen und 18 Tabellen. 68.– DM

92 **Werkstückorientierte Verfahrensauswahl zum Gußputzen mit Industrierobotern**
Von Wolfgang Sturz. ISBN 3-540-16224-0.
1986, 156 Seiten mit 59 Abbildungen. 68.– DM

93 **Verfahren zur Verringerung von Modell-Mix-Verlusten in Fließmontagen**
Von Reinhard Koether. ISBN 3-540-16499-5.
1986, 175 Seiten mit 46 Abbildungen und 1 Tabelle. 68.– DM

94 **Entwicklung und Einsatz eines interaktiven Verfahrens zur Leistungsabstimmung von Montagesystemen**
Von Günter Schad. ISBN 3-540-16978-4.
1986, 120 Seiten mit 31 Abbildungen und 1 Tabelle. 68.– DM

95 **Qualifizierung an Industrierobotern**
Von Wolfgang Bachl. ISBN 3-540-17018-9.
1986, 218 Seiten mit 30 Abbildungen. 68,– DM

96 **Rechnersimulation des Beschichtungsprozesses beim Elektrotauchlackieren –
Anwendung zum Berechnen des Umgriffs**
Von Otto Baumgärtner. ISBN 3-540-17102-9.
1986, 113 Seiten mit 42 Abbildungen. 68,– DM

97 **Ergonomische Gestaltung von Rotationsstellteilen für grob- und sensomotorische Tätigkeiten**
Von Werner F. Muntzinger. ISBN 3-540-17247-5.
1986, 135 Seiten mit 51 Abbildungen und 33 Tabellen. 68,– DM

98 **Die optische Rauheitsmessung in der Qualitätstechnik**
Von R.-J. Ahlers. ISBN 3-540-17242-4.
1986, 133 Seiten mit 56 Abbildungen und 2 Tabellen. 68,– DM

99 **Maschinelle Spracherkennung zur Verbesserung der Mensch-Maschine-Schnittstelle**
Von Gerhard Rigoll. ISBN 3-540-17350-1.
1986, 134 Seiten mit 55 Abbildungen. 68,– DM

100 **Konzeption und Auswahl modularer Magazinpaletten**
Von Thomas Zipse. ISBN 3-540-17584-9.
1987, 126 Seiten mit 54 Abbildungen. 68,– DM

101 **Anschlüsse an Kupferrohre – Herstellung und Automatisierungsmöglichkeit**
Von Eberhard Rauschnabel. ISBN 3-540-17807-4.
1987, 120 Seiten mit 88 Abbildungen. 68,– DM

102 **Mengen- und ablauforientierte Kapazitätsplanung von Montagesystemen**
Von Hans Sauer. ISBN 3-540-17815-5.
1987, 156 Seiten mit 64 Abbildungen. 68,– DM

103 **Verfahrensinstrumentarium zur Werkstückauswahl und Auslegung von Industrieroboterschweißsystemen**
Von Herbert Gzik. ISBN 3-540-17928-3.
1987, 138 Seiten mit 56 Abbildungen. 68,– DM

104 **Integration von Förder- und Handhabungseinrichtungen**
Von Joachim Schuler. ISBN 3-540-17955-0.
1987, 153 Seiten mit 61 Abbildungen. 68,– DM

105 **Produktionsmengen- und -terminplanung bei mehrstufiger Linienfertigung**
Von H. Kühnle. ISBN 3-540-18038-9.
1987, 124 Seiten mit 25 Abbildungen. 68,– DM

106 **Untersuchung des Plasmaschneidens zum Gußputzen mit Industrierobotern**
Von Jong-Oh Park. ISBN 3-540-18037-0.
1987, 142 Seiten mit 70 Abbildungen. 68,– DM

107 **Fügen von biegeschlaffen Steckkontakten mit Industrierobotern**
Von Daegab Gweon. ISBN 3-540-18134-2.
1987, 115 Seiten mit 13 Abbildungen. 68,– DM

108 **Entwicklung eines biomechanischen Modells des Hand-Arm-Systems**
Von Georgios Tsotsis. ISBN 3-540-18135-0.
1987, 163 Seiten mit 45 Abbildungen. 68,– DM

109 **Ein Beitrag zur Planungssystematik für die automatisierte flexible Blechteilefertigung**
Von Thomas Weber. ISBN 3-540-18136-9.
1987, 149 Seiten mit 56 Abbildungen. 68,– DM

110 **Entwicklung eines Meßverfahrens zur Bestimmung des Positionier- und Orientierungsverhaltens
von Industrierobotern**
Von Günter Schiele. ISBN 3-540-18137-7.
1987, 116 Seiten mit 48 Abbildungen. 68,– DM

111 **Schwingungsbelastung beim Arbeiten mit handgeführten, einachsigen Motormähgeräten**
Von Peter Kern. ISBN 3-540-18193-8.
1987, 145 Seiten mit 43 Abbildungen und 5 Tabellen. 68,– DM

112 **Entwicklung eines berührungslosen Tastsystems für den Einsatz an Koordinatenmeßgeräten**
Von Hie-Sik Kim. ISBN 3-540-18578-X.
1987, 111 Seiten mit 62 Abbildungen und 4 Tabellen. 68,– DM

113 **Qualifizierung an Industrierobotern – Ziele, Inhalte und Methoden**
Von Volker Korndörfer. ISBN 3-540-18618-2.
1987, 318 Seiten mit 100 Abbildungen. 68,– DM

114 **Funktional und räumlich variables und modulares Laborgerätesystem**
Von Alfred Mack. ISBN 3-540-18786-3.
1988, 116 Seiten mit 39 Abbildungen. 73,– DM

115 **Produktrecycling im Maschinenbau**
Von Rolf Steinhilper. ISBN 3-540-18849-5.
1988, 167 Seiten mit 50 Abbildungen. 73,– DM

116 **Integration der montagegerechten Produktgestaltung in den Konstruktionsprozeß**
Von Rudolf Bäßler. ISBN 3-540-19058-9.
1988, 133 Seiten mit 49 Abbildungen. 73,– DM

117 **Ein Algorithmus zur kapazitätsorientierten Bildung von Losen**
Von Tilmann Greiner. ISBN 3-540-19300-6.
1988, 135 Seiten mit 37 Abbildungen. 73,– DM

118 **Kabelbaummontage mit Industrierobotern**
Von Gerd Schlaich. ISBN 3-540-19301-4.
1988, 131 Seiten mit 62 Abbildungen.
73,— DM

119 **Beitrag zur Verbesserung der Fertigungskostentransparenz bei Großserienfertigung mit Produktvielfalt**
Von Albrecht Köhler. ISBN 3-540-19393-6.
1988, 148 Seiten mit 72 Abbildungen.
73,— DM

120 **Entwicklungs- und Planungshilfen zum Aufbau von flexiblen Ordnungssystemen**
Von Rainer Schanz. ISBN 3-540-19394-4.
1988, 104 Seiten mit 48 Abbildungen.
73,— DM

121 **Bestücken von Leiterplatten mit Industrierobotern**
Von Ernst Wolf. ISBN 3-540-50013-8.
1988, 132 Seiten mit 63 Abbildungen.
73,— DM

122 **Verschleißvorgänge beim Querschneiden dünner Bahnen**
Von Thomas Hülsmann. ISBN 3-540-50049-9.
1988, 126 Seiten mit 47 Abbildungen und 5 Tabellen.
73,— DM

123 **Geometrieprüfung in der Fertigungsmeßtechnik mit bildverarbeitenden Systemen**
Von Claus P. Keferstein. ISBN 3-540-50050-2.
1988, 128 Seiten mit 53 Abbildungen.
73,— DM

124 **Modulares Simulationsmodell für die Abläufe in verketteten Fertigungszellen mit Industrierobotern**
Von Kum-Hoan Kuk. ISBN 3-540-50069-3.
1988, 130 Seiten mit 57 Abbildungen.
73,— DM

125 **Montage von Schläuchen mit Industrierobotern**
Von Bruno Frankenhauser. ISBN 3-540-50072-3.
1988, 139 Seiten mit 63 Abbildungen.
73,— DM

126 **Kommissioniersystem mit Roboter und Mehrstückgreifer**
Von Klaus Baumeister. ISBN 3-540-50133-9.
1988, 104 Seiten mit 53 Abbildungen.
73,— DM

127 **Sensorunterstütztes Programmierverfahren für das Entgraten mit Industrierobotern**
Von Dieter Boley. ISBN 3-540-50175-4.
1988, 128 Seiten mit 67 Abbildungen.
73,— DM

128 **Die Arbeitsraumgestaltung manueller Montagearbeitsplätze mit graphischen und wissensbasierten Methoden**
Von Klaus Lay. ISBN 3-540-50259-9.
1988, 129 Seiten mit 50 Abbildungen und 7 Tabellen.
73,— DM

129 **Automatisierung des Biegerichtens**
Von Stefan Thiel. ISBN 3-540-50432-X.
1988, 142 Seiten mit 57 Abbildungen und 5 Tabellen.
73,— DM

130 **Rechnergestützte Verfahren zur Auslegung der Mechanik von Industrierobotern**
Von Martin-Christoph Wanner. ISBN 3-540-50640-3.
1989, 202 Seiten mit 80 Abbildungen.
73,— DM

131 **Entwicklung eines bestandsorientierten Fertigungssteuerungssystems für die Großserienfertigung am Beispiel des Automobilbaus**
Von G. Hachtel. ISBN 3-540-50639-X.
1989, 163 Seiten mit 34 Abbildungen und 6 Tabellen.
73,— DM

132 **Ergonomische Gestaltung der Benutzerschnittstelle am Antriebssystem des Greifreifenrollstuhls**
Von Ludwig Traut. ISBN 3-540-50877-5.
1989, 210 Seiten mit 127 Abbildungen.
73,— DM

133 **Planung taktzeitoptimierter flexibler Montagestationen**
Von Joachim Schöninger. ISBN 3-540-50896-1.
1989, 122 Seiten mit 47 Abbildungen.
73,— DM

134 **Ein Modell für ein integriertes Qualitäts- und Prüfplanungssystem in der Montage**
Von Josef R. Kring. ISBN 3-540-51195-4.
1989, 140 Seiten mit 60 Abbildungen.
73,— DM

135 **Fertigungsstrukturierung auf der Basis von Teilefamilien**
Von Manfred Auch. ISBN 3-540-51290-X.
1989, 138 Seiten mit 34 Abbildungen.
73,— DM

136 **Kollisionsbehandlung als Grundbaustein eines modularen Industrieroboter-Off-line-Programmiersystems**
Von Andreas Altenhein. ISBN 3-540-51418-X.
1989, 129 Seiten mit 53 Abbildungen.
73,— DM

137 **Ein Beitrag zur Planung und Bewertung Neuer Arbeitsstrukturen in NE-Metallgießereien Dargestellt am Beispiel der Fertigungsinsel**
Von Horst Nespeta. ISBN 3-540-51419-8.
1989, 157 Seiten mit 58 Abbildungen.
73,— DM

138 **Verfahren zur Prüfung der Partikelkontamination in Versorgungssystemen für hochreine Flüssigkeiten**
Von Rolf Herz. ISBN 3-540-51457-0.
1989, 123 Seiten mit 61 Abbildungen.
73,— DM

139 **Messung gekrümmter Flächen mit berührungslosen Verfahren**
Von Leo Schreiber. ISBN 3-540-51493-7.
1989, 119 Seiten mit 72 Abbildungen.
73,— DM

140 **Automatisiertes Lackieren mit steuerbaren Spritzpistolen**
Von Konrad A. Ortlieb. ISBN 3-540-51518-6.
1989, 121 Seiten mit 45 Abbildungen.
73,— DM

141 **Grundlagen zur Entwicklung reinraumtauglicher Handhabungssysteme**
Von Jürgen Geißinger. ISBN 3-540-51959-9.
1989, 124 Seiten mit 82 Abbildungen. 73,– DM

142 **CAD-Video-Somatographie**
Entwicklung und Bewertung einer Methode zur anthropometrischen Arbeitsgestaltung
Von Dieter Lorenz. ISBN 3-540-52163-1.
1989, 169 Seiten mit 61 Abbildungen. 73,– DM

143 **Eine Systemarchitektur für die Gestaltung und das Management verteilter Informationssysteme**
Von Andreas J. Ness. ISBN 3-540-52224-7.
1990, 203 Seiten mit 62 Abbildungen. 78,– DM

144 **Untersuchungen über den optisch-physiologischen Eindruck der Oberflächenstruktur von Lackfilmen**
Von Horst Schene. ISBN 3-540-52226-3.
1990, 149 Seiten mit 106 Abbildungen. 78,– DM

145 **Planungsmethodik für ein Qualitätskostensystem**
Von Alfred Rauba. ISBN 3-540-52477-0.
1990, 166 Seiten mit 73 Abbildungen. 78,– DM

146 **Kleinserienbestückung von Leiterplatten mit bedrahteten Bauelementen durch Industrieroboter**
Von Martin Domm. ISBN 3-540-52867-9.
1990, 106 Seiten mit 48 Abbildungen. 78,– DM

147 **Sensor- und Steuerungssystem für die leitlinienlose Führung automatischer Flurförderzeuge**
Von Gerhard Drunk. ISBN 3-540-53033-9.
1990, 135 Seiten mit 52 Abbildungen. 78,– DM

148 **Ein System zur wissensbasierten Diagnose an CNC-Werkzeugmaschinen durch den Maschinenbediener**
Von Klaus-Peter Fähnrich. ISBN 3-540-53034-7.
1990, 132 Seiten mit 48 Abbildungen und 18 Tabellen. 78,– DM

149 **Werkstückbegleitender Informationsspeicher als Basis für ein informationstechnisches Konzept für Halbleiterfertigungen**
Von Klaus-Dieter Sauter. ISBN 3-540-53236-6.
1990, 115 Seiten mit 55 Abbildungen. 78,– DM

150 **Ein Planungsverfahren zur Erkennung und Bewältigung von Material- und Kapazitätsengpässen bei mehrstufiger Linienfertigung**
Von Ralf-Michael Fuchs. ISBN 3-540-53271-4.
1990, 176 Seiten mit 65 Abbildungen. 78,– DM

151 **Montage von Schrauben mit Industrierobotern**
Von Gernot E. Fischer. ISBN 3-540-53519-5.
1990, 97 Seiten mit 37 Abbildungen. 78,– DM

152 **Flächenorientierte Termin- und Kapazitätsplanung bei innerbetrieblicher Baustellenfertigung**
Von Rolf Schlauch. ISBN 3-540-53584-5.
1990, 130 Seiten mit 53 Abbildungen. 78,– DM

153 **Wissensbasierte Entscheidungsunterstützung bei der Auswahl von Industrierobotern**
Von Günter Jordan. ISBN 3-540-53744-9.
1991, 116 Seiten mit 49 Abbildungen. 78,– DM

154 **Simulationssystem für Fertigungsprozesse mit Stückgutcharakter**
Ein gegenstandsorientiertes System mit parametrisierter Netzwerkmodellierung
Von Bernd-Dietmar Becker. ISBN 3-540-53847-X.
1991, 162 Seiten mit 48 Abbildungen und 47 Tabellen. 78,– DM

155 **Algorithmen der Sprachverarbeitung zur Entwicklung eines vollsynthetischen Sprachausgabesystems**
Von Gerhard Rigoll. ISBN 3-540-53870-4.
1991, 321 Seiten mit 235 Abbildungen. 78,– DM

156 **Wissensbasierte CAD-Systemkomponente zum Entwurf montagegerechter Produkte**
Von Ralph Richter. ISBN 3-540-54725-8.
1991, 137 Seiten mit 56 Abbildungen. 78,– DM

157 **Heftschweißverfahren für das Lagefixieren von Werkstücken beim Schutzgasschweißen mit Industrierobotern**
Von Carsten Martin Claussen. ISBN 3-540-54951-X.
1991, 140 Seiten mit 43 Abbildungen. 78,– DM

158 **Ein Beitrag zur Meßdatenverarbeitung in der Koordinatenmeßtechnik**
Von Thomas Garbrecht. ISBN 3-540-55030-5.
1991, 135 Seiten mit 94 Abbildungen und 5 Tabellen. 78,– DM

159 **Ein Beitrag zur Planung und Optimierung der Verfahrensteilung in der Fertigung**
Von Hans - Peter Roth. ISBN 3-540-55113-1.
1992, 130 Seiten mit 50 Abbildungen. 78,– DM

160 **Flexible Montage von Leitungssätzen mit Industrierobotern**
Von Herbert H. Emmerich ISBN 3-540-55227-8.
1992, 135 Seiten mit 70 Abbildungen. 88,– DM

161 **Toleranzausgleichssysteme für Industrieroboter am Beispiel des feinwerktechnischen Bolzen-Loch-Problems**
Von Uwe Schweigert ISBN 3-540-55228-6.
1992, 119 Seiten mit 61 Abbildungen. 88,– DM

162 **Entwicklung eines interaktiven Simulators auf der Basis von Petri-Netzen zur Modellierung und Bewertung hybrider Montagestrukturen**
Von W. Schweizer ISBN 3-540-55229-4.
1992, 159 Seiten mit 76 Abbildungen. 88,– DM

163 **Entwicklung eines Verfahrens zur rechnerunterstützten Gestaltung verteilter Informationssysteme**
Von Friedemann Reim ISBN 3-540-55269-3.
1992, 151 Seiten mit 43 Abbildungen. 88,– DM

164 **EDV-gestützte Planungs- und Entscheidungshilfen zur Auslegung von Produktionsstrukturen mit strukturkostenoptimierten Dezentralen Verantwortungsbereichen**
Von Ulrich Hallwachs ISBN 3-540-55477-7.
1992, 186 Seiten mit 66 Abbildungen. 88,– DM

165 **Strömungstechnische Auslegung reinraumtauglicher Fertigungseinrichtungen**
Von Elmar Degenhart ISBN 3-540-55478-5.
1992, 137 Seiten mit 72 Abbildungen. 88,– DM

166 **Synthese und Simulation dreidimensionaler Hand-Arm-Bewegungen an manuellen Montagearbeitsplätzen**
Von Raimund Menges ISBN 3-540-55752-0.
1992, 215 Seiten mit 70 Abbildungen. 88,– DM

Die Bände sind im Erscheinungsjahr und in den folgenden drei Kalenderjahren zu beziehen durch den örtlichen Buchhandel oder durch Lange & Springer, Otto-Suhr-Allee 26-28, 1000 Berlin 10.